全国高等院校应用型创新规划教材·计算机系列

C 语言程序设计实例教程

卢守东　编著

清华大学出版社

北　京

内 容 简 介

本书以 Visual C++ 6.0 为开发工具,介绍 C 语言程序设计的有关技术与相关应用以及结构化程序设计的基本思想与方法,内容包括 C 语言概述、编程基础、控制结构、数组、函数、指针、构造类型、文件操作、类型定义与编译预处理、应用系统(程序)设计与实现,并附有大量的各类习题以及相应的实验指导。全书遵循程序设计与案例教学的基本思想,以应用为导向,以实用为原则,以能力提升为目标,以典型代码、经典实例、完整案例为依托,既利于程序设计基本思想与方法以及 C 语言编程技术的掌握,又利于计算思维与问题求解能力的培养。

本书内容全面,实例翔实,案例丰富,编排合理,循序渐进,语言流畅,通俗易懂,准确严谨,解析到位,注重算法设计与应用开发能力的培养,既可作为各高校本科或高职高专计算机、电子商务、信息管理与信息系统及相关专业高级语言程序设计、程序设计基础、C 语言程序设计等课程的教材或教学参考用书,也可作为 C 语言程序设计人员的技术参考书以及初学者的自学教程。

图书在版编目(CIP)数据

C 语言程序设计实例教程/卢守东编著. —北京:清华大学出版社,2017
(全国高等院校应用型创新规划教材·计算机系列)
ISBN 978-7-302-47947-5

Ⅰ. ①C… Ⅱ. ①卢… Ⅲ. ①C 语言—程序设计—高等学校—教材 Ⅳ. ①TP312.8

中国版本图书馆 CIP 数据核字(2017)第 205973 号

责任编辑:孟　攀
封面设计:杨玉兰
责任校对:李玉茹
责任印制:宋　林

出版发行:清华大学出版社
　　　　　网　　址:http://www.tup.com.cn, http://www.wqbook.com
　　　　　地　　址:北京清华大学学研大厦 A 座　　　邮　　编:100084
　　　　　社 总 机:010-62770175　　　　　　　　　邮　　购:010-62786544
　　　　　投稿与读者服务:010-62776969, c-service@tup.tsinghua.edu.cn
　　　　　质量反馈:010-62772015, zhiliang@tup.tsinghua.edu.cn
　　　　　课件下载:http://www.tup.com.cn, 010-62791865
印 装 者:三河市金元印装有限公司
经　　销:全国新华书店
开　　本:185mm×260mm　　　印　张:22.5　　　字　数:530 千字
版　　次:2017 年 9 月第 1 版　　　　　　印　次:2017 年 9 月第 1 次印刷
印　　数:1～2000
定　　价:49.80 元

产品编号:074332-01

前　言

　　C 语言是目前国内外广泛使用的一种计算机高级语言，也是当今诸多高校普遍开设的第一门程序设计教学语言。作为一种面向过程的结构化程序设计语言，C 语言对于结构化程序设计基本思想与方法的学习来说是极其有利的。正因如此，各高校计算机、电子商务、信息管理与信息系统及相关专业程序设计方面的教学大多选用 C 语言作为入门语言，以利于学生切实掌握程序设计的基本方法与技术，有效提升学生的编程技能以及分析解决实际问题的能力，并为后续有关语言的学习与实际应用的开发奠定良好的基础。

　　本书结合教学实践与经验，遵循程序设计与案例教学的基本思想，以 Visual C++ 6.0 为工具，以应用为导向，以实用为原则，以能力提升为目标，以典型代码、经典实例、完整案例为依托，按照由浅入深、循序渐进的方式，精心设计，合理安排，全面介绍了 C 语言程序设计的有关技术与相关应用以及结构化程序设计的基本思想与基本方法。全书实例翔实，案例丰富，编排合理，循序渐进，结构清晰，内容主要包括 C 语言概述、编程基础、控制结构、数组、函数、指针、构造类型、文件操作、类型定义与编译预处理、应用系统(程序)设计与实现等。各章均有"本章要点""学习目标"与"本章小结"，既便于抓住重点、明确目标，也利于温故知新、总结提高。书中的诸多内容亦设有相应的"说明""注意""提示"等知识点，以便于读者的理解与提高，并为其带来"原来如此""豁然开朗"的美妙感觉。此外，各章均安排有大量的各类习题，以利于读者的及时检测、理解掌握。书末还附有全面的实验指导，便于读者的上机实践、练习提高。

　　本书内容全面，紧扣基础，面向应用，解析到位，语言流畅，通俗易懂，准确严谨，颇具特色，集系统性、条理性于一身，融实用性、技巧性于一体，注重算法设计与应用开发能力的培养，可充分满足课程教学的实际需要，适合各个层面、各种水平的读者，既可作为各高校本科或高职高专计算机、电子商务、信息管理与信息系统及相关专业高级语言程序设计、程序设计基础、C 语言程序设计等课程的教材或教学参考书，也可作为 C 语言程序设计人员的技术参考书以及初学者的自学教程。

　　本书的写作与出版，得到了清华大学出版社的大力支持与帮助，在此表示衷心感谢。在紧张的写作过程中，自始至终也得到了家人、同事的理解与支持，在此一并深表谢意。

　　由于作者经验不足、水平有限，且时间较为仓促，书中不妥之处在所难免，恳请广大读者多加指正、不吝赐教，并将宝贵的意见或建议反馈至作者的电子邮箱 Lsd21cn@21cn.com。

编　者

目录

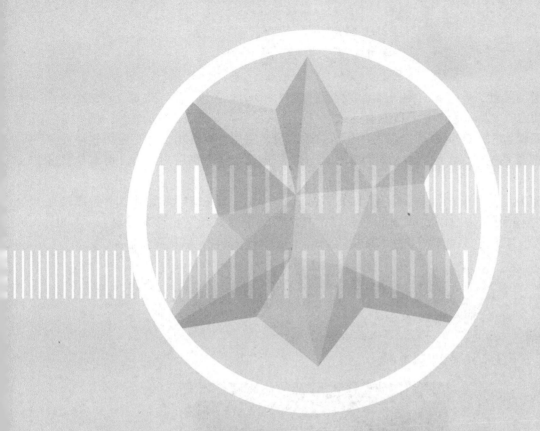

第 1 章

C 语言概述

本章要点:

C 语言简介; C 语言的基本语法; C 语言程序的基本结构; C 语言程序的编辑与运行。

学习目标:

了解 C 语言的概况; 熟悉 C 语言的基本语法与 C 语言程序的基本结构; 掌握 C 语言输入函数、输出函数以及赋值语句的基本用法; 掌握 Visual C++ 6.0 的基本用法以及 C 语言程序的编辑、编译、连接与运行方法。

1.1　C 语言简介

C 语言是什么？C 语言是国际上广泛流行的一种计算机高级语言，也是一种结构化程序设计语言。实际上，C 语言既具有高级语言的特点，又兼有低级语言的特性，因此是一种"中级语言"。C 语言功能强大，简洁高效，灵活易用，既可用于编写应用软件，又可用于编写系统软件，因此自问世以来便迅速得到推广，至今仍广为使用，可谓是长盛不衰。

C 语言是何样子？通过经典的"Hello, World!"程序，可在初次接触中揭开程序设计语言的神秘面纱。"Hello, World!"程序的功能较为简单，就是在屏幕上显示"Hello, World!"信息。用 C 语言编写的"Hello, World!"程序十分简洁，其代码如下：

```
#include <stdio.h>
void main()
{
printf("Hello, World!\n");
}
```

该程序的运行结果如图 1.1 所示。

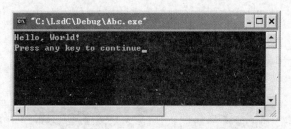

图 1.1　"Hello, World!"程序的运行结果

📖 **说明：** 在 Visual C++ 6.0 中运行 C 语言程序时，程序执行完毕后会自动在最后提示"Press any key to continue"，意为"按任意键继续"。此时，用户只需按一下键盘上的任何一个按键(如 Enter 键)，即可关闭运行结果窗口，并返回程序的编辑状态。

【C 语言的发展简史】

C 语言最早的原型是 ALGOL 60 语言。1963 年，剑桥大学将 ALGOL 60 语言发展为 CPL(Combined Programming Language)语言。1967 年，剑桥大学的 Matin Richards 将 CPL 语言简化为 BCPL (Basic Combined Programming Language)语言。1970 年，美国 AT&T 贝尔实验室(Bell Labs)的 Ken Thompson(肯·汤普逊)对 BCPL 语言进行了修改，取名为 B 语言，意思是"煮干 CPL 以提取其精华(Boiling CPL down to its basic good features)"，同时用 B 语言编写了首个 UNIX 系统。1973 年，贝尔实验室的 Dennis Ritchie(丹尼斯·里奇)又将 B 语言"煮"了一下，在 BCPL 与 B 语言的基础上设计出一种新的语言，并取 BCPL 中的第二个字母将其命名为 C 语言，同时用 C 语言扩展了 UNIX 系统。随后，UNIX 的内核

(Kernel)与应用程序均用 C 语言重新进行改写，C 语言也因此成为在 UNIX 环境下使用最为广泛的主流编程语言。

1977 年，Dennis Ritchie 发表了不依赖于具体计算机系统的《可移植的 C 语言编译程序》。1978 年，Dennis Ritchie 与 Brian Kernighan 合作出版了经典著作 The C Programming Language(《C 语言程序设计》)，并在书末的参考指南(Reference Manual)中给出 C 语言的完整定义，成为当时 C 语言事实上的标准，通常称之为 K&R C。此后，C 语言被先后移植到各种大、中、小、微型计算机上，并得到了广泛的支持，在软件开发中几乎一统天下。

随着 C 语言在各个领域的推广与应用，一些新的特性不断被各种编译器实现并添加进来。作为当时被认为最接近标准的版本，K&R C 与实际使用的 C 语言已存在较大的差别。本着"为 C 语言程序建立一个清楚、无歧义的标准，从而系统地阐述对公认的现有的 C 语言的定义，提高用户程序的可移植性"的目的，美国国家标准学会(American National Standards Institute，ANSI)根据 C 语言问世以来各种版本对 C 语言的发展与扩充，于 1983 年制定了第一个 C 语言标准草案，即 83 ANSI C。1987 年，ANSI 又制定了另一个 C 语言标准草案，即 87 ANSI C。1989 年，草案被 ANSI 正式通过，成为一个新的 C 语言标准——ANSI X3.159-1989，简称 C89。随后，根据 C89 进行了更新的 The C Programming Language 第二版开始出版发行。

1990 年，国际标准化组织(International Standard Organized，ISO)批准 C89 为 C 语言的国际标准——ISO/IEC 9899:1990，简称 C90。除标准文档在印刷编排上的某些细节不同外，ISO C(C90)与 ANSI C(C89)在技术上是完全一样的。1995 年，ISO 对 C90 进行了一些修订与扩充，称为 C95。1999 年，ISO 又对 C 语言标准进行了修订与扩充，在基本保留原来的 C 语言特征的基础上，增加了一些面向对象的特性，称之为 ISO/IEC 9899:1999，简称 C99。2000 年 3 月，ANSI 采用 C99 作为 C 语言的新标准。

C99 是迄今为止关于 C 语言的最新、最权威的标准，但各软件厂商所提供的 C 语言编译系统大多数都是以 C89/C90 为基础进行开发的，尚未实现对 C99 的完整支持。此外，不同版本的 C 语言编译系统所实现的语言功能与语法规则也略有差异。因此，在具体应用时，应了解所用 C 语言编译系统的特点。目前，常用的 C 语言编译系统与集成开发环境主要有 Turbo C、Visual C++等。

【C 语言的主要特点】

C 语言的主要特点可归为以下几点：

(1) 简洁紧凑、灵活方便。C 语言共有 32 个关键字、9 种控制语句，程序书写较为自由。

(2) 运算符丰富。C 语言共有 34 个运算符，运算类型极其丰富。灵活使用各种运算符可实现在其他高级语言中难以实现的有关运算。

(3) 数据类型多。C 语言的数据类型十分丰富，包括整型、实型、字符型、数组类型、指针类型、结构体类型、联合体类型、枚举类型等，可用于实现各种复杂数据的处理。

(4) 模块化设计。C 语言是一种结构化的程序设计语言，具有顺序、选择、循环三种基本控制结构语句。在 C 语言中，函数是组成程序的最小模块，可分别实现特定的功能。按模块组织程序，易于实现程序的结构化。

(5) 执行效率高。C 语言程序的目标代码体积小、质量高，运行速度快(一般只比汇编程序生成的目标代码效率低 10%~20%)。实际上，C 语言是一种"中级语言"，既具有高级语言的特点，又兼有低级语言的特性，可像汇编语言一样对位、字节和地址(而这三者正是计算机最基本的工作单元)进行操作，因此常用于编写系统软件。

(6) 可移植性好。C 语言编译系统几乎可以在各种类型的计算机和各种操作系统上运行。在一种类型的计算机上编写的 C 程序基本上不做修改就能在其他类型的计算机和操作系统上运行。

(7) 绘图功能强。C 语言有强大的图形功能，既可用于二维、三维图形设计与动画设计，也可用于计算机辅助设计。

随着学习的深入，对于 C 语言的特点，大家将有更深刻的体会。

1.2 C 语言的基本语法

C 语言与汉语、英语等自然语言一样，也具有一定的语法结构与构成规则。C 语言的基本成分包括字符、单词、语句、函数等，由字符可以构成单词，由单词可以构成语句，由语句可以构成函数，由函数可以构成程序。

字符是 C 语言最基本的元素，C 语言程序其实就是由一系列的字符构成的。除了字符常量、字符串常量与注释以外，C 语言所支持的字符集主要由以下几类字符构成。

(1) 字母：包括小写字母 a~z、大写字母 A~Z，共 52 个。

(2) 数字：0~9，共 10 个。

(3) 空白符：包括空格符、制表符、换行符等。

(4) 运算符：包括加(+)、减(-)、乘(*)、除(/)、取模(%)、赋值(=)、大于(>)、小于(<)等。

(5) 标点符号：包括逗号(,)、分号(;)、单引号(')、双引号(")、左花括号({)、右花括号(})等。

(6) 特殊字符：包括下划线(_)、反斜线(\)等。

说明： C 语言所支持的字符集可参见 ASCII 码表。ASCII 是 American Standard Code for Information Interchange 的缩写，意为美国信息交换标准码。在 C 语言中，空格符、制表符、换行符等统称为空白符。空白符只在字符常量与字符串常量中有效，在其他地方出现时只是起到间隔的作用，编译程序对其忽略不计。不过，在程序中适当的地方使用空白符，将增强程序的清晰性和可读性。

提示： 在字符常量、字符串常量与注释中，还可以使用汉字或其他可表示的图形符号等，不受语法限制。

字符按照一定的规则可构成各种单词，而单词则是构成语句的最小单位。C 语言中的单词主要分为两种，即关键字与标识符。

语句是组成程序的基本单位，具有独立的程序功能。在 C 语言中，每条语句均以分号

(;)结尾。从形式上看，C 语言的语句可分为 3 种，即简单语句、复合语句与空语句。

简单语句即单独的一条语句。如：

```
x=1;
y=x+1;
```

复合语句是指用花括号"{}"括起来的一组语句。如：

```
{
x=1;
y=x+1;
}
```

说明：　复合语句被视为一个整体，通常用在条件语句或循环语句中。

空语句是指只有一个分号的语句。实际上，空语句是不执行任何操作的。

说明：　程序中的语句数量是没有限制的。另外，C 语言程序的书写格式非常自由，既允许在一行内写几条语句，也允许一条语句分为几行书写，但每条语句都必须以分号结束。不过，为使程序清晰易读，通常每行只书写一条语句，并按缩进格式书写为阶梯形状。具体地说，就是第 1 层次的语句靠左对齐，第 2 层次的语句比第 1 层次的语句缩进若干空格(一般为 2 个或 4 个空格)，第 3 层次的语句比第 2 层次的语句再缩进若干空格……

【实例 1-1】在屏幕上显示"世界，您好！"。

程序代码：

```
#include <stdio.h>
void main()
{
printf("世界，您好！\n");
}
```

运行结果如图 1.2 所示。

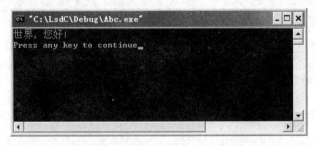

图 1.2　实例 1-1 程序的运行结果

程序解析：

(1) 本程序类似于经典的"Hello, World!"程序，功能就是在屏幕上输出"世界，您好！"信息。

(2) 第 1 行为#include 编译预处理命令，用于将标准输入输出头文件 stdio.h 包含至本程序中。在文件名 stdio.h 中，stdio 是 standard input & output 的缩写，而后缀 h 则为 head 的首字母。

(3) 第 2 行中的 main() 为 C 语言程序的主函数，其后由一对花括号({})括起来的语句则为该函数的函数体。main 前面的 void 为空类型，表示该函数没有返回值。

提示：　每个 C 语言程序都必须有一个 main() 函数(即主函数)。

(4) 第 4 行为 printf 语句，用于输出字符串"世界，您好! \n"，其中的"\n"是以转义序列表示的换行符(输出一个换行符相当于执行一个回车换行操作，即将光标定位到下一行开始处)。在此，字符串的输出是通过调用 C 编译系统所提供的标准库函数 printf() 来实现的。在调用该函数时，应先对其进行声明，而该函数的声明是在 stdio.h 头文件中完成的，因此在程序的开头就通过#include 命令包含 stdio.h 头文件。

提示：　在 C 语言中，每条语句都必须以分号(;)结束。此外，字符串常量必须使用双引号("")括起来。

【编程要点：库函数与头文件】

在 C 语言程序中，为实现有关功能，通常要调用相应的库函数。库函数实际上是由 C 语言编译系统提供的一系列功能函数。为便于使用，各库函数已按其功能进行分类，并将其声明写到相应的以".h"为扩展名的头文件中。例如，输入/输出类库函数的头文件为 stdio.h，数学类库函数的头文件为 math.h，字符串类库函数的头文件为 string.h。

头文件(又称标题文件)包含与库函数有关的变量定义、宏定义以及对库函数的声明等。为调用库函数，在程序的开头要将相应的头文件包含进来。为此，应使用 include 预编译命令。该命令有以下两种语法格式：

```
#include <头文件名>
#include "头文件名"
```

include 命令的功能是包含指定的头文件，以便在程序中调用在头文件中声明的库函数。其中，第一种格式为尖括号形式，编译系统在编译程序时从存放 C 语言库函数头文件的子目录中查找所要包含的头文件，这称为标准方式；第二种格式为双引号形式，编译系统在编译程序时先从当前目录中查找所要包含的头文件，找不到时再按标准方式进行查找。

提示：　若要调用库函数，则应包含系统所提供的头文件。此时，应使用尖括号形式，以提高效率。如果要包含的头文件不是系统提供的头文件，而是用户自己编写的文件(这种文件一般存放在当前目录中)，那么应使用双引号形式，否则会找不到所需要的文件。若要包含的文件不在当前目录中，则可在双引号中写上文件的路径，如#include "C:\LsdCommon\abc.h"。

注意：　在 C 语言中，头文件名是不区分大小写的。

【实例 1-2】 求任意一个圆的面积。

程序代码：

```
#include <stdio.h>  //包含头文件 stdio.h
void main()  //主函数
{
    float r,s;  //定义两个浮点型变量，r 表示半径，s 表示面积
    printf("r=");  //提示输入半径
    scanf("%f",&r);  //输入半径
    s=3.14159*r*r;  //计算面积
    printf("s=%f\n",s);  //输出面积
}
```

运行结果如图 1.3 所示。其中，第 1 行中的 1.5 为输入，即圆的半径。

图 1.3　实例 1-2 程序的运行结果

程序解析：

(1) 本程序具备了数据的输入与输出功能，且通用性较强，可由用户任意输入圆的半径，然后据此计算其面积并输出。

(2) 程序中添加了注释。注释是程序中的说明性文字，其作用在于增强程序的可读性，是不会被编译与执行的。在本程序中，各行的注释内容均以双斜杠(//)开始，至行末结束。

(3) 程序中须存放圆的半径与面积，因此要定义两个相应的变量，即表示半径的 r 与表示面积的 s。考虑到半径与面积不一定是整数，因此将变量的类型定义为 float 型，即浮点型(又称单精度型)。

提示：　在 C 语言中，使用变量前必须先进行定义，否则会出现编译错误。

(4) 在本程序中，半径的输入通过调用 scanf()函数来实现，面积的输出通过调用 printf()函数来实现。与 printf()函数一样，scanf()函数也是 C 编译系统所提供的一个标准库函数，其声明也包含在 stdio.h 头文件中。

(5) 在 scanf 语句中，指定将输入的半径赋给变量 r。圆括号内的第一部分为格式控制字符串(用于指定输入数据的类型与格式)，在此只包含一个转换说明符"%f"，表示要输入一个单精度实数。圆括号内的第二部分为输入项目列表，在此只有一个输入项目&r，表示变量 r 的地址(&r 中的"&"为取址运算符)。

(6) 在 printf 语句中，圆括号内的第一部分也是格式控制字符串(用于指定输出数据的类型与格式)，在此为"s=%f\n"。圆括号内的第二部分则为输出项目列表，在此只有一个输出项目，即变量 s。在格式控制字符串"s=%f\n"中，"s="为普通字符，按原样输出；"%f"为转换说明符，表示要输出一个单精度实数(小数部分为 6 位)，其值来自于相应的输出项目，在此为变量 s；"\n"为换行符，表示回车换行。

提示： scanf()函数规定，输入项目均为地址量，在相应变量名的前面均应加上"&"。实际上，系统是根据地址将用户所输入的数据存放至相应变量在内存中所占用的存储单元的。

尝试一下：

如果还要计算圆的周长，那么该如何修改该程序呢？

【编程要点：关键字与标识符】

关键字是 C 语言中具有特定意义和用途的字符序列，如 void(空类型)、int(整型)、float(浮点型)等。关键字由 C 语言系统内部定义，又称保留字。

标识符是 C 语言程序中用于命名有关对象的字符序列，如变量名 r、s、name、sex、age 等。与关键字不同，标识符是由用户根据需要自行定义的。在 C 语言中，一个合法的标识符由字母、数字和下划线(不能全为下划线)组成，且第一个字符必须是字母或下划线，最大长度不能超过 32 个字符。

注意： 标识符不能与关键字同名。此外，标识符是区分大小写的。例如，name 与 Name 是两个不同的标识符。

说明： C 语言标准 ANSI C89/ISO C90 所规定的关键字共有 32 个(均为小写形式)，分别为：

auto	break	case	char	const	continue	default
do	double	else	enum	extern	float	for
goto	if	int	long	register	return	short
signed	sizeof	static	struct	switch	typedef	union
unsigned	void	volatile	while			

1999 年 12 月，ISO 推出了 C99 标准。该标准新增了 5 个 C 语言关键字，分别为：

inline	restrict	_Bool	_Complex	_Imaginary

2011 年 12 月，ISO 又发布了 C 语言的新标准 C11。该标准新增了 7 个 C 语言关键字，分别为：

_Alignas	_Alignof	_Atomic	_Static_assert	_Noreturn
_Thread_local	_Generic			

【编程要点：注释】

注释是程序中的一些说明性的文字，既可以添加到某条语句的末尾，也可以独占一行或分为几行。在 C 语言程序中，注释有两种格式：

```
//注释内容
/*注释内容*/
```

其中，第一种格式以"//"开始，一般用于单行注释；第二种格式以"/*"开始、以"*/"结束，通常用于多行注释。

【**实例 1-3**】求两个整数的和。

程序代码：

```c
#include <stdio.h>
void main()  /*主函数*/
{
    int sum(int x,int y);  /* 对被调用函数 sum 进行声明 */
    int a,b,c;  /*定义变量 a、b、c */
    scanf("%d%d",&a,&b);  /*输入变量 a 和 b 的值*/
    c=sum(a,b);  /*调用 sum 函数，将返回的值赋给 c */
    printf("sum=%d\n",c);  /*输出 c 的值*/
}
int sum(int x,int y)  //子函数 sum，返回值为 x 与 y 的和
{
    int z;  //定义变量 z
    z=x+y;  //计算 x 与 y 的和，并赋给 z
    return (z);  //返回 z 的值
}
```

运行结果如图 1.4 所示。其中，第 1 行为输入，第 2 行为输出。所输入的两个整数为 10、20，二者以空格分隔(也可以用制表符或回车符来分隔)。

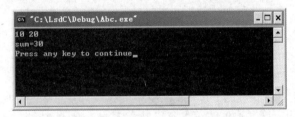

图 1.4　实例 1-3 程序的运行结果

程序解析：

(1) 除主函数 main()外，程序中还定义了一个子函数 sum()。该子函数具有一个整型的返回值，也就是形式参数 x 与 y 的和。

(2) 在主函数中，通过语句"c=sum(a,b);"实现对子函数 sum()的调用，并将其返回值(即 a 与 b 的和)赋给变量 c。在调用时，实际参数 a、b 的值分别传递给子函数 sum()的形式参数 x、y。

(3) 由于子函数 sum()的定义出现在其调用语句"c=sum(a,b);"之后，因此应先对其进行声明，语句为"int sum(int x,int y);"。若将子函数 sum()的定义置于主函数之前，则无须对其进行声明即可直接调用。

尝试一下：

如果要计算两个整数的积，那么该如何修改该程序呢？

【**编程要点：函数**】

函数是 C 语言程序的基本模块，由函数头与函数体两部分构成，其基本格式为：

[数据类型] 函数名([形式参数])

```
{
    声明部分
    执行部分
}
```

函数头即函数的头部。其中，数据类型为函数返回值的类型。若函数没有返回值，则可将其指定为 void。函数名则为函数的名称，其后有一对圆括号。在 C 语言程序中，主函数的名称固定为 "main"，而其他子函数(又称用户自定义函数)则可任意取名(但必须符合标识符的命名规则)。主函数通常包含整个程序的轮廓，并由其调用其他子函数。

💡 **注意：** 各函数在程序中的位置没有限制，但程序总是从主函数开始运行的。

形式参数(又称形参、虚参或哑元)位于函数名后的一对圆括号内，用于接收在调用函数时向函数传递的实际参数(又称实参或实元)。一个函数可以有一个或多个形式参数，也可以没有形式参数。

💡 **注意：** 即使没有形式参数，也不能省略函数名后的圆括号。

函数体即函数的体部或主体，包含在一对花括号内。函数体通常可分为声明与执行两部分。其中，声明部分用于定义本函数内部所用到的局部变量，执行部分则为用于完成本函数功能的语句序列。

1.3 C 语言程序的基本结构

函数是 C 程序的基本模块。一个 C 程序必须具有一个主函数 main。C 程序的执行总是从 main 函数开始的。除 main 函数外，C 程序还可以包含其他子函数(或称用户自定义函数)。

一般地，程序应具备输入数据、处理数据与输出数据(输出结果)3 项基本功能(见图 1.5)。相应地，程序也可分为数据输入、数据处理与数据输出(结果输出)3 个基本组成部分。

在 C 语言程序中，数据的输入可用 scanf()函数实现，数据的输出可用 printf()函数实现，而数据的处理则可用赋值语句实现。

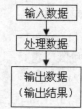

图 1.5 程序的基本功能

【**实例 1-4**】字符与字符串的输出。

程序代码：

```c
#include <stdio.h>
void main()
{
    printf("OK\n");
    printf("%c%c,%s\n",'C','N',"China");
    printf("%s\t%s\n","Hello","World");
}
```

运行结果如图 1.6 所示。

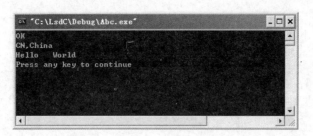

图 1.6　实例 1-4 程序的运行结果

程序解析:

(1) 第 1 条 printf 语句,直接输出字符串"OK"。

(2) 第 2 条 printf 语句,先用两个%c 控制输出两个字符 C 与 N,然后用%s 控制输出字符串 China,CN 与 China 之间以一个逗号分隔。

提示:　在 C 语言中,字符常量必须使用两个单引号(' ')括起来。

(3) 第 3 条 printf 语句,先用%s 控制输出字符串 Hello,然后用转义字符\t 控制输出一个制表符(Tab),最后用%s 控制输出字符串 World。

【实例 1-5】整数与实数的输出。

程序代码:

```
#include <stdio.h>
void main()
{
    int x=10;
    float y=0.5;
    printf("%d,%o,%x\n",10,10,10);
    printf("%f\n",10.5);
    printf("x=%d,y=%f\n",x,y);
}
```

运行结果如图 1.7 所示。

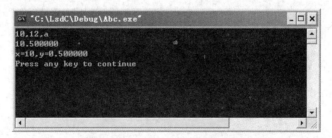

图 1.7　实例 1-5 程序的运行结果

程序解析:

(1) 第 1 条 printf 语句,分别用%d、%o、%x 控制输出十进制、八进制、十六进制的整数 10,并以逗号分隔。

(2) 第 2 条 printf 语句,用%f 控制输出实数 10.5(默认保留 6 位小数)。

(3) 第 3 条 printf 语句,分别用%d、%f 控制输出整型变量 x、浮点型变量 y 的值。其中，格式控制字符串"x=%d,y=%f\n"中的"x="","","y="为普通字符，均按原样输出。

【编程要点：printf()函数】

在 C 语言程序中，数据的输出可用 printf()函数实现。printf()函数为格式化输出函数，可根据需要按指定格式输出各种类型的数据，其语法格式为：

printf("格式控制字符串",输出项目列表);

说明：

(1) 格式控制字符串必须用双引号括起来。如果有输出项目，那么格式控制字符串与输出项目之间用逗号隔开。如果有多个输出项目，那么各个输出项目之间也要用逗号隔开。

(2) 格式控制字符串用于指定输出的格式，其中可包含 3 种符号。

① 格式转换说明符：由%后跟一个特定的字母组成，用于指定输出项目的数据类型。常用的格式转换说明符有%c(字符)、%s(字符串)、%d(十进制整数)、%x(十六进制整数)、%f(浮点数，默认保留 6 位小数)等。

② 转义字符：由\后跟一个特定的字母组成，用于输出某些控制字符或特殊字符。常用的转义字符有\n(换行符)、\t(制表符)等。

③ 其他字符：作为普通字符，按原样显示或输出。

(3) 各输出项目可以是常量、变量或表达式。

(4) 格式转换说明符必须与输出项目在个数、顺序和类型上一一对应。

如：

```
int x=5;
float y=3;
printf("a=%d,b=%f\nc=%s",x+2,y*3, "abcdefg");
```

输出结果为：

```
a=7,b=9.000000
c=abcdefg
```

如果只是输出一个字符串，那么可按以下格式使用 printf()函数：

printf("字符串");

【实例 1-6】输入一个整数与一个实数，然后输出。

程序代码：

```
#include <stdio.h>
void main()
{
    int a;
    float b;
    scanf("%d%f",&a,&b);
    printf("a=%d,b=%f\n",a,b);
}
```

运行结果如图 1.8 所示。其中，第 1 行为输入，第 2 行为输出。所输入的整数为 2,

实数为 3.5，二者以空格分隔(也可以用制表符或回车符来分隔)。

图 1.8 实例 1-6 程序的运行结果

程序解析：

(1) 所输入的整数与实数须由变量存放，故先定义相应的整型变量 a 与浮点型变量 b。

(2) 数据的输入通过调用 scanf()函数实现。在此，"%d%f"同样为格式控制字符串，其后的&a、&b 则为相应的输入项目列表。其中，%d 控制输入一个整数，并将其赋给变量 a；%f 控制输入一个实数，并将其赋给变量 b。

【实例 1-7】输入一个整数，然后输出，要求显示相应的提示信息。

程序代码：

```
#include <stdio.h>
void main()
{
    int n;
    printf("Input an integer: ");  //输出提示信息"Input an integer:"
    scanf("%d",&n);  //输入一个整数，并赋给变量 n
    printf("The integer is %d.\n",n);  //输出整数，即变量 n 的值
}
```

运行结果如图 1.9 所示。其中，所输入的整数为 100。

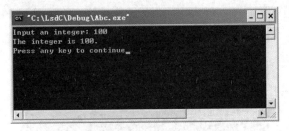

图 1.9 实例 1-7 程序的运行结果

程序解析：在输入数据之前，可通过 printf 语句输出提示信息，以实现相应的"人机对话"功能，使程序更加友好，易于使用。如本程序中的"printf("Input an integer: ");"。

【编程要点：scanf()函数】

在 C 语言程序中，数据的输入可用 scanf()函数实现。scanf()函数为格式化输入函数，可根据需要按指定格式输入各种类型的数据，其语法格式为：

```
printf("格式控制字符串",输入项目列表);
```

功能：从键盘输入数据，并将其存放到与各输入项目对应的变量中。

说明：

(1) 在格式控制字符串中，通常只出现格式转换说明符，而不必包含其他字符。

(2) 输入项目列表中至少要含有一个输入项目，且输入项目应表示为变量的地址(即在变量名左边加上取址运算符&)。

(3) 格式转换说明符必须与输入项目在个数、顺序和类型上一一对应。

(4) 当程序执行到 scanf()时，将暂停执行，并等待用户从键盘输入数据。如果只有一个输入项目，那么只需在输入数据后再按回车键即可。如果有多个输入项目，那么各输入数据之间可用空格、制表符或回车符分隔。

(5) 为实现"人机对话"功能，scanf()函数通常与 printf()函数配合使用。

【实例 1-8】计算任意两个整数的乘积。

程序代码：

```c
#include <stdio.h>
void main()
{
    int x,y,z;
    printf("Input:\n");
    printf("x=");
    scanf("%d",&x);
    printf("y=");
    scanf("%d",&y);
    z=x*y;  //赋值语句，计算 x 与 y 的乘积，并赋给 z
    printf("Output:\n");
    printf("x=%d,y=%d\n",x,y);
    printf("x*y=%d\n",z);
}
```

运行结果如图 1.10 所示。

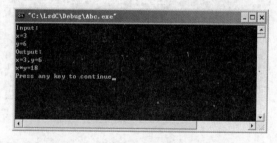

图 1.10　实例 1-8 程序的运行结果

程序解析：本程序包含数据的输入、处理及输出 3 项基本功能，并实现了相应的"人机对话"功能。

【编程要点：赋值语句】

在程序中，数据的处理过程可通过相应的赋值语句予以实现。赋值语句的一般形式为：

v=e;

说明：=为赋值运算符；v 为变量名；e 为表达式。

功能：计算表达式 e 的值，并将其赋给变量 v。

1.4　C 语言程序的编辑与运行

C 语言是一种编译型的程序设计语言。一个 C 语言程序要经过编辑、编译、连接与运行 4 个步骤才能得到运行结果，如图 1.11 所示。

图 1.11　C 语言程序的处理过程

(1)　程序的编辑。使用编辑软件(又称编辑器)将编写好的 C 语言程序输入计算机，并以文本文件的形式保存为 C 语言源程序文件。C 语言源程序文件的扩展名为.c。

(2)　程序的编译。编译是使用编译程序(又称编译器)将编辑好的源程序翻译成二进制形式的目标程序的过程。在编译时，编译程序将对源程序进行检查，若发现语法错误，则会显示相应的错误信息。此时，须进一步检查修改源程序，然后再进行编译，直至排除所有的语法错误。正确的 C 语言源程序经编译后将生成相应的目标程序文件，其扩展名为.obj。目标程序是可重定位的程序模块，还不能直接运行。

(3)　程序的连接。连接是使用连接程序(又称连接器)将编译生成的目标程序与系统提供的标准库函数以及其他相关的目标程序(如果有的话)装配在一起并生成可执行程序文件的过程。可执行程序文件的扩展名为.exe。

(4)　程序的运行。对于连接生成的可执行程序文件，可在操作系统的控制下直接运行。若结果正确，则该 C 语言程序的开发工作到此结束。否则，须进一步检查修改源程序，重复执行"编辑—编译—连接—运行"的过程，直至取得预期结果为止。

为编译、连接和运行 C 语言程序，就必须有相应的 C 语言编译系统。目前使用的 C 语言编译系统多数都是集成开发环境，如 Turbo C 2.0、Turbo C++ 3.0、Visual C++ 6.0 等。其中，Visual C++ 6.0(简称为 VC)是美国微软公司推出的一个 C/C++语言程序集成开发环境，将程序的编辑、编译、连接、运行及调试等功能全部集中在一个界面中，使用起来十分方便，可有效提高程序的开发效率。

Visual C++ 6.0 是当前在 C/C++语言程序开发方面最为流行的一个工具，其常用操作包括新建程序、保存程序、打开程序、编译程序、连接程序、运行程序与关闭工作区等。

【实例 1-9】使用 Visual C++ 6.0 编写并执行"Hello, World!"程序。

基本步骤：

(1)　选择"开始"菜单中的 Microsoft Visual C++ 6.0 选项，打开 Visual C++ 6.0 窗口(见图 1.12)。

(2)　选择 File 菜单中的 New 命令，并在打开的 New 对话框中选择 Files 选项卡，然后选定 C++ Source File 选项，在 File 编辑框处输入文件名，在 Location 编辑框处指定其保存位置(见图 1.13)。必要时，可单击 Location 编辑框右侧的按钮，打开 Choose Directory 对话框(见图 1.14)，在其中选定相应的文件夹，然后再单击 OK 按钮，关闭 Choose Directory 对话框。

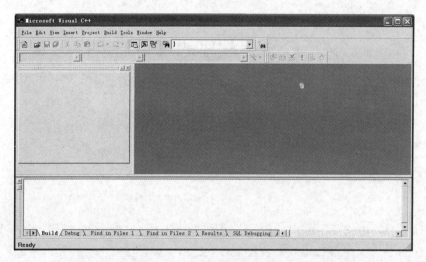

图 1.12　Visual C++ 6.0 窗口

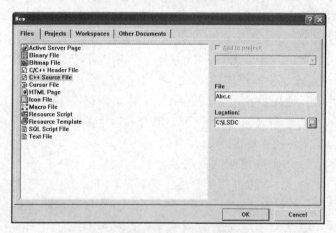

图 1.13　New 对话框

图 1.14　Choose Directory 对话框

(3) 在 New 对话框中单击 OK 按钮，进入程序编辑窗口，并在其中输入源代码(见图 1.15)。

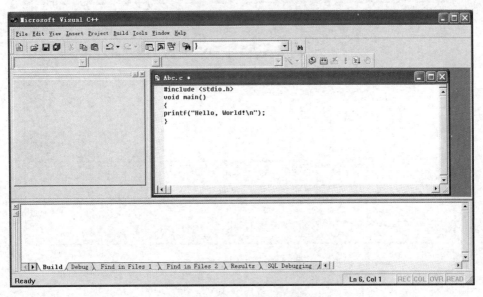

图 1.15　程序编辑窗口

(4) 选择 File 菜单中的 Save 命令，保存源程序。

(5) 选择 Build 菜单中的 Compile 命令，在打开的对话框中单击"是"按钮(见图 1.16)，编译源程序。若无错误，将显示如图 1.17 所示的编译结果。

图 1.16　Microsoft Visual C++对话框

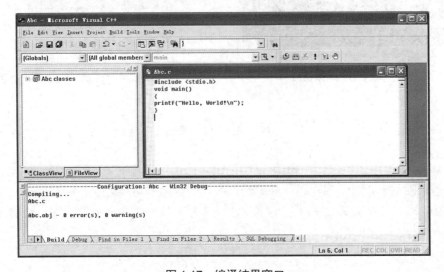

图 1.17　编译结果窗口

(6) 选择 Build 菜单中的 Build 命令，生成可执行程序(见图 1.18)。

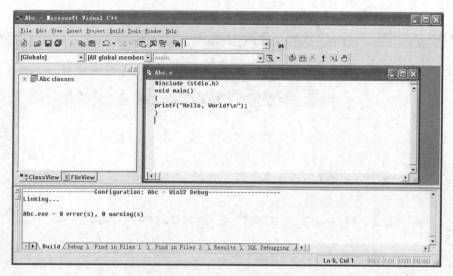

图 1.18 连接结果窗口

(7) 选择 Build 菜单中的 Execute 命令，执行当前程序，并显示相应的运行结果(见图 1.19 所示)。

(8) 按任意键关闭运行结果窗口。

(9) 选择 File 菜单中的 Close Workspace(关闭工作区)命令，并在随之打开的对话框中单击"是"按钮(见图 1.20)，关闭所有的文件，重新显示 Visual C++ 6.0 的初始界面(见图 1.12)。

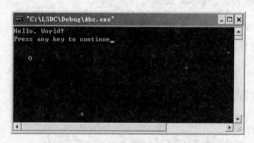

图 1.19 运行结果窗口

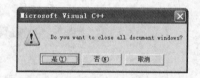

图 1.20 Microsoft Visual C++对话框

本 章 小 结

本章简要地介绍了 C 语言的概况，并通过具体实例讲解了 C 语言的基本语法与 C 语言程序的基本结构以及 C 语言程序的编辑、编译、连接与运行方法。通过本章的学习，应熟练掌握 C 语言与 Visual C++ 6.0 的基本用法，针对一些较为简单的问题，能够编写并调试相应的 C 语言程序来解决。

习　题

一、填空题

1. 单行注释的开始标记符为(　　　)。
2. 多行注释的结束标记符为(　　　)。
3. 一个 C 语言程序有且只能有一个主函数，其名称为(　　　)。
4. 在 C 语言中，要调用数学函数，应包含(　　　)头文件。
5. C 语言的预处理语句以(　　　)开头。
6. 在 C 语言中，正确的标识符是由(　　　)组成的。
7. C 程序中语句后的符号 /*...*/ 所起作用是(　　　)。
8. 用 {} 把一些语句括起来称为(　　　)语句。
9. C 语言程序的执行总是由(　　　)函数开始。
10. C 语言程序的基本结构是(　　　)。

二、单选题

1. 一条简单语句是以(　)字符作为结束符的。
   A. , B. : C. ; D. 空格
2. 空白符是(　)符的统称。
   A. 空格、制表、回车 B. 空格、制表、逗号
   C. 空格、回车、分号 D. 冒号、制表、回车
3. 一个函数定义由(　)两部分组成。
   A. 函数头和函数体 B. 函数头和函数尾
   C. 函数原型和函数体 D. 函数名和参数表
4. 一个程序中必须有且只有一个命名为(　)的函数。
   A. Main B. main C. void D. intmain
5. 下列正确的 C 语言标识符是(　)。
   A. 3a B. number-1 C. 姓名 D. stu_1
6. 以下说法中正确的是(　)。
   A. C 语言程序可以没有主函数
   B. C 语言程序的主函数必须是程序中的第一个函数
   C. C 语言程序总是从第一个定义的函数开始执行的
   D. C 语言程序总是从主函数开始执行的
7. 下列标识符中正确的一组是(　)。
   A. A1，1A，abc B. int，_1A，A_1
   C. A1、Int、_123 D. 1_A，abc123，int_0
8. 以下说法中错误的是(　)。
   A. C 语言中的关键字必须是小写
   B. C 语言中的复合语句必须用花括号括起来

C. C语言中的语句必须以分号结尾

D. C语言中的标识符必须全部由字母组成

9. (   )是合法的用户自定义标识符。

    A. b-b   B. float   C. 2w   D. _isw

10. 在 C 语言中，所有预处理命令都是以(   )符号开头的。

    A. *   B. #   C. &   D. @

11. 正确的标识符是(   )。

    A. int_a   B. a-2   C. a3*4   D. 3xy

12. 下列说法中错误的是(   )。

    A. 主函数可以分为两部分：说明部分和执行部分

    B. 主函数可以调用任何非主函数的其他函数

    C. 任意非主函数可以调用其他任意非主函数

    D. 程序可以从任意非主函数开始执行

13. 正确的标识符是(   )。

    A. ?a   B. a=2   C. a,3   D. a_3

14. C 语言程序的基本模块为(   )。

    A. 表达式   B. 标识符   C. 语句   D. 函数

15. 程序中的预处理命令是指以(   )字符开头的命令。

    A. @   B. #   C. $ D. %

16. 在#include 命令中不可以包含(   )。

    A. 头文件   B. 程序文件   C. 用户头文件   D. 目标文件

17. 下列说法中正确的是(   )。

    A. C语言程序由主函数和 0 个到多个函数组成

    B. C语言程序由主程序和子程序组成

    C. C语言程序由子程序组成

    D. C语言程序由过程组成

18. 由 C 语言源程序文件编译而成的目标文件的默认扩展名为(   )。

    A. cpp   B. exe   C. obj   D. C

19. 在 VC 状态下，为运行一个程序而建立的工作区文件的扩展名为(   )。

    A. obj   B. exe   C. dsw   D. dsp

20. C 语言源程序文件经过 C 编译程序编译、连接之后生成一个后缀为(   )的文件。

    A. .c   B. .obj   C. .exe   D. .bas

三、多选题

1. 以下标识符中，合法的是(   )。

    A. _123   B. Printf   C. A$ D. Int

2. 为调用 scanf 函数，应在源程序的开头(   )。

    A. 编写#include "stdio.h"   B. 编写#include <stdio.h>

    C. 编写#include <stdlib.h>   D. 编写#include "scanf.h"

四、判断题

1. C 语言的格式输出函数是 scanf()。　　　　　　　　　　　　　　　　　　（　　）
2. printf 函数称为格式输入函数，其函数原型在头文件 stdio.h 中。　　　　　（　　）
3. 输入语句 "scanf("%d,%d,%d ",&a,&b,&c);" 的格式是正确的。　　　　　（　　）
4. printf 函数是一个标准库函数，其函数原型在头文件 string.h 中。　　　　（　　）
5. 在 printf 函数的格式控制字符串中，%d 的作用是以十进制形式输出带符号整数。

　　　　　　　　　　　　　　　　　　　　　　　　　　　　　　　　　　　（　　）
6. 在 printf 函数中，输出列表的各个输出项之间可用冒号分隔。　　　　　　（　　）
7. C 语言规定标识符只能由字母、数字和小数点三种字符组成。　　　　　　（　　）
8. 在使用 scanf 函数之前应包含头文件 math.h。　　　　　　　　　　　　（　　）
9. 在使用 printf 函数之前可不包含头文件 stdio.h。　　　　　　　　　　　（　　）
10. 一个 C 语言程序可以没有 main() 函数。　　　　　　　　　　　　　　　（　　）

五、程序改错题

1.

```
#include <stdio.h>
void main(){
    int a;
    scanf("%f",&a);
    printf("a=%d\n",a);
}
```

2.

```
#include <stdio.h>
void main(){
    float a;
    scanf("%d",a);
    printf("a=%f\n",a);
}
```

六、程序分析题

1.

```
#include <stdio.h>
main()
{
    printf("abc\n123\n");
}
```

2.

```
#include <stdio.h>
main()
{
    int x=1,y=100,z=0;
```

```
z=x+y;
printf("x+y=%d\n",z);
}
```

七、程序填空题

1. 求两个整数的差。

```
#include <stdio.h>
main()
{
int x,y,_____[1]_____;
scanf("_____[2]_____",&x,&y);
z=_____[3]_____;
printf("x-y=%_____[4]_____\n",_____[5]_____);
}
```

2. 输入圆的半径，输出圆的周长。

```
#include "stdio.h"
main()
{
    float r,_____[1]_____;
    printf("Input:\nr=");
    scanf(_____[2]_____,&r);
    c=2*_____[3]_____;
    printf("Output:\n");
    printf("c=_____[4]_____\n",_____[5]_____);
}
```

八、程序设计题

1. 试编一程序，输出以下信息：

```
        *
      *   *
    *   Y   *
      *   *
        *
```

2. 试编一程序，输入 3 个整数，输出其中的最大值。

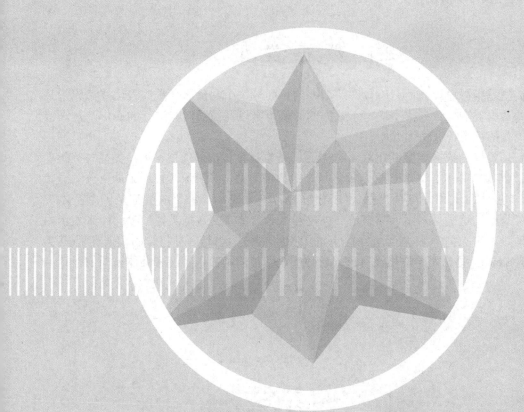

第 2 章

编 程 基 础

本章要点：

数据类型；常量与变量；运算符与表达式；数据类型转换；格式化输入与输出函数；单字符输入与输出函数。

学习目标：

了解 C 语言的数据类型；熟悉 C 语言常量与变量的基本用法；熟悉 C 语言各类运算符与表达式的基本用法以及数据类型转换的基本方法；掌握格式化输入输出函数与单字符输入输出函数的主要用法。

2.1 数 据 类 型

数据类型是指程序设计语言所允许的数据的种类。每个常量、变量或表达式都属于某一种确定的数据类型。数据类型决定了数据的取值范围以及能够对其进行的操作，是高级程序设计语言的重要特点和优点之一。

C 语言所提供的数据类型可分为 4 大类，即基本类型、构造类型、指针类型与空类型(见图 2.1)。其中，基本类型是 C 语言中最基本的数据类型，具有原子性，不能再分解为其他类型。构造类型(又称为复合类型)可以分解为若干个成员，每个成员都是一个基本类型、指针类型或构造类型。指针类型是一种特殊且非常重要的数据类型，专门用来表示内存单元的地址。空类型(又称为无值型)表示没有具体的值，也是一种特殊的数据类型(其类型关键字为 void)，通常用于描述没有形式参数或返回值的函数以及没有具体指向的指针。

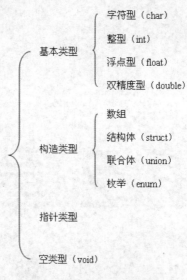

图 2.1 C 语言的数据类型

C 语言的基本数据类型分为 4 种，即字符型、整型、浮点型(又称为单精度型)与双精度型。各基本数据类型的类型关键字及其在内存中所占用的字节数与相关说明见表 2.1。需要注意的是，同一数据类型在不同的 C 语言编译系统中所占用的内存字节数可能会有所不同。例如，int 型在 Turbo C 2.0(TC)中为 2 字节，而在 Visual C++ 6.0(VC)中则为 4 字节。

表 2.1 C 语言的基本数据类型

关键字	字节数	数值范围	说 明
char	1	$-128 \sim 127$(即$-2^7 \sim 2^7-1$)	字符型，用于描述一个字符
int	2(TC)	$-32768 \sim 32767$(即$-2^{15} \sim 2^{15}-1$)(TC)	整型，用于表示整数
	4(VC)	$-2147483648 \sim 2147483647$(即$-2^{31} \sim 2^{31}-1$)(VC)	

续表

关键字	字节数	数值范围	说　明
float	4	$\pm(3.4\times10^{-38}\sim3.4\times10^{38})$	浮点型(单精度型),用于表示实数(精度较低,6~7 位有效数字)
double	8	$\pm(1.7\times10^{-308}\sim1.7\times10^{308})$	双精度型,用于表示实数(精度较高,15~16 位有效数字)

📖 说明：　浮点型(单精度型)与双精度型通常统称为实型。

在 char、int、double 等基本数据类型关键字前,可使用相应的类型修饰符。类型修饰符共有 4 种,即 signed(有符号)、unsigned(无符号)、short(短)与 long(长)。其中,signed、unsigned 只适用于 char、int；short 只适用于 int；long 只适用于 int、double。通常,signed 可以省略。例如,char 相当于 signed char,int 相当于 signed int。此外,使用类型修饰符后,int 可以省略。例如,unsigned 相当于 unsigned int,signed long 相当于 signed long int。各类型修饰符的具体用法见表 2.2。

表 2.2　C 语言的类型修饰符及其用法

类　型	字节数	数值范围	说　明
[signed] char	1	$-128\sim127$(即$-2^7\sim2^7-1$)	有符号字符型
unsigned char	1	$0\sim255$(即 $0\sim2^8-1$)	无符号字符型
[signed] int | signed	2(TC)	$-32768\sim32767$(即$-2^{15}\sim2^{15}-1$)(TC)	有符号整型
	4(VC)	$-2147483648\sim2147483647$(即$-2^{31}\sim2^{31}-1$)(VC)	
unsigned [int]	2(TC)	$0\sim65535$(即 $2^{16}-1$)(TC)	无符号整型
	4(VC)	$0\sim4294967295$(即 $2^{32}-1$)(VC)	
[signed] short [int]	2	$-32768\sim32767$(即$-2^{15}\sim2^{15}-1$)	有符号短整型
unsigned short [int]	2	$0\sim65535$(即 $2^{16}-1$)	无符号短整型
[signed] long [int]	4	$-2147483648\sim2147483647$(即$-2^{31}\sim2^{31}-1$)	有符号长整型
unsigned long [int]	4	$0\sim4294967295$(即 $0\sim2^{32}-1$)	无符号长整型
long double	10(TC)	$\pm(1.7\times10^{-308}\sim1.7\times10^{308})$(TC)	长双精度型(在 TC 中有效数字为 20 位)
	8(VC)	$\pm(1.7\times10^{-308}\sim1.7\times10^{308})$(VC)	

【实例 2-1】以下数据类型中,(　　)不是 C 语言的基本数据类型。

　　A. char　　　　　B. int　　　　　　C. float　　　　　D. Double

答案：D

解析：C 语言的类型关键字均为小写形式。

【实例 2-2】unsigned short 型数据的有效范围是(　　)。

　　A. 0~32767　　　B. 1~32767　　　C. 0~65535　　　D. 1~65535

答案：C

解析：unsigned short 即 unsigned short int(无符号短整型),占 2 字节,数据范围为 $0\sim2^{16}-1$(即 65535)。

2.2 常　　量

常量是指在程序运行过程中其值保持不变的量。

C 语言的常量可分为 5 种，即整型常量、实型常量、字符常量、字符串常量与符号常量。

整型常量即整型常数，可用十进制、八进制或十六进制表示。例如，12、-12、0 为十进制的整型常量，012、-012 为八进制的整型常量，0x12、-0x12 为十六进制的整型常量。

实型常量即实型常数，只能以十进制表示。例如，123.45、2.0 为以定点格式表示的实型常量，1.25E-3(即 1.25×10^{-3})、-0.35E5(即 -0.35×10^{5})为以指数格式表示的实型常量。

字符常量即单个字符。对于普通字符，只需用单引号将其括起来即可，如'a'、'!'、'3'、'+'、'?'等。对于控制字符与特殊字符，则用转义序列表示，如'\0'(零字符)、'\n'(换行符)、'\\'(反斜杠)、'\''(单引号)、'\"'(双引号)等。其实，转义序列还有另外两种表示方法(均可用于表示任何字符)，分别为:

(1) 反斜杠 + 1~3 位八进制数(可不用数字 0 开头，为该字符的 ASCII 码值)，如'\012'(即换行符)、'\101'(即字符'A')等。

(2) 反斜杠 + 1~2 位十六进制数(必须以字母 x 开头，为该字符的 ASCII 码值)，如'\xa'(即换行符)、'\x41'(即字符'A')等。如表 2.3 所示，为标准的 ASCII 码表。ASCII 由美国国家标准学会(American National Standard Institute，ANSI)制定，并被国际标准化组织(International Organization for Standardization, ISO)定为国际标准(ISO 646 标准)，是一种标准的单字节西文字符编码方案。

表 2.3　ASCII 码表

ASCII 码			字符	ASCII 码			字符	ASCII 码			字符	ASCII 码			字符
十进制	八进制	十六进制		十进制	八进制	十六进制		十进制	八进制	十六进制		十进制	八进制	十六进制	
0	00	00	NUL	32	40	20	sp	64	100	40	@	96	140	60	'
1	01	01	SOH	33	41	21	!	65	101	41	A	97	141	61	a
2	02	02	STX	34	42	22	"	66	102	42	B	98	142	62	b
3	03	03	ETX	35	43	23	#	67	103	43	C	99	143	63	c
4	04	04	EOT	36	44	24	$	68	104	44	D	100	144	64	d
5	05	05	ENQ	37	45	25	%	69	105	45	E	101	145	65	e
6	06	06	ACK	38	46	26	&	70	106	46	F	102	146	66	f
7	07	07	BEL	39	47	27	'	71	107	47	G	103	147	67	g
8	10	08	BS	40	50	28	(	72	110	48	H	104	150	68	h
9	11	09	HT	41	51	29	)	73	111	49	I	105	151	69	i
10	12	0A	NL	42	52	2A	*	74	112	4A	J	106	152	6A	j

ASCII 码			字符	ASCII 码			字符	ASCII 码			字符	ASCII 码			字符
十进制	八进制	十六进制		十进制	八进制	十六进制		十进制	八进制	十六进制		十进制	八进制	十六进制	
11	13	0B	VT	43	53	2B	+	75	113	4B	K	107	153	6B	k
12	14	0C	FF	44	54	2C	,	76	114	4C	L	108	154	6C	l
13	15	0D	ER	45	55	2D	-	77	115	4D	M	109	155	6D	m
14	16	0E	SO	46	56	2E	.	78	116	4E	N	110	156	6E	n
15	17	0F	SI	47	57	2F	/	79	117	4F	O	111	157	6F	o
16	20	10	DLE	48	60	30	0	80	120	50	P	112	160	70	p
17	21	11	DC1	49	61	31	1	81	121	51	Q	113	161	71	q
18	22	12	DC2	50	62	32	2	82	122	52	R	114	162	72	r
19	23	13	DC3	51	63	33	3	83	123	53	S	115	163	73	s
20	24	14	DC4	52	64	34	4	84	124	54	T	116	164	74	t
21	25	15	NAK	53	65	35	5	85	125	55	U	117	165	75	u
22	26	16	SYN	54	66	36	6	86	126	56	V	118	166	76	v
23	27	17	ETB	55	67	37	7	87	127	57	W	119	167	77	w
24	30	18	CAN	56	70	38	8	88	130	58	X	120	170	78	x
25	31	19	EM	57	71	39	9	89	131	59	Y	121	171	79	y
26	32	1A	SUB	58	72	3A	:	90	132	5A	Z	122	172	7A	z
27	33	1B	ESC	59	73	3B	;	91	133	5B	[	123	173	7B	{
28	34	1C	FS	60	74	3C	<	92	134	5C	\	124	174	7C	|
29	35	1D	GS	61	75	3D	=	93	135	5D	]	125	175	7D	}
30	36	1E	RE	62	76	3E	>	94	136	5E	^	126	176	7E	~
31	37	1F	US	63	77	3F	?	95	137	5F	_	127	177	7F	DEL

　　字符串常量即用双引号括起来的若干个(包含 0 个)字符的序列。如"abc"、"123"、"0"、"中国"、"五星红旗"等。

　　符号常量即用标识符表示的常量，通常又称为宏常量，须用#define 命令定义，其语法格式为：

```
#define 标识符 字符串
```

　　其中，#define 为编译系统的宏定义预处理命令，用于定义一个表示相应字符串的标识符。例如：

```
#define PI 3.1415926
```

　　在此，PI 即为一个符号常量，表示字符串"3.1415926"。

说明： 在定义符号常量时所指定的标识符又称为宏名，通常以大写形式表示，以便于识别。在编译预处理时，程序中所出现的宏名均会替换为相应的字符串。

【实例 2-3】以下常量中正确的一组是(   )。

    A. 018，123，0x123   B. -017，2a0，-0x16

    C. 012，-100，0xabc   D. 0a7，789，0xff

答案：C

解析：整型常量(整型常数)可用十进制、八进制或十六进制表示。其中，十进制整数由正负号(+、-)后跟数字串组成，正号可省略，且不能以数字 0 开头(整数 0 除外)。八进制整数以数字 0 开头，后跟 0~7 组成的数字串。十六进制整数以数字 0 和字母 x(或 X)开头，后跟 0~9 及 A~F(或 a~f)组成的数字字母串。

【实例 2-4】常量 100u 的数据类型为(   )。

答案：unsigned int

解析：整型常量可添加后缀 u(或 U)、l(或 L)、ul(或 UL)，以明确其数据类型为无符号整型、长整型、无符号长整型。如 65000u、012u、0xA3u、-70000l、70000ul 等。

【实例 2-5】常量 0.的数据类型为(   )，十进制数 6.26f 的类型为(   )。

答案：double，float

解析：

(1) 0.即 0.0。在 C 语言中，实型常量(实型常数)按 double 存储和处理。必要时，可为实型常量添加后缀 f(或 F)，以明确其数据类型为 float。

(2) 在 C 语言中，以定点格式表示时，实型常量由正负号、数字、小数点组成，且必须有小数点。此外，整数部分和小数部分可缺少其中之一，但不能同时没有。除定点格式外，还可按指数格式表示，即 aEn(或 ae$n$)，相当于 a×10^n。其中，a 表示尾数，为一个十进制数(可无小数点)；e 或 E 表示底数为 10；n 表示指数(幂次)为 1~3 位的整数(可带正负号)。

【实例 2-6】以下字符常量中，正确的是(   )。

    A. "A"   B. "\0"   C. '123'   D. '\012'

答案：D

解析：字符常量可用转义序列表示。转义序列共有 3 种表示方法：

(1) 反斜杠 + 一个特定字符，如'\n'、'\t'等。

(2) 反斜杠 + 1~3 位八进制数(可不用数字 0 开头，为该字符的 ASCII 码值)，如'\012'、'\101'(即字符'A')等。

(3) 反斜杠 + 1~2 位十六进制数(必须以字母 x 开头，为该字符的 ASCII 码值)，如'\xa'、'\x41'(即字符'A')等。

【实例 2-7】分析程序，写出其运行结果。

程序代码：

```
#include <stdio.h>
main()
{
  printf("%c,%d,%c\n",'A','A',65);
```

```
printf("%c,%c\n",'A'+32,'a'-32);
printf("%d,%c,%d,%c\n",'\n','\0','\0','\x41');
}
```

运行结果如图 2.2 所示。

图 2.2　实例 2-7 程序的运行结果

程序解析：

(1) 使用 printf()函数输出字符常量时，可用%c 控制输出该字符，或用%d 控制输出该字符 ASCII 码值(十进制)。反之，对于 0~255 的整数，也可用%c 控制输出对应的字符。

(2) 在 C 语言中，字符常量也可视为整数，并参与数值运算。例如，'A'、'a'的十进制值是 65、97，'A'+5 的值为 70，'a'-'A'的值为 32。此外，大小写字母的转换可通过加减 32实现。例如，'A'+32 为'a'，'a'-32 为'A'。

(3) 换行符'\n'的 ASCII 码值为 10。零字符'\0'的 ASCII 码值为 0，按字符形式输出时相当于一个空格。'\x41'为字符'A'的一种转义序列形式。

【实例 2-8】字符串"ABC"在内存中占用(　　)字节。

　　A. 3　　　　　　　　B. 4　　　　　　　　C. 6　　　　　　　　D. 8

答案：B

解析：字符串常量按字符顺序(从左到右)连续存放，每个字符(包括空格)占用一字节，存放其 ASCII 码值，最后由系统自动追加一个零字符 null(即'\0')作为结束标记。因此，如果一个字符串常量含有 N 个字符，那么其所占用的内存空间为 N+1 字节。例如，字符串常量"I am a student"共有 14 个字符(包括 3 个空格)，在存储时要占用 15 字节，其中各字符及其所对应的 ASCII 码值(十六进制)如图 2.3 所示。

I		a	m		a		s	t	u	d	e	n	t	\0
49	20	61	6d	20	61	20	73	74	75	64	65	6e	74	00

图 2.3　字符串常量的存储方式

【实例 2-9】语句"printf("%s\n","I say,\"OK!\"");"的输出结果为(　　)。

答案：I say,"OK!"

解析：使用 printf()函数输出字符串时，所使用的转换说明符为%s。必要时，在字符串常量中可包含转义字符。在此，字符串"I say,\"OK!\""中的"\""即为表示双引号""""的转义字符。

2.3　变　　量

变量是指在程序运行过程中其值可以改变的量，通常用于存放用户的输入、程序的中间结果与最终结果等。

2.3.1　变量的定义

在 C 语言中，变量遵循"先定义，后使用"的原则。在定义变量时，必须指定其数据类型与名称。语法格式为：

```
数据类型 变量名列表；
```

其中，数据类型包括字符型、整型、浮点型、双精度型等，以类型关键字表示，必要时还可使用相应的类型修饰符。变量名属于一种标识符，其命名应符合标识符的命名规则。在同时定义多个变量时，只需用逗号将变量名隔开即可。如：

```
char c;
int i,j,k;
long ii,jj,kk;
unsigned uii;
```

2.3.2　变量的初始化与赋值

在定义变量时可对其进行初始化，即为其赋相应的初值。如：

```
int a=1,b=2,c=3;
char c1='a',c2='b',c3='c';
```

定义好变量之后，可根据需要随时对其进行赋值。如：

```
int a;
…
a=1;
…
a=2;
…
```

【实例 2-10】若有定义"char c='\010';"，则变量 c 中包含的字符个数是(　　　)。
答案：1
解析：一个字符型变量只能存放一个字符。在此，'\010'为以转义序列形式表示的一个字符。

【实例 2-11】分析程序，写出其运行结果。
程序代码：

```
#include <stdio.h>
main()
{
```

```
 char ch1='a',ch2='A';
 ch1='z';
 ch2='Z';
 ch1=ch1-32;
 ch2=ch2+32;
 printf("%c\t%c\n",ch1,ch2);
}
```

运行结果如图 2.4 所示。

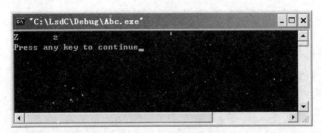

图 2.4　实例 2-11 程序的运行结果

程序解析：该程序的功能是实现字母 z 与 Z 的大小写转换。小写字母减去 32，即为相应的大写字母；反之，大写字母加上 32，即为相应的小写字母。

提示： 在定义变量时，也可使用修饰符 const。不过，一旦使用修饰符 const，则相应的变量在定义时必须赋以相应的初值，而且在程序运行过程中其值不允许再次被修改。因此，使用了修饰符 const 的变量通常又称为 const 常量。与使用#define 命令定义的符号常量(或宏常量)相比，const 常量具有相应的数据类型。例如：

```
const double pi=3.1415926;
```

在此，定义了一个 const 常量 pi，其值为双精度型的 3.1415926。

2.3.3　变量的作用域

变量的定义位置不同，其作用域(即起作用的范围)也会有所不同。据此，可将变量分为 3 种类型，即全局变量、局部变量与形式参数。

1．全局变量

全局变量在函数外部定义，通常又称为外部变量。全局变量可被其定义位置之后的所有函数共享，在程序执行期间将一直存在。 如：

```
#include <stdio.h>
int i,j,k;  //全局变量
main()
{
    ...
}
```

2. 局部变量

局部变量在函数内部定义，通常又称为内部变量，只在相应的函数体或程序块(复合语句)内有效。如：

```
void func1(void)
{
    int x;  //局部变量
    x=100;
}
void func2(void)
{
    int x;  //局部变量
    x=200;
}
```

3. 形式参数

形式参数在函数的形式参数表中定义，只在相应的函数体内有效。形式参数通常又称为形参、虚参或哑元。如：

```
int sum(int x,int y)  //形式参数
{
 …
}
```

2.4 运算符与表达式

程序的主要功能就是处理数据，为此需对数据进行相应的运算。C 语言支持为数众多的运算类型，包括算术运算、赋值运算、逗号运算、关系运算、逻辑运算、条件运算、字长运算、位运算、取址运算、取值运算、成员选择运算等。

C 语言的数据处理功能十分强大，针对各种运算提供了相应的运算符(又称为操作符)。使用运算符连接有关的运算量(又称为操作数)，即可构成各种不同的表达式。各类运算符按其运算对象个数的不同，又可分为单目运算符、双目运算符与三目运算符。

2.4.1 算术运算

算术运算用于实现数值量的计算。在 C 语言中，算术运算符包括 4 个只连接一个运算量的单目运算符与 5 个需连接两个运算量的双目运算符，见表 2.4。其中，单目运算符的优先级高于双目运算符，其结合性为从右到左。而双目运算符的优先级又分为两级(*、/、%高于+、-)，其结合性均为从左到右。

在 C 语言中，取模(求余)运算只能求两个整数的余数，其符号与被除数的符号相同。例如，8%3 的结果为 2，-8%3 的结果为-2，8%(-3)的结果为 2。

表 2.4　算术运算符

优 先 级	运 算 符	名称或含义	使用形式	类　　别	结 合 性
1	+	正	+表达式	单目	从右到左
	–	负	–表达式		
	++	自增 (使变量值增加 1)	++变量名 变量名++		
	––	自减 (使变量值减少 1)	––变量名 变量名––		
2	*	乘	表达式*表达式	双目	从左到右
	/	除	表达式/表达式		
	%	取模(求余)	表达式%表达式		
3	+	加	表达式+表达式	双目	从左到右
	–	减	表达式-表达式		

　　此外，自增、自减运算符既可写于变量名之前，也可写于变量名之后，分别称为前缀运算与后缀运算。单独对一个变量进行前缀或后缀的自增、自减运算时，结果是一样的。例如，当 i=5 时，执行语句"i++;"或"++i;"后，i 的值均为 6。其实，"i++;"与"++i;"均相当于"i=i+1;"。不过，如果变量的自增或自减运算出现在表达式中，那么前缀与后缀运算是有区别的。其中，前缀运算是先对变量进行自增或自减运算，然后再取其值参加其他运算(即"先变化后取值(参加运算)")；而后缀运算则刚好相反，也就是先取变量的值参加其他运算，然后再对其进行自增或自减运算(即"先取值(参加运算)后变化")。如：

```
int i=10,j=10,x1,x2;
x1=--i;  //前缀运算，i 先自减 1，值为 9，再赋给 x1
x2=j--;  //后缀运算，先将 j 的当前值 10 赋给 x2，再将其值减少 1
printf("%d,%d,%d,%d\n",i,j,x1,x2);  //输出结果为：9,9,9,10
```

　　用算术运算符连接数值型运算量而得到的式子即为算术表达式。算术表达式的类型与其值的类型相同。通过算术表达式，可对数值量进行相应的计算。

　　如果表达式只含有相同类型的运算量，那么直接进行运算，其运算结果也具有相同的类型。例如，3/2 的结果为 1(int 型)，3.0/2.0 的结果为 1.5(double 型)。

　　如果表达式中含有不同类型的运算量，那么 C 语言编译系统将自动对其进行转换与运算。在每一步运算中，均将精度较低的运算量转换为精度较高的类型，再与精度较高的运算量进行运算，运算结果为精度较高的类型。转换顺序为：(低精度) char→short int→int→unsigned int→long int→float→double→long double(高精度)。

　　【实例 2-12】以下算术表达式中，(　　　)是正确的。

　　　　A. b^2-4ac　　　　B. 10.5%0.5　　　　C. --(x+y)　　　　D. (a+b)*(a-b)

　　答案：D

解析：

(1) A 是错误的。在算术表述式中，表示乘法的运算符*是不能省略的。此外，C 语言中没有乘方运算符，如 x^3 应表示为 x*x*x。b^2-4ac 的正确表示方法应为 b*b-4*a*c。

(2) B 是错误的。在 C 语言中，取模(求余)运算只能求两个整数的余数，且结果的符号与被除数的符号相同。

(3) C 是错误的。只能对变量进行++或--运算，常量或表达式是不能进行++或--运算的。如++(25)、++i--等用法都是错误的。

(4) D 是正确的。在表达式中，可以使用圆括号。圆括号具有最高的优先级，可用于改变运算的先后顺序。此外，圆括号是可以进行多重嵌套的，但在嵌套时左右括号要匹配，并按从内向外的顺序依次进行计算。如 a*(b+(a-b)/c)、i*((j/k)-10)等。

【实例 2-13】分析程序，写出其运行结果。

程序代码：

```c
#include <stdio.h>
main()
{
  int a=3,b=3,c;
  c=a--*++b;
  printf("%d,%d,%d\n",a,b,c);
}
```

运行结果如图 2.5 所示。

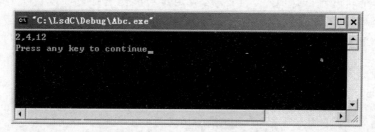

图 2.5　实例 2-13 程序的运行结果

程序解析：在语句 "c=a--*++b;" 中，a--为后缀运算，++b 为前缀运算。在计算 a--*++b 时，a 先取其当前值 3 参加运算，然后再减 1 变为 2(即 a=a-1=3-1=2)，而 b 先加 1 变为 4(即 b=b+1=3+1=4)，然后再取其当前值 4 参加运算。因此，c=3*4=12。最后，程序输出 a、b、c 的值，分别为 2、4、12。

【实例 2-14】表达式 3+1/2 的值为(　　)，类型为(　　)。表达式 3+1.0/2 的值为(　　)，类型为(　　)。

答案：3，int，3.5，double。

解析：1/2 的值为 0，int 型。1.0/2 的值为 0.5，double 型。

2.4.2　赋值运算

赋值运算用于为变量赋值。在 C 语言中，共有 1 个简单赋值运算符与 10 个复合赋值

运算符，见表 2.5。其中，+=、-=、*=、/=、%=是与算术运算相关的复合赋值运算符，而 <<=、>>=、&=、|=、^=则是与位运算相关的复合赋值运算符(请参阅此后位运算部分的内容)。

所有的赋值运算符均为二目运算符，且均处于同一个优先级，结合性为从右到左。赋值运算符的优先级是很低的，仅高于逗号运算符(,)，而低于其他所有的运算符(如+、-、*、/、%等)。

表 2.5　赋值运算符

运 算 符	名称或含义	使用形式	等价形式
=	赋值	变量名=表达式	—
+=	加后赋值	变量名+=表达式	变量名=变量名+表达式
-=	减后赋值	变量名-=表达式	变量名=变量名-表达式
*=	乘后赋值	变量名*=表达式	变量名=变量名*表达式
/=	除后赋值	变量名/=表达式	变量名=变量名/表达式
%=	取模后赋值	变量名%=表达式	变量名=变量名%表达式
<<=	左移后赋值	变量名<<=表达式	变量名=变量名<<表达式
>>=	右移后赋值	变量名>>=表达式	变量名=变量名>>表达式
&=	按位与后赋值	变量名&=表达式	变量名=变量名&表达式
|=	按位或后赋值	变量名|=表达式	变量名=变量名|表达式
^=	按位异或后赋值	变量名^=表达式	变量名=变量名^表达式

用赋值运算符将一个变量(置于左边)与一个表达式(置于右边)连接起来，即构成一个赋值表达式。如：

```
i=i+1
x*=k      (相当于 x=x*k)
```

赋值表达式可用于表达式可以出现的任何地方。对于赋值表达式来说，左边变量的值与类型就是该赋值表达式的值与类型。在赋值表达式中，当左边变量与右边表达式的数据类型不一致时，C 语言编译系统会自动将表达式的类型转换为与变量相同的类型后再赋值。如：

```
x=y=z=6      (相当于 z=6，y=z，x=y)
a+=a-=a*a    (相当于 a=a-a*a，a=a+a)
```

【实例 2-15】执行以下程序段后，x 的值为(　　　)。

```
int x=10,y=10;
x*=y+5;
```

　　A. 10　　　　　　　B. 15　　　　　　　C. 105　　　　　　　D. 150

答案：D

解析：使用复合赋值运算符时，右边的运算量(表达式)应视为一个整体。在此，x*=y+5 相当于 x=x*(y+5)。

【实例2-16】分析程序，写出其运行结果。

程序代码：

```
#include <stdio.h>
main()
{
  int a=15,n=15,b=10,c=5;
  a%=n%=2;
  printf("a=%d,n=%d\n",a,n);
  b+=b-=b*b;
  a=5+(c=6);
  printf("b=%d,a=%d,c=%d\n",b,a,c);
}
```

运行结果如图2.6所示。

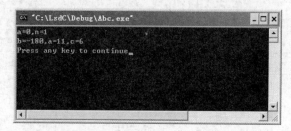

图2.6　实例2-16程序的运行结果

程序解析：

(1) 语句"a%=n%=2;"的执行过程为：n=n%2=15%2=1，a=a%n=15%1=0。故第 1 条 printf 语句输出的结果为：

```
a=0,n=1
```

(2) 语句"b+=b-=b*b;"的执行过程为：b=b-b*b=10-10*10=-90，b=b+b=-90+(-90)=-180。语句"a=5+(c=6);"的执行过程为：c=6，a=5+c=5+6=11。故第 2 条 printf 语句输出的结果为：

```
b=-180,a=11,c=6
```

提示：　在分析程序时，对于复合赋值运算，应分别将其转换为简单赋值运算。

2.4.3　关系运算

关系运算即比较运算，包括不等性比较与相等性比较。在 C 语言中，共有 6 个关系运算符，见表2.6。

关系运算符均为二目运算符，结合性为从左到右，但其优先级分为不等性比较与相等性比较两个级别，且前者高于后者。另外，关系运算符的优先级均低于算术运算符，高于赋值运算符。

表 2.6   关系运算符

优 先 级	运 算 符	名称或含义	使用形式	类 别	结 合 性
1	>	大于	表达式>表达式	不等性比较	从左到右
	<	小于	表达式<表达式		
	>=	大于或等于	表达式>=表达式		
	<=	小于或等于	表达式<=表达式		
2	==	等于	表达式==表达式	相等性比较	从左到右
	!=	不等于	表达式!=表达式		

用关系运算符将相关的表达式连接起来，即可构成关系表达式。其中，表达式包括常量、变量、算术表达式、赋值表达式、关系表达式等。如：

```
n<=100
a+b>c
a>(b>c)
a!=(b=c)
a!=(b==c)
```

关系表达式的运算结果只有两种情况，即 1 或者 0。其中，1 表示“真”(即比较成立)，0 表示“假”(即比较不成立)。例如，0>9 的结果为 0，100!=20 的结果为 1。

【实例 2-17】表达式 (i=3)>(j=6)的值为(   )。

答案：0

【实例 2-18】若 a=3，b=2，c=1，则 a>b 的值为(   )，(a>b)==c 的值为(   )，b+c<a 的值为(   )。执行“p=a>b;”后，p 的值为(   )。执行“q=a>b>c;”后，q 的值为(   )。

答案：1，1，0，1，0。

【实例 2-19】分析程序，写出其运行结果。

程序代码：

```
#include <stdio.h>
main()
{
 int x=9,y=8,z=7;
 int a,b,c;
 a=x>y>z;
 b=--x-y>=z;
 c=x==y;
 printf("x=%d y=%d z=%d\n",x,y,z);
 printf("a=%d b=%d c=%d\n",a,b,c);
}
```

运行结果如图 2.7 所示。

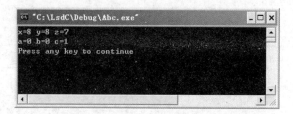

图 2.7　实例 2-19 程序的运行结果

程序解析：

(1)　在执行赋值语句"a=x>y>z;"时，x>y(即 9>8)成立，值为 1。而 1>z(即 1>7)不成立，值为 0。故 a=0。

(2)　在执行赋值语句"b=--x-y>=z;"时，因--x 为前缀运算，故 x 先自减 1 变为 8。此时，x-y>=z(8-8>=7)不成立，值为 0。最终 b=0。

(3)　在执行赋值语句"c=x==y;"时，x==y(即 8==8)成立，值为 1。故 c=1。

2.4.4　逻辑运算

在 C 语言中，共有 3 种逻辑运算符，见表 2.7。其中，逻辑非(!)为单目运算符，其结合性为从右到左；逻辑与(&&)、逻辑或(||)为双目运算符，其结合性为从左到右。

表 2.7　逻辑运算符

优 先 级	运 算 符	名称或含义	使用形式	类　别	结 合 性
1	!	逻辑非	!表达式	单目	从右到左
2	&&	逻辑与	表达式&&表达式	双目	从左到右
3	‖	逻辑或	表达式‖表达式	双目	从左到右

逻辑运算符用于实现逻辑运算。逻辑运算的结果只能是 1 或者 0，分别表示逻辑值"真"或者"假"，其运算规则(即真值表)见表 2.8。

表 2.8　逻辑运算规则(真值表)

P	Q	!P	!Q	P&&Q	P‖Q
0	0	1	1	0	1
0	1	1	0	0	1
1	0	0	1	0	1
1	1	0	0	1	0

逻辑运算符的优先级分为 3 级，由高到低依次为逻辑非、逻辑与、逻辑或。若考虑算术运算符、赋值运算符与关系运算符，则优先级关系为：逻辑非=单目算术运算符>双目算术运算符>关系运算符>逻辑与>逻辑或>赋值运算符。

用逻辑运算符将相关的表达式连接起来，即可构成逻辑表达式。其中，表达式包括常量、变量、算术表达式、赋值表达式、关系表达式、逻辑表达式等。如：

```
x>=0 && x<=1
x<=0 || x>=1
```

逻辑表达式与关系表达式一样，其运算结果只有两种情况，即表示"真"的 1 或者表示"假"的 0。例如，0>9&&100!=20 的结果为 0，0>9||100!=20 的结果为 1。

在进行逻辑运算时，任何非 0 数据均视为"真"，而 0 则视为"假"。例如，100&&-100 的结果为 1，0||123 的结果为 1，!(-5)的结果为 0。

【实例 2-20】对于表达式 3*(a+b)>c&&a++||c!=0&&!EOF，若 a=3、b=4、c=5、EOF=1，则值为(　　)；若 a=0、b=1、c=2、EOF=1，则值为(　　)。

答案：1，0。

【实例 2-21】分析程序，写出其运行结果。

程序代码：

```
#include <stdio.h>
main()
{
 char c='5';
 int i=5,j=7,k=0,m=3,n=6;
 printf("%d,%d,%d,%d\n",i&&j,i&&k,i||j,i||k);
 printf("%d,%d\n",c>='0'&&c<='9',i<=j-1||c!=' ');
 printf("%d\n",(m=i>j)&&(n=j>=k));
}
```

运行结果如图 2.8 所示。

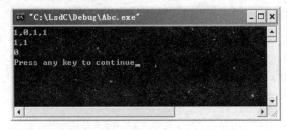

图 2.8　实例 2-21 程序的运行结果

程序解析：

(1) 程序中，i、j 为非 0 值，表示"真"；而 k 的值为 0，故表示"假"。

(2) "c>='0'&&c<='9'"用于判断 c 中的字符是否为数字字符，"c!=' '"则用于判断 c 中的字符是否为空格。

(3) 程序中，关系表达式 i>j 不成立，故赋值表达式 m=i>j 的值为 0(m=0)，从而逻辑表达式(m=i>j)&&(n=j>=k)的最终结果为 0。

【实例 2-22】分析程序，写出其运行结果。

程序代码：

```
#include <stdio.h>
main()
{
 int x=1,y=2,z=3;
 int a,b;
```

```
a=(x=8)&&(y=8)&&(z=8);
printf("x=%d,y=%d,z=%d,a=%d\n",x,y,z,a);
x=1,y=2,z=3;
a=(x=0)&&(y=8)&&(z=8);
printf("x=%d,y=%d,z=%d,a=%d\n",x,y,z,a);
x=1,y=2,z=3;
b=(x=0)||(y=0)||(z=6);
printf("x=%d,y=%d,z=%d,b=%d\n",x,y,z,b);
x=1,y=2,z=3;
b=(x=6)||(y=6)||(z=6);
printf("x=%d,y=%d,z=%d,b=%d\n",x,y,z,b);
}
```

运行结果如图 2.9 所示。

程序解析：

(1) 在对逻辑表达式进行求解时，并非所有的操作数都被计算。只有在必须执行下一个逻辑运算符才能求出表达式的结果时，才会继续计算相应的操作数。一旦能得到表达式的最终结果，则立即停止计算。

图 2.9 实例 2-22 程序的运行结果

(2) 对于 x&&y&&z，当 x、y、z 同时为真时，结果为真，否则为假(一旦发现其中之一为假，最终结果即为假)。其求解过程如图 2.10 所示。对于(x=8)&&(y=8)&&(z=8)，x=8、y=8 与 z=8 均被执行后，方能求得最终结果(真)。对于(x=0)&&(y=8)&&(z=8)，执行 x=0 后，即可知最终结果为假，故无须再执行 y=8 与 z=8。

(3) 对于 x||y||z，当 x、y、z 同时为假时，结果为假，否则为真(一旦发现其中之一为真，最终结果即为真)。其求解过程如图 2.11 所示。对于(x=0)||(y=0)||(z=6)，x=0、y=0 与 z=6 均被执行后，方能求得最终结果(真)。对于(x=6)||(y=6)||(z=6)，执行 x=6 后，即可知最终结果为真，故无须再执行 y=6 与 z=6。

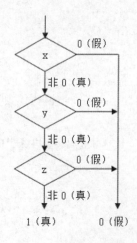

图 2.10 x&&y&&z 的求解过程

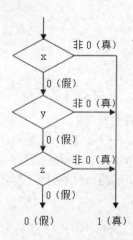

图 2.11 x||y||z 的求解过程

2.4.5　条件运算

条件运算符是 C 语言中最为特殊的一个运算符，也是唯一的一个三目运算符，由?(问号)与:(冒号)组成。条件运算符的优先级高于赋值运算符和逗号运算符，低于算术运算符、关系运算符、逻辑运算符等其他运算符。

由条件运算符连接 3 个表达式，即可构成条件表达式。基本格式为：

表达式 1?表达式 2:表达式 3

其功能或含义为：若表达式 1(条件)的结果为真(即值不等于 0)，则将表达式 2 的值作为整个条件表达式的值；若表达式 1(条件)的结果为假(即值等于 0)，则将表达式 3 的值作为整个条件表达式的值。例如，若 a=10、b=20，则 a>b?a+b:a−b 的值为−10，a−b<0?a*b:a*3 的值为 200，2*a−b?a:b 的值为 20。

条件运算符的结合性为从右到左。例如，exp1?exp2:exp3?exp4:exp5 相当于 exp1?exp2:(exp3?exp4:exp5)，exp1?exp2?exp3:exp4:exp5 相当于 exp1?(exp2?exp3:exp4):exp5。

【实例 2-23】以下关于条件表达式的用法，(　　　)是错误的。

　　A. c=a>b?a+b:a−b;　　　　　　　B. c=(a>b)?(a+b):(a−b);

　　C. c=a>b?a+=b:a−=b;　　　　　　D. c=(a>b)?(a+=b):(a−=b);

答案：C

解析：条件运算符的优先级高于赋值运算符。在选项 C 中，a>b?a+=b:a−=b 实际上等同于(a>b?a+=b:a)−=b，而"−="是一个复合赋值运算符，其左操作数不能是表达式，因此是错误的。为避免出现类似的错误，可在条件表达式中适当使用圆括号，以明确结合关系，如选项 D 所示。

2.4.6　字长运算

字长运算用于计算操作数的长度(即返回指定对象在内存中占用的字节数)，其运算符为 sizeof，基本用法为：

sizeof(数据类型)
sizeof(表达式)

例如：

sizeof(char)　　　　　　(结果为 1)
sizeof(double)　　　　　(结果为 8)
sizeof(1.5)　　　　　　 (结果为 8)

sizeof 运算符为单目运算符，与自增(++)、自减(−−)等其他单目运算符具有同样的优先级，结合性亦为从右到左。

【实例 2-24】分析程序，写出其运行结果。

程序代码：

```
#include <stdio.h>
void main()
{
    int a=1;
    float b=1.5;
    printf("a:%d\n",sizeof(a));
    printf("a+b:%d\n",sizeof(a+b));
    printf("a+b+1.5:%d\n",sizeof(a+b+1.5));
}
```

运行结果如图 2.12 所示。

图 2.12　实例 2-24 程序的运行结果

程序解析：在第 1 条 printf 语句中，a 为 int 型变量，在 VC 中占 4 字节(在 TC 中则占 2 字节)。在第 2 条 printf 语句中，a+b 的结果为 float 型，占 4 字节。在第 3 条 printf 语句中，a+b+1.5 的结果为 double 型，占 8 字节。

2.4.7　位运算

位运算是 C 语言与其他高级语言(Basic、Pascal 等)的重要区别，用于将数据按二进制位进行处理，从而使 C 语言具有汇编语言所具有的运算能力，是 C 语言对硬件进行操作的重要方式。

C 语言支持全方位的位操作，提供了完整的位运算符，包括 1 个单目运算符与 5 个双目运算符，见表 2.9。

表 2.9　位运算符

优 先 级	运 算 符	名称或含义	使用形式	类　别	结 合 性
1	~	按位取反	~表达式	单目	从右到左
2	<<	左移	表达式<<表达式	单目	从左到右
	>>	右移	表达式>>表达式		
3	&	按位与	表达式&表达式	双目	从左到右
4	^	按位异或	表达式^表达式	双目	从左到右
5	|	按位或	表达式|表达式	双目	从左到右

位运算符的优先级分为 5 级，由高到低依次为按位取反、左移与右移、按位与、按位

异或、按位或。若考虑算术运算符、赋值运算符、关系运算符与逻辑运算符，则优先级关系为：按位取反=逻辑非=单目算术运算符>双目算术运算符>左移=右移>关系运算符>按位与>按位异或>按位或>逻辑与>逻辑或>赋值运算符。结合性方面，单目的按位取反为从右到左，而双目的其他位运算符均为从左到右。

位运算是一种特殊的运算，其操作数的类型只能是整型或字符型，而不能是浮点型等其他数据类型。在具体进行运算时，各有关操作数均须以二进制补码形式表示。

📄 **说明：** 正数的补码与其原码(即该数的二进制形式)相同，负数的补码则为其绝对值的原码逐位取反后再加 1。例如，10 的补码为 00001010(其原码为00001010)，-10 的补码为 11110110(其绝对值 10 的原码为 00001010，逐位取反后则为反码 11110101，再加 1 即为-10 的补码 11110110)。

各种位运算的运算法则如下：
- 按位与(&)：0&0=0，0&1=0，1&0=0，1&1=1。
- 按位或(|)：0|0=0，0|1=1，1|0=1，1|1=1。
- 按位异或(^)：0^0=0，0^1=1，1^0=1，1^1=0。
- 按位取反(~)：~0=1，~1=0。
- 左移(<<)：将数据按二进制位左移指定的位数，左边溢出的部分舍去，右边空出的部分补 0。
- 右移(>>)：将数据按二进制位右移指定的位数，右边溢出的部分舍去，左边空出的部分补 0(对于无符号整数或正整数)或补 1(对于负整数)。

例如，5&7 的结果为 5，5|7 的结果为 7，5^7 的结果为 2，~5 的结果为-6，5<<2 的结果为 20，5>>2 的结果为 1。各算式如下：

```
    00000101          00000101          00000101
 &  00000111        | 00000111        ^ 00000111
 ───────────        ───────────        ───────────
    00000101          00000111          00000010
   按位与              按位或              按位异或


 ~  00000101       <<2 00000101       >>2 00000101
 ───────────        ───────────        ───────────
    11111010          00010100          00000001
   按位取反           左移 2 位           右移 2 位
```

其中，5 的补码为 00000101，7 的补码为 00000111，2 的补码为 0000010，-6 的补码为 11111010，20 的补码为 00010100，1 的补码为 00000001。

除了按位取反运算符(~)以外，其他 5 个双目的位运算符还可与赋值运算符(=)一起结合为相应的复合赋值运算符，即：&=(按位与后赋值)、|=(按位或后赋值)、^=(按位异或后赋值)、<<=(左移后赋值)、>>=(右移后赋值)。

【实例 2-25】若 n 为任意整数，则 n&0 的结果为(   )，n|0 的结果为(   )。

答案：0，n。

解析：整数 0 的补码各二进制位均为 0。

【实例 2-26】以下程序的运行结果为(　　)。

```
#include <stdio.h>
void main()
{
    int a=0x0f;
    int b=0xf0;
    printf("%x\n",a|b);
}
```

　　A. 0　　　　　　　　B. f　　　　　　　　C. f0　　　　　　　　D. ff

答案：D

解析：0x0f 即 00001111，0xf0 即 11110000。

2.4.8　逗号运算

在 C 语言中，逗号运算符只有一个，即","。在所有的 C 语言运算符中，其优先级是最低的，结合性为从左到右。

逗号运算符为二目运算符，可将若干个独立的表达式连接起来构成一个逗号表达式，并按从左到右的顺序进行计算。因此，逗号运算又称为顺序运算。

对于逗号表达式来说，最后一个表达式的值即为该逗号表达式的值。如：

```
a=3*5,a*4,a+5
```

该逗号表达式的值为 20。

在程序中，用一条逗号表达式语句可代替多条赋值语句。如：

```
a=0,b=1,c=2;   //相当于 a=0;b=1;c=2;
```

【实例 2-27】执行以下程序段后，a 的值为(　　)。

```
int a=5;
a=(3*5,a*4,a+5);
```

　　A. 5　　　　　　　　B. 10　　　　　　　C. 15　　　　　　　D. 20

答案：B

解析："a=(3*5,a*4,a+5);"是一条赋值语句，右边的表达式即为一个逗号表达式，其值为 10。

【实例 2-28】分析程序，写出其运行结果。

程序代码：

```
#include <stdio.h>
main()
{
    int c=5;
    printf("%d,%d,%d\n",c=4*5,c+8,c-4);
    c=5;
    printf("%d \n",(c=4*5,c+8,c-4));
}
```

运行结果如图 2.13 所示。

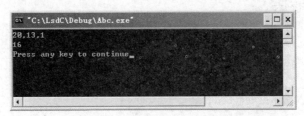

图 2.13 实例 2-28 程序的运行结果

程序解析：

(1) 在 printf 语句中，若有多个输出项，则其计算顺序是从右到左的。

(2) 在第 1 条 printf 语句中，共有 3 个输出项。按从右到左的顺序计算，第 3 个输出项为 1，第 2 个输出项为 13，第 1 个输出项为 20。若按从左到右的顺序计算，则结果为 20、28、16，但这样是不正确的。

(3) 在第 2 条 printf 语句中，只有 1 个输出项，即逗号表达式"c=4*5,c+8,c-4"。按从左到右的顺序进行计算，最后一个表达式的值为 16，故该逗号表达式的结果为 16。

2.5 数据类型转换

在表达式中，通常会混合使用不同类型的数据，因此在运算时往往会涉及数据类型转换的问题。在 C 语言中，类型转换分为自动转换与强制转换两种。

2.5.1 自动类型转换

自动类型转换又称为隐式类型转换，是由 C 语言编译系统自动完成的。

对于非赋值运算，为保证运算的精度，自动类型转换遵循由低精度类型向高精度类型转换的规则，如图 2.14 所示。

图 2.14 自动类型转换规则

对于赋值运算，则自动将最终要赋的值的类型转换为赋值运算符左侧的变量的类型。在此过程中，如果是高精度类型向低精度类型转换，那么就有可能会出现数据被截去的情况。

2.5.2　强制类型转换

强制类型转换又称为显式类型转换，须使用类型转换运算符方可实现。

在 C 语言中，类型转换运算符用圆括号表示。其实，类型转换运算符也是一种单目运算符，与其他单目运算符具有相同的优先级与结合性，其使用格式为：

(类型名) (表达式)

在此，将"类型名"括起来的圆括号就是类型转换运算符，用于将其后表达式的值转换为由"类型名"指定的数据类型。若表达式只是一个常量或变量，则无须用圆括号将其括起来。

例如，若 i 为 int 型变量，则 i/2 为 int 型值，(float)i/2 为 float 型值。又如，若 x 为 float 型变量，则 x%3 是错误的，而(int)x%3 则是正确的。

【实例 2-29】执行以下程序段后，i 的类型为(　　)。

```
int i=100;
    float j=(float)i;
```

答案：int

解析：强制类型转换只是转换值的类型，而不会改变原变量或表达式的类型。在本例中，(float)i 的类型为 float，但变量 i 的类型仍然是 int。

【实例 2-30】分析程序，写出其运行结果。

程序代码：

```c
#include <stdio.h>
main()
{
    double x=3.5;
    int i;
    i=(int)x%3;
    printf("x=%f,i=%d\n",x,i);
}
```

运行结果如图 2.15 所示。

图 2.15　实例 2-30 程序的运行结果

程序解析：float、double 或 long double 型转换为整型时，对小数部分是四舍五入还是简单截断，取决于具体系统。在 TC、VC 中，采用截断小数部分的办法。在本例中，(int)x 的结果为 3。

【实例2-31】分析程序，写出其运行结果。

程序代码：

```
#include <stdio.h>
void main()
{
    int i,j;
    float x=1.3,y=2.6;
    i=(int)y/x;
    j=(int)(y/x);
    printf("i=%d,j=%d\n",i,j);
}
```

运行结果如图 2.16 所示。

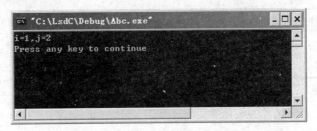

图 2.16　实例 2-31 程序的运行结果

程序解析：(int)y/x 与(int)(y/x)是不一样的，前者是将 y 值转换为 int 型再除以 x，后者是将 y/x 的计算结果转换为 int 型。在进行数据类型的强制转换时，若要转换的是表达式的计算结果，则应将该表达式用圆括号括起来，以免产生歧义。

2.6 格式化输入与输出函数

在 C 语言中，各种类型数据的输入与输出均可通过其格式化输入与输出函数实现。其中，关键之处在于格式转换说明符的选用，即所使用的格式转换说明符必须与输入或输出的数据类型相匹配。

2.6.1 格式化输入函数

格式化输入函数 scanf()可用于所有类型数据的输入。对于 scanf ()函数来说，常用的格式转换说明符及其说明见表 2.10，常用的格式转换修饰符(置于%与相应的格式字符之间)及其说明见表2.11。

表 2.10　scanf ()函数中的格式转换说明符

格式转换说明符	说　明
%d、%i	用于输入有符号的十进制整数
%u	用于输入无符号的十进制整数(若输入负数，则应以带符号的十进制整数形式输出)

续表

格式转换说明符	说　明
%o	用于输入无符号的八进制整数(输入时可不加前缀 0。若输入负数，则应以带符号的十进制整数形式输出)
%x、%X	用于输入无符号的十六进制整数(输入时可不加前缀 0x 或 0X。若输入负数，则应以带符号的十进制整数形式输出)
%f	用于输入单精度(float)实数(可以定点格式或指数格式输入。若输入整数，将自动转换为实数)
%e、%E	等价于%f
%g、%G	等价于%f
%c	用于输入字符(输入的字符不必加单引号)
%s	用于输入字符串(输入的字符串不必加双引号，且以空格、制表符或换行符结束)

表 2.11　scanf ()函数中的格式转换修饰符

格式转换修饰符	说　明
l	用于输入 long 型整数(%ld、%li、%lu、%lo、%lx、%lX)或 double、long double 型实数(%lf、%le、%lE、%lg、%lG)
h	用于输入 short 型整数(%hd、%hi、%hu、%ho、%hx、%hX)
*	用于禁止赋值(即忽略所输入的数据)
m	用于指定数据在输入时的最大宽度或列数(m 为一正整数)

【实例 2-32】执行以下程序段时，若要输入 3 个整数 1、2、3，则(　　)是错误的输入方式(<CR>表示按回车键，<Tab>表示按制表键)。

```
int i,j,k;
scanf("%d",&i);
scanf("%d%d",&j,&k);
```

　　　　A. 1 2 3<CR>　　　　　　　　　　B. 1 2,3<CR>
　　　　C. 1<CR>2<Tab>3<CR>　　　　　D. 1<Tab>2<Tab>3<CR>
　　答案：B
　　解析：
　　(1) 当几个 scanf()函数连续出现或一个 scanf()函数含有多个格式转换说明符时，可连续输入几个数据。此时，若各 scanf()函数的格式控制字符串均只包含格式转换说明符，则各数据间可以空格、制表符或回车符作为分隔符(如果是连续输入多个字符，那么就不要使用分隔符)。因此，在本例中，B 是错误的。
　　(2) 在 scanf()函数的格式控制字符串中，除格式转换说明符外，若还含有其他字符，则这些字符应在输入数据时按原样输入。例如，在本例中，若将第 2 条 scanf 语句改为"scanf("%d,%d",&j,&k);"，则 B 是正确的输入方式，而 A、C、D 则是错误的输入方式。
　　(3) 为简单起见，建议在 scanf()函数的格式控制字符串中，只使用相应的转换说明符，而不要含有其他任何字符。这样，在输入数据时，只需按默认的方式输入即可。

【实例 2-33】执行语句"scanf("%d%*c%d",&a,&b);"时，若输入为"10/20<CR>"，则 a 的值为(　　)，b 的值为(　　)。执行语句"scanf("%d%*d%d",&x,&y);"时，若输入为"10 20 30<CR>"，则 x 的值为(　　)，y 的值为(　　)。

答案：10，20，10，30。

解析：在%与格式字符之间使用修饰符"*"，可让 scanf()函数忽略相应的输入数据。在本例中，"%*c"忽略了"/"，"%*d"忽略了 20。

【实例 2-34】执行语句"scanf("%5d%5d",&m,&n);"时，若输入为"123 123456789<CR>"，则 m 的值为(　　)，n 的值为(　　)。

答案：123，12345。

解析：在格式字符前指定一个正整数，可让 scanf()函数限制相应数据在输入时的最大宽度(或列数)。在本例中，系统将读入两个 5 位整数。在输入时，第 1 个整数不足 5 位，第 2 个整数超过 5 位。因此，第 1 个整数被全部读取，第 2 个整数只读取前 5 位。

【实例 2-35】分析程序，写出其运行结果。在此，假定输入为"1.23456789<CR>"。

程序代码：

```c
#include <stdio.h>
void main()
{
    float x,y;
    scanf("%5f%f",&x,&y);
    printf("%f,%f\n",x,y);
}
```

运行结果如图 2.17 所示。

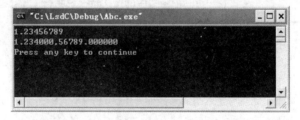

图 2.17　实例 2-35 程序的运行结果

程序解析：采用限制数据输入宽度的方法可实现数据的自动拆分。在本例中，"1.23456789"的前 5 列被作为第 1 个实数赋给 x，剩余部分被作为第 2 个实数赋给 y，故输出结果为"1.234000,56789.000000"。

【实例 2-36】分析程序，写出其运行结果。在此，假定输入为"a b c<CR>"(a、b、c 间各为 1 个空格)。

程序代码：

```c
#include <stdio.h>
void main()
{
    char c1,c2,c3;
```

```
    scanf("%c",&c1);
        scanf("%c%c",&c2,&c3);
printf("%c,%c,%c\n",c1,c2,c3);
}
```

运行结果如图 2.18 所示。

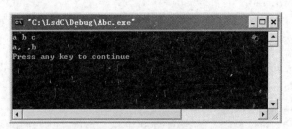

图 2.18   实例 2-36 程序的运行结果

程序解析：在连续输入多个字符时，默认情况下不要使用分隔符，否则分隔符也会被当作输入的字符并赋给相应的变量。在本例中，若输入为 "a b c<CR>"，则字符 a 被赋给变量 c1，空格被赋给变量 c2，字符 b 被赋给变量 c3，因此结果为 "a, ,b"。若想获取结果 "a,b,c"，则输入应为 "abc<CR>"。

2.6.2   格式化输出函数

格式化输出函数 printf()可用于所有类型数据的输出。对于 printf()函数来说，常用的格式转换说明符及其说明见表 2.12，常用的格式转换修饰符(置于%与相应的格式字符之间)及其说明见表 2.13。

表 2.12   printf()函数中的格式转换说明符

格式转换说明符	说　明
%d、%i	用于以带符号十进制形式输出整数(正数不输出符号)
%o	用于以无符号八进制形式输出整数(不输出前缀 0)
%x、%X	用于以无符号十六进制形式输出整数(不输出前缀 0x 或 0X。用%x 输出时，字母为小写形式；用%X 输出时，字母为大写形式)
%u	用于以无符号十进制形式输出整数
%f	用于以定点格式输出 float 型实数(默认输出 6 位小数。在 VC 中，还可用于控制输出 double、long double 型实数)
%e、%E	以指数格式输入 float 型实数(尾数的整数部分为 1 位，小数部分默认为 6 位；指数部分为 3 位，且带正负号。用%e 控制时，输出小写 e；用%E 控制时，输出大写 E。在 VC 中，还可用于控制输出 double、long double 型实数)
%g、%G	用于以占用宽度较小的格式(定点格式或指数格式)输出 float 型实数(不输出无意义的 0。用%g 控制时，若以指数格式输出，则输出小写 e；用%G 控制时，若以指数格式输出，则输出大写 E。在 VC 中，还可用于控制输出 double、long double 型实数)

格式转换说明符	说　明
%c	用于输出字符
%s	用于输出字符串
%p	用于输出指针(即内存单元的地址)

表 2.13　printf()函数中的格式转换修饰符

格式转换修饰符	说　明
l	用于输出 long 型整数(%ld、%li、%lu、%lo、%lx、%lX)或 double、long double 型实数(%lf、%le、%lE、%lg、%lG)
h	用于输出 short 型整数(%hd、%hi、%hu、%ho、%hx、%hX)
+	用于输出有符号正数前的正号(+)
–	用于以左对齐方式输出数据(默认情况下是按右对齐方式输出数据的)
#	用于输出八进制或十六进制数的前导符 0 或 0x(0X)
0	用于以 0 填充输出数据时左边不使用的空位
m .n m.n	m 为一正整数,用于指定数据输出的最小宽度或列数。若数据的实际宽度大于 m,则按实际宽度输出;否则,在左端(按左对齐方式输出时则在右端)补空格至 m 列。若在 m 前添加 0,则必要时可用 0 代替空格在左端补至 m 列。 n 为一正整数(前面有一个小数点),用于指定整数的有效位数、实数的小数位数(以指数格式输出时则为尾数的小数位数)或从字符串左端截取的字符个数。对于整数来说,若实际位数大于 n,则按实际位数输出,否则在左端补 0 至 n 列

【实例 2-37】分析程序,写出其运行结果。

程序代码:

```c
#include <stdio.h>
void main()
{
    printf("%3d,%6d,%6.5d\n",1250,1250,1250);
    printf("%9f,%9.2f,%.2f\n",123.456,123.456,123.456);
    printf("%12e,%12.3e,%.3e\n",123.456,123.456,123.456);
    printf("%2s,%10s,%10.5s,%.3s\n","abc","defghij","klmnopqrst","uvwxyz");
    printf("%-10.2f,%-5.2f\n",123.456,1.23456e2);
}
```

运行结果如图 2.19 所示。

图 2.19　实例 2-37 程序的运行结果

程序解析：

(1) 在第 1 条 printf 语句中，分别按 3 种格式输出整数 1250。其中，"%3d"要求输出的整数占 3 列，小于 1250 的实际宽度，故按实际宽度输出；"%6d"要求输出的整数占 6 列，故在 1250 的左端补 2 个空格；"%6.5d"要求输出的整数占 6 列，且有效位数为 5 位，故先在 1250 的左端补 1 个 0，然后再补 1 个空格。若按"%06d"输出 1250，则结果为 001250(在左端补 2 个 0)。

(2) 在第 2 条 printf 语句中，分别按 3 种格式输出实数 123.456。其中，"%9f"要求输出的实数占 9 列，小于 123.456000 的实际宽度 10 列，故按实际宽度输出；"%9.2f"要求输出的实数占 9 列，且小数位数为 2 位，但 123.456 按四舍五入保留 2 位小数后为 123.46，共 6 列，故须在左端补 3 个空格；"%.2f"只要求输出的实数为 2 位小数，故结果为 123.46。若按"%09.2f"输出 123.456，则结果为 000123.46(在左端补 3 个 0)。

(3) 在第 3 条 printf 语句中，分别按 3 种格式以指数方式输出实数 123.456。其中，"%12e"要求输出的结果占 12 列，小于 1.234560e+002 的实际宽度 13 列，故按实际宽度输出；"%12.3e"要求输出的结果占 12 列，且尾数的小数位数为 3 位，但 1.235e+002 只占 10 列，故须在左端补 2 个空格；"%.3e"只要求尾数的小数位数为 3 位，故结果为 1.235e+002。若按"%012.3e"输出 123.456，则结果为 001.235e+002(在左端补 2 个 0)。

(4) 在第 4 条 printf 语句中，分别按不同的格式输出字符串。其中，"%2s"要求输出的字符串占 2 列，小于 abc 的实际宽度 3 列，故按实际宽度输出；"%10s"要求输出的字符串占 10 列，大于 defghij 的实际宽度 7 列，故须在左端补 3 个空格；"%10.5s"要求只截取字符串 klmnopqrst 的前面 5 个字符输出，并占 10 列，故须在 klmno 的左端补 5 个空格；"%.3s" 要求只截取字符串 uvwxyz 的前面 3 个字符输出，结果为 uvw。

(5) 在第 5 条 printf 语句中，由于使用了格式转换修饰符"-"，因此按左对齐方式进行输出，必要时须在右端补空格。

【实例 2-38】语句 "printf("%f%%",1.0/3*100);" 的输出结果为(　　　　)。

答案：33.333333%

解析：在格式控制字符串中使用"%%"可控制输出一个字符%。

【实例 2-39】分析程序，写出其运行结果。

程序代码：

```c
#include "stdio.h"
#define FORMAT "%d,%d\n"
main()
{
    int i=10;
    printf(FORMAT,i+i,++i);
}
```

运行结果如图 2.20 所示。

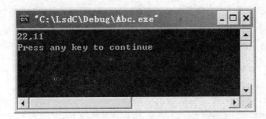

图 2.20　实例 2-39 程序的运行结果

程序解析：

(1) 在本程序中，FORMAT 为符号常量，代表 ""%d,%d\n""。

(2) 在执行一个包含有多个输出项目的 printf 语句时，先按从右到左的顺序计算各输出项目的结果，然后再按从左到右的顺序输出。在本例中，先计算++i，再计算 i+i。在计算++i 时，由于是前缀的自增运算，因此 i 先由 10 变为 11，再取 i 的当前值 11 作为第 2 个输出项的结果；在计算 i+i 时，i 的值为 11，因此第 1 个输出项的结果为 22。

2.7　单字符输入与输出函数

为实现单个字符的输入与输出，除使用 scanf()与 printf()函数外，还可使用专用于单个字符的输入函数 getchar()、getche()、getch()与输出函数 putchar()。其中，getchar()与 putchar()函数在头文件 stdio.h 中声明，getche()与 getch()函数则在头文件 conio.h 中声明。

getchar()函数用于返回从键盘输入的一个字符(以回车键结束)，其语法格式为：

```
getchar()
```

getche()函数的功能与 getchar()函数类似，但在输入字符后不必按回车键，其语法格式为：

```
getche()
```

getch()函数的功能与 getche()类似，但不在屏幕上回显所输入的字符，其语法格式为：

```
getch()
```

putchar()函数用于以字符形式输出一个字符，其语法格式为：

```
putchar(c);
```

其中，参数 c 可以是一个字符型常量或变量，也可以是一个取值为 0~255 的整型常量或变量。

【实例 2-40】分析程序，写出其运行结果。

程序代码：

```
#include <stdio.h>
void main()
{
    int i;
    char c;
    i=100;
```

```
    c='\n';
    putchar(i);
    putchar(c);
}
```

运行结果如图 2.21 所示。

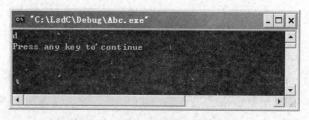

图 2.21　实例 2-40 程序的运行结果

程序解析：第 1 条 putchar 语句输出 ASCII 码值为 100 的字符，即字符 d。第 2 条 putchar 语句的作用是换行，即输出一个换行符。

【实例 2-41】输入一个字符，然后输出。

程序代码：

```
#include <stdio.h>
void main()
{
    char c;
    printf("input a character:");
    c=getchar();
    printf("\ncharacter is: %c\n",c);
}
```

运行结果如图 2.22 所示。

图 2.22　实例 2-41 程序的运行结果

程序解析：单字符的输出可调用 putchar()函数实现。实际上，本程序中的功能可用一条语句实现，即 "putchar(getchar());"。

尝试一下：

将程序中的 getchar()函数分别替换为 getche()、getch()函数，看看运行结果有何不同？

提示：　由于 getche()在输入字符后不必按回车键，因此通常用于菜单的选择。由于 getch()函数在输入字符后不必按回车键，且不在屏幕上回显所输入的字符，因此通常用于密码的输入。

本 章 小 结

本章简要地介绍了 C 语言的数据类型，并通过具体实例讲解了 C 语言常量、变量、运算符、表达式、数据类型转换的基本用法以及格式化输入与输出函数、单字符输入与输出函数的主要用法。通过本章的学习，应熟练掌握 C 语言编程的各种基础知识，能够针对一些较为简单的问题，编写出既正确又友好的 C 语言程序。

习　题

一、填空题

1. short 类型的大小为(　　　　　)字节。

2. C 语言基本数据类型包括 char、int、float、double 与(　　　　　)。

3. C 语言的基本数据类型的修饰符包括(　　　　　)、unsigned、short 与 long。

4. 十进制数 3.26f 的类型为(　　　　　)。

5. 存储字符串 "a" 需要占用存储器的(　　　　　)字节空间。

6. 字符串"\'a\'xy=4\n"的长度为(　　　　　)。

7. 常数 100 的数据类型为(　　　　　)。

8. 常数 3.14 的数据类型为(　　　　　)。

9. "0"是(　　　　　)常量。

10. "printf("\n");" 语句的功能是(　　　　　)。

11. 在 C 语言中，整型常量可用十进制、(　　　　　)进制、十六进制来表示。

12. 在 C 语言中，实型常量只能用(　　　　　)进制来表示。

13. 存储字符 '0' 需要占用存储器的(　　　　　)字节空间。

14. 十进制数 25 表示成符合 C 语言规则的八进制数为(　　　　　)。

15. 十进制数 0.f 的类型为(　　　　　)。

16. 转义字符是由(　　　　　)符号开始的单个字符或若干个字符组成的。

17. 根据变量的定义位置，可将其分为(　　　　　)、局部变量与形式参数。

18. 假定 y=10，则表达式++y*3 的值为(　　　　　)。

19. 关系表达式(x==0)的等价表达式为(　　　　　)。

20. 若 x=5，y=10，则 x!=y 的值为(　　　　　)。

21. 表达式 x=x+y 表示成复合赋值表达式为(　　　　　)。

22. 假定 x=7，则执行 "int a=(!x? 10: 20);" 语句后 a 的值为(　　　　　)。

23. 表达式 sqrt(81)的值为(　　　　　)。

24. 表达式 pow(6,3)的值为(　　　　　)。

25. 逻辑表达式 x>0&&x<10 的相反式为(　　　　　)。

26. 假定 x=5，y=9，则表达式 x--*--y 的值为(　　　　　)。

27. 假定 x 和 y 为整型，其值分别为 31 和 4，则 x%y 的值为(　　　　　)。

28. 假定 x 和 y 为整型，其值分别为 31 和 4，则 x/y 的值为(　　　　　)。

29. 以下程序段的执行结果是(   ).

```
int s,p;
s=p=6;
p=s++,p++,++p;
printf("%d\n",p++);
```

30. 设 ch 是字符型变量，判断 ch 为英文字母的表达式是(   ).

31. 表达式 !!5 的值是(   ).

32. 表达式 7+8>2&&25%5 的结果是(   ).

33. 执行 "x=4,y=(++x)+(++x);" 后，变量 x 的值为(   ).

34. 运算符 < 、% 、++、= 按照优先级从高到低排列顺序为(   ).

35. 设 p=30，那么执行 q=(++p)后，q 的结果为(   ).

36. 赋值表达式和赋值语句的区别在于有无(   ).

37. 设 y 为 int 型变量，描述 "y 是奇数" 的条件表达式为(   ).

38. 若 x=5,y=10，则 x<=y 的值为(   ).

39. 执行 "int x=45,y=13;printf("%d",x/y);" 语句序列后得到的输出结果为(   ).

40. C 语言中的逻辑值 "真" 用(   )表示.

41. 若已知 a=10,b=20，则表达式 !a<b 的值为(   ).

42. printf("%d\n",'A')的输出结果为 65，则 printf("%d\n",'a')的输出结果为(   ).

43. printf("%c\n",'A'+2)的输出结果为(   ).

44. 用于从键盘上为变量输入值的标准输入函数是(   ).

45. 执行 "printf("%s%s%d","wei","rong",18);" 语句后得到的输出结果为(   ).

二、单选题

1. unsigned char 型数据的有效范围是(   ).

    A. 1~255   B. 0~255   C. 1~256   D. 0~256

2. 以下常数中正确的一组是(   ).

    A. 018，123，0x123   B. -017，2a0，-0x16

    C. 012，-100，0xabc   D. 0a7，789，0xff

3. 以下字符常量中，正确的是(   ).

    A. "A"   B. "\0"   C. '123'   D. '\012'

4. 以下选项中不正确的整型常量是(   ).

    A. 12L   B. -10   C. 1,900   D.123U

5. (   )是不正确的字符常量.

    A. 'n'   B. '1'   C. "a"   D. '\101'

6. 不正确的转义字符是(   ).

    A. \\   B. \'   C. 074   D. \0

7. 下列数据中属于字符串常量的是(   ).

    A. "a"   B. {ABC}   C. 'abc\0'   D. 'a'

8. 字符串"ABC"在内存中占用的字节数是(   ).

A. 3   B. 4   C. 6   D. 8

9. '\n'在内存中占用的字节数是( )。

     A. 1   B. 2   C. 3   D. 4

10. char 类型常量在内存中存放的是( )。

     A. ASCII 码值   B. BCD 码值   C. 内码值   D. 十进制代码值

11. 以下数据中占用存储空间最多的是( )。

     A. 100   B. 1.5   C. (float)100   D. (int)1.5

12. 以下关于符号常量的定义，正确的是( )。

     A. #define int N=100;   B. #define N 100;

     C. const N=100;   D. const int N=100;

13. 设 x、y 均为整型变量，且 x=10,y=3，则语句 "printf("%d,%d",x--,--y);" 的输出结果为( )。

     A. 10,3   B. 9,3   C. 9,2   D. 10,2

14. 若 int a,b; float x,y;，则(int)(x+a)/y+a/b 的类型是( )。

     A. int   B. float   C. double   D. long double

15. 若 x、y 均为整数且 y≠ 0，则 x/y*y+x%y 的值为( )。

     A. y   B. x

     C. x 被 y 除商的整数部分   D. x 被 y 除的整数部分

16. 若 x=-12，且 x/=2-x%3，则 x=( )。

     A. -1   B. 1   C. -6   D. 6

17. 以下程序段的执行结果是( )。

```
int a=1,b=2,c=3;
printf("%d\n",a>=c-b?a= =c-b?a:b:c);
```

     A. 0   B. 1   C. 2   D. 3

18. 若变量 a、i 已正确定义，且 i 已正确赋值，则以下语句中合法的是( )。

     A. a==1   B. ++i--;   C. a=a++=5;   D. a=(int)(i);

19. 表达式( )的值是 0。

     A. 3%5   B. 3/ 5.0   C. 3/5   D. 3<5

20. 表达式!(x>0||y>0)等价于( )。

     A. !x>0||!y>0   B. !(x>0)||!(y>0)   C. !x>0&&!y>0   D. !(x>0)&&!(y>0)

21. 下列运算符，优先级从高到低依次为( )。

     A. &&,!,|| B. ||,&&,!   C. &&,||,!   D. !,&&,||

22. 在 C 程序中，用( )表示逻辑值"真"。

     A. 1   B. 非 0 的数   C. 非 1 的数   D. 大于 0 的数

23. 语句 "int a=12; a+=a*a;" 执行结束后 a 的值为( )。

     A. 12   B. 144   C. 156   D. 288

24. 设 a=3,b=4，执行"printf("%d,%d",b,(b,a));"的输出是( )。

     A. 3，4   B. 4，3   C. 3，3   D. 4，4

25. 若有以下变量定义，则表达式 a*b+d-c 值的类型是(　　)。

```
char a;int b;float c;double d;
```

    A. float   B. int   C. char   D. double

26. 以下程序段的运行结果是(　　)。

```
int 123;
printf("%2d",a);
```

    A. 12   B. 23   C. 123   D. 2123

27. 若变量已正确定义，执行语句 scanf("%d%d%d",&k1,&k2,&k3);时，(　　)是正确的输入。

    A. 2030,40   B. 20 30 40   C. 20,30 40   D. 20, 30,40

28. 执行语句 printf("(　　)", 2); 将得到出错信息。

    A. %d   B. %o   C. %x   D. %f

29. 设变量定义为 "int a, b;"，执行下列语句时，输入(　　)，则 a 和 b 的值都是 10。

```
scanf("a=%d, b=%d",&a, &b);
```

    A.　10 10   B.　10, 10   C. a=10 b=10   D. a=10, b=10

30. 要使 double x; long a; 的数据能正确输出，输出语句应是(　　)。

    A. printf("%d,%f",a,x);   B. printf("%d,%lf",a,x);

    C. scanf("%ld,%lf",&a,&x);   D. printf("%ld,%lf",a,x);

三、多选题

1. 以十进制形式输入有符号整数时，在 scanf 函数中可使用的格式字符为(　　)。

    A. d   B. i   C. n   D. u

2. 在 scanf 函数中可使用的修饰符有(　　)。

    A. *   B. h   C. l   D. 表示宽度的正整数

3. 可使用(　　)输入字符型数据。

    A. putchar(c);   B. getchar(c);   C. getchar();   D. scanf("%c",&c);

四、判断题

1. 在 C 语言中，整数与实数均能被准确地表示。   (　　)

2. 在 C 语言中，'\n' 不是一个字符，而是含有两个字符的字符串。   (　　)

3. "#define N 100" 所定义的 N 为整型的常量。   (　　)

4. 要判断 x 与 y 是否相等，可使用关系表达式 x=y。   (　　)

5. 若 int a=1,b=2,c=3，则 !a||(a+b<=c&&!c||(b-=a))=1。   (　　)

五、程序改错题

1.

```
#include <stdio.h>
void main(){
    float r,s;
```

```
    printf("输入半径:");
    s=3.14*r*r;
    scanf("%d",r);
    printf("s=%f\n",s);
}
```

2.

```
#include <stdio.h>
void main(){
  double a;
    scanf("%f",&a);
    printf("a=%lf\n",a);
}
```

六、程序分析题

1.

```
#include <stdio.h>
void main(){
    char a;
    int b;
    a=0x1234;
    b=0x1234;
    printf("a=%x,a=%d,b=%x,b=%d\n",a,a,b,b);
}
```

2.

```
#include <stdio.h>
void main(){
    int a,b,c,d;
    c=(a=(2,3));
    d=(b= 2,3 );
    printf("a=%d,b=%d,c=%d,d=%d\n",a,b,c,d);
}
```

3.

```
#include <stdio.h>
void main(){
 int a=0,b=1,c=2,d=3;
    b=a++&&c++;
    d=a++||++c;
    printf("a=%d,b=%d,c=%d,d=%d\n",a,b,c,d);
}
```

4.

```
#include <stdio.h>
void main(){
    float a,b,s;
    scanf("%f%f",&a,&b);
```

```
    s=1.0/2*a*b;
    printf("%f\n",s);
}
```
输入：2.5　3.6
输出：＿＿＿＿＿＿＿

5.

```
#include <stdio.h>
main()
{
 int  x,y,i=2,j=3,k=4;
 x=i+k/j; y=(i+k)%j;
 printf("%d,%d\n",x,y);
}
```

七、程序填空题

1. 输入 5 个浮点数，输出平均值。

```
#include <stdio.h>
void main(){
    float d1,d2,d3,d4,d5,sum,_____[1]_____;
    scanf("%f%f%f%f%f",_____[2]_____&d4,&d5);
    sum=_____[3]_____;
    _____[4]_____;
    printf("_____[5]_____\n",avg);
}
```

2. 输入 3 个整数，输出其最大值。

```
main()
{
    int a,b,c,_____[1]_____;
    printf("Input: ");
    scanf("_____[2]_____",&a,&b,&c);
    max=a>b?_____[3]_____;
    max=_____[4]_____?max:c;
    printf("The largest number is %d\n",_____[5]_____);
}
```

八、程序设计题

1. 输入一个字符，并输出其 ASCII 码。

2. 输入一个整数，分别用无符号方式、八进制方式、十六进制方式输出。

3. 输入华氏度 F，输出摄氏度 C。两种温度的换算公式为 $C=(5/9)(F-32)$。要求有相应的提示，并保留两位小数。

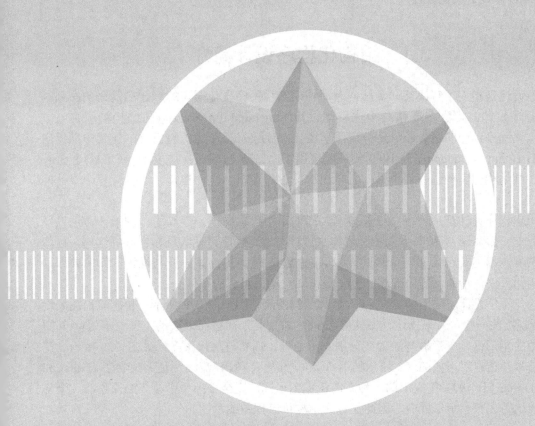

第 3 章

控 制 结 构

本章要点：

结构化程序设计简介；顺序结构程序的设计；分支结构程序的设计；循环结构程序的设计。

学习目标：

了解结构化程序设计的基本思想与方法；掌握顺序结构、分支结构与循环结构程序设计的基本方法以及 C 语言中各种流程控制语句的主要用法。

3.1 结构化程序设计简介

程序设计是指为了解决某一具体问题而使用某种程序设计语言编写相应的语句序列。在进行程序设计时，大多遵循结构化程序设计(Structured Programming，SP)的原则与方法。结构化程序设计的概念最早是由荷兰学者 E.W.Dijkstra 于 20 世纪 60 年代中期提出的，随后 Bohm 与 Jacopini 于 1969 年证明仅用顺序、分支(或选择)与循环(或重复)这 3 种基本的控制结构即可构造任何单入口、单出口的程序逻辑，从而奠定了结构化程序设计的理论基础。

结构化程序设计是一种程序设计技术，提倡采用自顶向下、逐步求精的设计方法以及顺序、分支、循环这 3 种基本的控制结构来设计与编写程序，使其具有良好的结构，以降低其复杂性，增强其可读性、可测试性与可维护性，从而提高其设计与维护工作的效率。所谓结构化程序，指的就是由顺序、分支或循环结构所组成的程序。

结构化程序设计所采用的 3 种基本控制结构的流程图如图 3.1 所示。传统流程图采用 ANSI 所规定的一些符号来描述程序的算法(即为解决某个问题而采取的方法与步骤)，其中最为常用的矩形框、菱形框与流程线分别表示处理、判断与执行次序，如图 3.2 所示。此外，各基本结构也可用如图 3.3 所示的 N-S 流程图表示。N-S 流程图是美国学者 I.Nassi 和 B.Shneiderman 于 1973 年提出的一种新的流程图形式，完全去掉了带箭头的流程线，全部算法步骤均写在一个矩形框内，因此又称为结构化流程图或盒图。

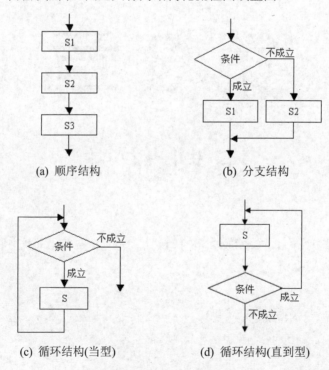

图 3.1 基本控制结构的流程图

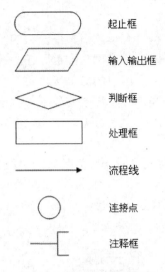

图 3.2　常用的流程图符号

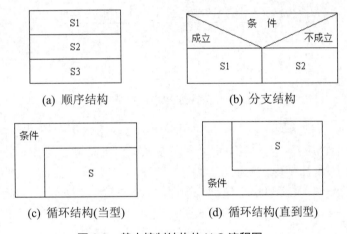

(a) 顺序结构　　　　　　　　　(b) 分支结构

(c) 循环结构(当型)　　　　(d) 循环结构(直到型)

图 3.3　基本控制结构的 N-S 流程图

在顺序结构中，各语句(块)只能按顺序依次执行。如图 3.1(a)、图 3.3(a)所示，先执行 S1，然后执行 S2，最后再执行 S3。

在分支结构中，则可对给定的条件进行判断，并根据条件是否成立而选择执行相应的语句(块)或分支。如图 3.1(b)、图 3.3(b)所示，当条件成立时执行 S1，而当条件不成立时则执行 S2。

在循环结构中，可根据给定的条件是否成立而决定是否重复执行相应的语句(块)。其中，给定的条件称为循环条件，重复执行的语句(块)称为循环体。循环结构分为"当型"循环与"直到型"循环两种形式。如图 3.1(c)、图 3.3(c)所示，为"当型"循环结构(当循环条件成立时执行循环体 S，直到循环条件不成立时为止)。如图 3.1(d)、图 3.3(d)所示，为"直到型"循环结构(执行循环体 S，直到循环条件不成立时为止)。

顺序、分支与循环结构都有一个共同的特点，也就是只有一个入口与一个出口。通过对这 3 种基本控制结构的顺序组合与完整嵌套，即可逐步形成更加复杂的控制流程，并应用于各种具体问题的解决之中。

结构化程序要求每个基本结构具有单入口与单出口的特性是十分重要的。这样，可确保程序具有良好的结构，并易于阅读、调试与维护。在进行程序设计时，如果组成程序的各个子结构都只存在一个入口与一个出口的简单接口关系，那么就可以独立地设计各个子结构，并验证其正确性。此外，在修改程序中的各个子结构时，只要接口关系保持不变，就不会影响其他子结构与整个程序。由此可见，结构化程序设计确实是一种行之有效的程序设计方法。

在进行结构化程序设计时(特别是对于较为复杂的系统)，通常采用自顶向下、逐步求精的方法。该方法按照先整体后局部、先抽象后具体的原则，以自上而下的方式，将整个系统逐层分解为功能相对独立的模块，并最终形成一个树状的模块层次结构。其中，最上层的模块通常称为主控模块，如图 3.4 所示。

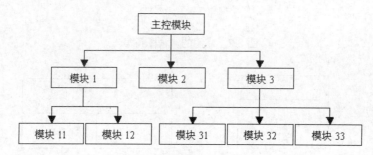

图 3.4　系统的模块层次结构图

在系统的模块层次结构中，上层模块可调用下层模块，每个模块描述一个功能，且越下层的模块其功能就越具体。当然，在进行模块的划分时，要注意控制各个模块的大小(即规模)。模块过大不易控制模块内的复杂性，模块过小又会增加模块间的联系。此外，模块间的接口要尽量简单，并尽可能地做到每个模块只有一个入口与一个出口。

自顶向下、逐步求精的方法符合人们解决复杂问题的普遍规律，可有效地将复杂系统化大为小、化繁为简，减少设计中的复杂度与工作量，避免全局性的差错与失误，并提高系统设计的质量与效率。此外，由于使用了模块化与层次化的设计手段，可确保所开发的程序具有清晰的层次结构，既易于阅读与理解，又便于调试与维护。另外，模块化的设计方式还有利于系统的并行开发与代码重用，缩短系统的开发周期，从而进一步提高系统的开发效率。

【算法+数据结构=程序】

程序是一系列遵循一定规则并能正确完成指定操作的代码，又称为指令序列。通过执行程序，计算机即可自动完成相应的工作。

设计程序的目的是解决问题。从内容上看，一个面向过程的程序主要包括两方面的信息，即对数据的描述与对操作的描述。其中，前者为与问题相关的数据结构(Data Structure)，后者则为求解问题的算法(Algorithm)。所谓算法，其实就是求解问题的方法与步骤。

瑞士著名的计算机科学家、结构化程序设计的先驱、Pascal 之父、图灵奖获得者尼克劳斯·沃思(Niklaus Wirth)在其著作《算法+数据结构=程序》(Algorithms+Data Structures=Programs)中提出过一个经典公式:

$$算法+数据结构=程序$$

对于面向过程的程序设计来说,该公式深刻地揭示出程序的本质。由此可见,通过编程解决问题的关键就是合理地组织数据与设计算法。

根据待解决问题的形式、模型与要求,计算机的解题算法可大致分为两大类,即数值运算算法与非数值运算算法。其中,数值运算算法主要用于解决求数值解方面的问题,如求方程的根、计算函数的定积分等。非数值运算算法主要用于数据处理方面的问题,如记录的排序、查找等。事实上,计算机在非数值运算方面的应用是极其广泛的,早已超过了其在数值运算方面的应用。

在进行算法设计时,可采用不同的方法来描述,如自然语言、传统流程图、N-S 流程图(即结构化流程图)、伪代码(Pseudo Code)等。其中,自然语言就是人们日常生活中所使用的语言,而伪代码则是介于自然语言与计算机语言之间的代码。用自然语言描述算法通俗易懂,但文字冗长,在表达上容易出现疏漏与歧义性,不利于直接将算法转化为程序。用传统流程图描述算法形象直观,易于理解,不会产生歧义性,可直接将其转化为程序,但所占篇幅较大,且对于流程线的使用没有严格限制,允许进行随意转向,容易使流程图变得混乱不堪,难以阅读与修改,不利于结构化程序的设计。用 N-S 流程图描述算法同样具有传统流程图的优点,而且由于 N-S 流程图完全取消了流程线,要求将全部的算法步骤均包含在一个矩形框内,因此有效地避免了算法流程的任意转向,尤其适合于结构化程序的设计。用伪代码描述算法可以使用有关的文字或符号,并无固定的格式与规范,只要自己或别人能看懂即可,因此较为灵活,易于修改。此外,由于伪代码与计算机语言较为接近,因此容易将用伪代码描述的算法转换为相应的计算机程序。通常,在设计一个算法时往往需要进行反复修改。为方便起见,建议先以伪代码作为算法设计的工具,待算法确定之后再用传统流程图或 N-S 流程图表示。

设计好算法以后,即可使用某种计算机语言(如 C、C++、Java、C#、Python 等)实现,最终成功地编写出相应的程序。当然,在进行程序设计时,为提高效率并确保质量,通常应遵循一定的程序设计方法(如结构化程序设计方法等),并使用相应的开发环境与工具。综上所述,程序设计也可用一个公式来表示,即:

$$算法+数据结构+程序设计方法+计算机语言+开发环境与工具=程序设计$$

例如,对于 $s=1\times3\times5\times7\times9\times\cdots\times99$ 的计算,可设计好相应算法,然后再根据算法编写出正确的程序。

对此问题,可考虑用循环算法求结果。设变量 s 为被乘数(并用其存放最终的结果),变量 i 为乘数,则可用自然语言将算法描述如下:

Step 1: 使 s=1(或写成: $1\Rightarrow s$)。

Step 2: 使 i=3(或写成: $3\Rightarrow i$)。

Step 3: 若 i<=99,则继续; 否则转到 Step 8。

Step 4: 使 s 与 i 相乘,乘积仍放在 s 中(或表示为: $s*i\Rightarrow s$)。

Step 5: 使 i 的值增加 2(即: $i+2\Rightarrow i$)。

Step 6: 转到 Step 3。

Step 7: 输出 s 的值

Step 8: 算法结束。

若用传统流程图或 N-S 流程图表示该算法，则分别如图 3.5、图 3.6 所示。

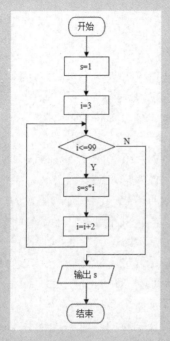

图 3.5　算法的传统流程图

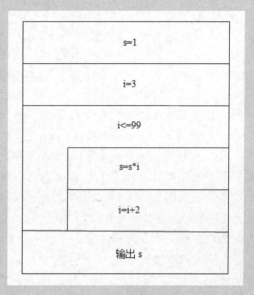

图 3.6　算法的 N-S 流程图

该算法也可用伪代码描述如下：

```
begin
    1 ⇒s
    3 ⇒ i
    while I <= 99
    {
      s*i ⇒ s
      i+2 ⇒ i
    }
    print s
end
```

根据算法，若用 C 语言编程，则程序代码如下：

```c
#include <stdio.h>
void main( )
{
    double s,i;
    s=1;
    i=3;
    while(i<=99)
    {
        s=s*i;
```

```
        i=i+2;
    }
    printf("%.0lf\n",s);
}
```

3.2　顺序结构程序的设计

顺序结构是程序中最基本、最简单的控制结构。顺序结构的程序总是按照其语句排列的先后次序自始至终逐条执行，只适用于解决一些简单的问题。

顺序结构的程序由一组顺序执行的语句组成。对于简单的问题，只需按照输入数据、处理数据、输出数据的顺序编写相应的语句(如输入语句、赋值语句、输出语句等)，即可设计出相应的具有顺序结构的程序。

【实例 3-1】输入一个小写字母，输出对应的大写字母。

编程思路：本题的输入、输出与处理过程较为明确。其中，输入为一个小写字母(c1)，输出为相应的大写字母(c2)，而处理过程则为将小写字母转换为大写字母(c2=c1-32)。其算法流程图如图 3.7 所示。

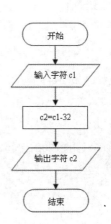

图 3.7　算法流程图

程序代码：

```
#include <stdio.h>          //嵌入头文件
void main()
{
  char c1,c2;              //定义字符型变量
  c1=getchar();           //接收一个字符
  c2=c1-32;               //小写转换为大写
  printf("%c\n",c2);      //输出一个字符
}
```

运行结果如图 3.8 所示。

图 3.8　实例 3-1 程序的运行结果

程序解析：在本程序中，输入一个字符也可用语句 "scanf("%c",&c1);" 实现，输出一个字符也可用语句 "putchar(c2);" 实现。

简单问题的程序，其结构可能完全是顺序的。而复杂问题的程序，则往往还要包含分支或循环结构。

3.3 分支结构程序的设计

在解决实际问题时，有时需要根据不同的条件或情况采取不同的措施或方法。在这种情形下，必然要求程序具有相应的逻辑判断能力，能在运行时有选择地从一个语句(块)跳到另一个语句(块)，而不再像顺序结构的程序那样只是一成不变地按照语句排列的先后次序逐条执行。这种程序就是分支结构程序(或选择结构程序)。简言之，分支结构程序可根据指定的判定条件在两条或多条执行路径(即分支)中选择其一并予以执行。

为支持分支结构程序的设计，C 语言提供了相应的 if 语句与 switch 语句。

3.3.1 if 语句

C 语言的 if 语句可分为两种，即 if…else 语句与 if…else if…else 语句。

1. if…else 语句

if…else 语句有一个或两个分支，其语法格式为：

```
if (测试表达式)
    语句 1；
[else
    语句 2；]
```

其中，测试表达式表示条件，可以是关系表达式、逻辑表达式、数值表达式或其他表达式，必须用圆括号"()"括起来；语句 1 为第一个分支，即 if 分支；语句 2 为第二个分支，即 else 分支。if 分支与 else 分支所对应的语句，可以是简单语句、复合语句(用花括号括起来的一系列语句)或空语句。此外，else 分支是可选的，即 if 语句可以不带 else 分支。

if…else 语句的功能是：先计算测试表达式的值，再根据其真假情况选择执行相应的分支。若测试表达式的值为非 0 值(表示条件成立)，则执行 if 分支(即语句 1)；若测试表达式的值为 0(表示条件不成立)且带有 else 分支，则执行 else 分支(即语句 2)；若测试表达式的值为 0 且不带 else 分支，则不执行任何操作。

if…else 语句的执行流程图如图 3.9 所示。其中，图 3.9(a)为不带 else 分支的情形，图 3.9(b)为带有 else 分支的情形。

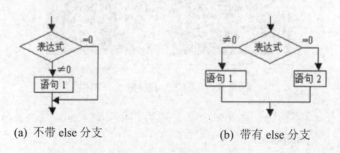

(a) 不带 else 分支　　　　　　(b) 带有 else 分支

图 3.9　if…else 语句的执行流程图

【实例 3-2】求一个整数的绝对值。

编程思路：根据绝对值的数学定义，大于等于 0 的数的绝对值为其本身，小于 0 的数的绝对值为其相反数。据此，可先假定所输入的数即为其绝对值，然后再判断该数是否小于 0，如果是的话就将绝对值修改为其相反数。算法流程图如图 3.10 所示。

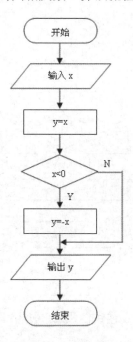

图 3.10　算法流程图

程序代码：

```c
#include <stdio.h>
void main()
{
    int x,y;
    scanf("%d",&x);
    y=x;
    if (x<0)
        y=-x;
    printf("%d\n",y);
}
```

运行结果如图 3.11 所示。

图 3.11　实例 3-2 程序的运行结果

【**实例 3-3**】输入两个实数，输出其中的小者。

编程思路：输入两个实数 x、y，然后判断 x>y 的真假。若为真，则小者为 y；否则，小者为 x。可用 z 暂存小者(x 或 y)的值，最后再输出。算法流程图如图 3.12 所示。

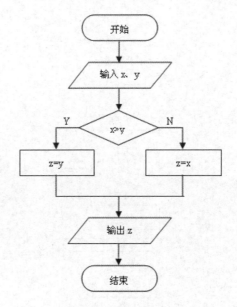

图 3.12　算法流程图

程序代码：

```c
#include <stdio.h>
void main()
{
    float x,y,z;
    scanf("%f%f", &x,&y);
    if (x>y)
        z=y;
    else
        z=x;
    printf("%f\n",z);
}
```

运行结果如图 3.13 所示。

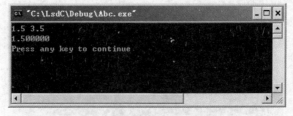

图 3.13　实例 3-3 程序的运行结果

提示：　必要时，可用条件表达式代替 if…else 语句给变量赋值。例如，本程序中的 if…else 语句可用 "z=(x>y)?y:x;" 代替。又如，可用 "c=(a>b)?a*b:a/b;" 代替以下 if…else 语句：

```
if  (a>b)
      c=a*b;
else
      c=a/b;
```

【实例 3-4】 以下程序段的运行结果是(　　)。

```
a=1;
b=3;
if  (a=2)
    printf("%d\n",a);
else
    printf("%d\n",b);
```

答案：2

解析：if…else 语句的测试表达式可以是各种表达式，在此则为赋值表达式 "a=2"。因其值不等于 0，故为真(条件成立)。"a=2" 与关系表达式 "a==2" 是不同的("a==2" 只在变量 a 的值为 2 时才成立)。

【实例 3-5】 试对比以下两段程序。

程序段 1：

```
a=4,b=7;
if  (a>b)
{
  t=a; a=b; b=t;
}
```

程序段 2：

```
a=4,b=7;
if  (a>b)
  t=a; a=b; b=t;
```

解析：在程序段 1 中，因 a>b 不成立，故 "t=a; a=b; b=t;" 未被执行；在程序段 2 中，因 a>b 不成立，故 "t=a;" 未被执行；但 "a=b; b=t;" 总是被执行的(不管 a>b 是否成立)。

提示：　if…else 语句的分支如果是由多条语句构成的，那么应使用花括号将其括起来，让其成为一条复合语句，以免引起逻辑错误。

　　一条基本的 if…else 语句最多只能具有两个分支，适用于处理最多只有两种情况的问题。对于较为复杂的包含两种以上情况的问题，可采用 if…else 语句的嵌套方式进行处理。所谓 if…else 语句的嵌套，其实就是在其 if 分支或 else 分支中又包含一条或多条 if…else 语句。

【实例 3-6】 促销折扣问题。年终岁末，某商场举办促销活动，根据顾客购买商品的数量给予相应的优惠。具体规则为：购买 10 件以上(含 10 件)的优惠 5%，购买 20 件以上(含 20 件)的优惠 10%，购买 30 件以上(含 30 件)的优惠 15%，购买 40 件以上(含 40 件)的优惠 20%，购买 50 件以上(含 50 件)的优惠 25%。试编一程序，输入商品单价及购买数量，输出应付金额。

编程思路：应付金额=单价*数量*(1-优惠幅度)。显然，本题的关键就是根据购买商品的数量确定其优惠幅度。由于优惠的情况较多(共 5 种)，故可考虑采用 if…else 语句的嵌套方式进行处理。

程序代码：

```c
#include <stdio.h>
main()
{
    int number;
    double price,cost, total;
    printf("Please enter price and number: ");
    scanf("%lf%d",&price,&number);
    if (number>=50)
        cost=0.25;
    else
        if (number>=40)
            cost=0.20;
        else
            if (number>=30)
                cost=0.15;
            else
                if (number>=20)
                    cost=0.10;
                else
                    if (number>=10)
                        cost=0.05;
                    else
                        cost=0.00;
    total=number*price*(1-cost);
    printf("Total=%10.2lf\n",total);
}
```

运行结果如图 3.14 所示。

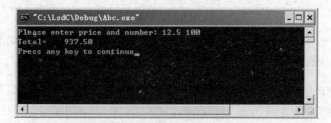

图 3.14 实例 3-6 程序的运行结果

在进行 if…else 语句的嵌套时，要注意各层次 if 与 else 的正确匹配。对于一个 else 来说，总是与其前面最近的 if 匹配。必要时，可使用花括号明确其配对关系。此外，在编写程序时最好使用缩进格式，以便使层次关系更为清晰。

【实例 3-7】试对比以下两段程序。

程序段 1：

```
if (a<b)
    if (b<c)
      c=a;
    else
      c=b;
```

程序段 2：

```
if (a<b)
    {
    if (b<c)
        c=a;
    }
else
    c=b;
```

解析：在程序段 1 中，else 与"if (b<c)"中的 if 相匹配。在程序段 2 中，else 与"if (a<b)"中的 if 相匹配。

2. if…else if…else 语句

使用 if…else 语句的嵌套结构，可处理两个以上的分支。但若嵌套的层次过多，便容易产生匹配错误，不利于程序的编写与调试。在这种情况下，最好使用 C 语言所提供的 if…else if…else 语句(又称多分支语句)。该语句的语法格式为：

```
if (测试表达式 1)
   语句 1;
else if (测试表达式 2)
   语句 2;
…
else if (测试表达式 n)
   语句 n;
[else
   语句 n+1;]
```

其中，各测试表达式均表示相应的条件，可以是关系表达式、逻辑表达式、数值表达式或其他表达式，且必须用圆括号括起来；语句 1 为 if 分支，语句 2 至语句 n 为相应的 else if 分支，语句 n+1 为 else 分支。各分支所对应的语句，可以是简单语句、复合语句或空语句。此外，else 分支是可选的，即可以不带 else 分支。实际上，if…else if…else 语句与 if…else 语句相比，区别在于可以根据需要添加若干个相关的 else if 分支。

if…else if…else 语句的功能是：依次计算各个测试表达式的值，若某个测试表达式的值为非 0 值(真)，则执行相应的分支。若所有测试表达式的值均为 0(假)且带有 else 分支，则执行 else 分支；若所有测试表达式的值均为 0(假)且不带 else 分支，则不执行任何操作。

【实例 3-8】有一分段函数，其定义为：

$$y = f(x) = \begin{cases} 0(x < 0) \\ x(0 \leqslant x \leqslant 50) \\ x^2(x > 50) \end{cases}$$

试编一程序，输入 x 的值，计算并输出 y 的值。

编程思路：y 值的计算分为 3 种情况，故可考虑使用 if…else if…else 语句进行处理。

程序代码：

```c
#include <stdio.h>
void main()
{
 float x;
 scanf("%f",&x);
 if (x<0.0)
    printf("y=0\n");
 else if (x>=0.0 && x<=50.0)
    printf("y=%f\n",x);
 else
    printf("y=%f\n",x*x);
}
```

运行结果如图 3.15 所示。

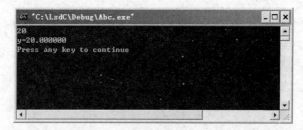

图 3.15　实例 3-8 程序的运行结果

【实例 3-9】使用 if…else if…else 语句改写实例 3-6 中促销折扣问题的程序。

程序代码：

```c
#include <stdio.h>
main()
{
    int number;
    double price,cost, total;
    printf("Please enter price and number: ");
    scanf("%lf%d",&price,&number);
    if (number>=50)
        cost=0.25;
    else if (number>=40)
        cost=0.20;
    else if (number>=30)
        cost=0.15;
```

```
else if (number>=20)
    cost=0.10;
else if (number>=10)
    cost=0.05;
else
    cost=0.00;
total=number*price*(1-cost);
printf("Total=%10.2lf\n",total);
}
```

运行结果如图 3.16 所示。

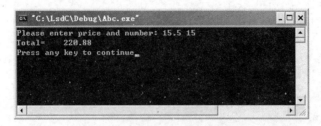

图 3.16　实例 3-9 程序的运行结果

　　与 if…else 语句的嵌套结构相比，if…else if…else 语句较为精练，且结构清晰。因此，对于多重分支结构，应尽量采用 if…else if…else 语句实现。此外，对于更复杂的多重分支情况，也可使用 if…else if…else 语句的嵌套结构，即在 if…else if…else 语句的某个分支中又包含另外一条或多条 if…else if…else 语句。

3.3.2　switch 语句

　　在 C 语言中，使用 switch 语句也可以实现多分支结构程序的设计。switch 语句通常又称为开关语句，其语法格式为：

```
switch (判别表达式)
{
case 常量表达式 1:
    语句序列 1; [break;]
case 常量表达式 2:
    语句序列 2; [break;]
…
case 常量表达式 n:
    语句序列 n; [break;]
[default:
    语句序列 n+1;]
}
```

　　其中，判别表达式的类型应与各个 case 分支的常量表达式的类型保持一致，且各常量表达式的值必须互不相同。此外，default 分支是可选的，即 switch 语句可以不带 default 分支。

　　switch 语句的功能是：先计算判别表达式的值，然后按顺序将其与各个 case 分支的常量表达式的值进行比较，若相等，则执行相应 case 分支中的语句；若都不相等，且带有 default 分支，则执行 default 分支中的语句；若都不相等，且不带 default 分支，则不执行任何操作。

在 switch 语句中，多个 case 分支可以共用同一组分支语句。此外，对于每个分支，通常以 break 语句作为最后一条语句，以便在执行相应的分支后能及时终止整个 switch 语句的执行。如果不使用 break 语句，那么在执行完一个 case 分支中的语句后，将自动转移到下一个 case 分支继续执行其中的语句。

【实例 3-10】根据学生成绩的等级输出相应的分数段。其中，A 为 90~100 分，B 为 80~89 分，C 为 70~79 分，D 为 60~69 分，E 为 0~59 分。

程序代码：

```c
#include <stdio.h>
void main()
{char grade;
 printf("input the grade(A,B,C,D,E):");
 scanf("%c",&grade);
 switch (grade)
 {case 'A': printf("90~100\n");break;
  case 'B': printf("80~89\n"); break;
  case 'C': printf("70~79\n"); break;
  case 'D': printf("60~69\n"); break;
  case 'E': printf("0~59\n"); break;
  default : printf("error\n");
 }
}
```

运行结果如图 3.17 所示。

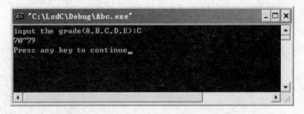

图 3.17　实例 3-10 程序的运行结果

与 if…else if…else 语句类似，switch 语句适用于实现多重分支结构。必要时，也可使用 switch 语句的嵌套结构，即在 switch 语句的某个分支中又包含另外一条或多条 switch 语句。

3.3.3　分支结构的嵌套

为妥善处理问题中所包含的复杂多样的各种情况，通常要使用嵌套的分支结构。实际上，分支结构的嵌套是很灵活的，除了 if…else 语句、if…else if…else 语句与 switch 语句的单独嵌套以外，还包括三者之间的互相嵌套，即在各语句的某个分支中又包含另外一条或多条 if…else 语句、if…else if…else 语句或 switch 语句。但应该注意的是，在互相嵌套时，不允许出现相互交叉的情况。

3.4 循环结构程序的设计

在顺序结构的程序中，每条语句只执行一次。而在分支结构的程序中，每条语句则最多只能执行一次(未执行分支中的所有语句一次也不会执行)。显然，这两种结构并不适合处理包含重复操作的问题。对于此类问题，可行的方法就是采用循环结构。

在循环结构中，可重复执行的语句序列称为循环体，而循环体每执行一次就称为循环一次。当然，循环体是否能够重复执行，是由指定的条件控制的，该控制条件通常又称为循环条件。简言之，循环结构就是由循环条件控制循环体是否重复执行(即循环执行)的一种语句结构。循环结构用于描述具有规律性的重复运算或处理过程，并可有效缩短程序的长度。

为支持循环结构程序的设计，C 语言提供了 3 种循环语句，即 while 语句、do…while 语句与 for 语句。

在一般的循环语句中，循环体的执行都是自始至终从头到尾逐遍进行的。为灵活控制循环语句中循环体的执行过程，C 语言提供了两种循环控制语句，即 break 语句与 continue 语句。通常，这两个语句都是由相应的 if 语句控制的，即只在满足一定条件的情况下才会被执行。

此外，必要时还可以使用 goto 语句构造循环结构或跳出循环语句。

3.4.1 while 语句

while 语句的语法格式为：

```
while (表达式)
语句;
```

其中，"表达式"为循环条件，用于判断是否继续循环；"语句"为循环体，可以是简单语句、复合语句或空语句。

while 语句的功能是：当循环条件成立时(即"表达式"的值为非 0 时)，重复执行循环体语句，直至循环条件不成立时(即"表达式"的值为 0 时)为止。

while 语句的执行流程图如图 3.18 所示。

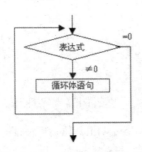

图 3.18 while 语句的执行流程图

while 语句的特点是"先判断(循环条件)，后执行(循环体)"。如果循环条件一开始就不成立，那么循环体一次也不会被执行。

【实例 3-11】计算 s=1+2+3+…+100。

程序代码：

```c
#include <stdio.h>
main()
{
int s,i;
s=0;
i=1;
while (i<=100)
{
  s=s+i;
  i++;
}
printf("s=%d\n",s);
}
```

运行结果如图 3.19 所示。

图 3.19 实例 3-11 程序的运行结果

while 语句既适用于循环次数预先可以确定的情形，也适用于循环次数预先无法确定的情形。实际上，while 语句的循环次数是由循环条件来决定的。在使用 while 语句时，一定要注意正确处理循环条件，以避免出现"死循环"的情况。所谓"死循环"，就是无法正常终止的循环。

3.4.2 do…while 语句

do…while 语句的语法格式为：

```c
do
{
    语句;
} while (表达式);
```

其中，"表达式"为循环条件，"语句"为循环体。

提示： 为便于识别，对于 do…while 语句的循环体，即使是单独的一条简单语句或空语句，也应使用花括号括起来。

do…while 语句的功能是：先执行一次循环体语句，然后再判断循环条件。当循环条件成立时(即"表达式"的值为非 0 时)，就继续执行循环体语句，直至循环条件不成立时

(即 "表达式" 的值为 0 时)为止。

do…while 语句的执行流程图如图 3.20 所示。

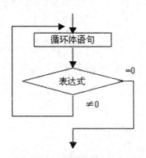

图 3.20　do…while 语句的执行流程图

do…while 语句的特点是 "先执行(循环体)，后判断(循环条件)"。因此，不管循环条件是否成立，其循环体至少会被执行一次。

【实例 3-12】计算 s=1+2+3+…+100。

程序代码:

```c
#include <stdio.h>
main()
{
int s,i;
s=0;
i=1;
do
{
  s=s+i;
  i++;
}while (i<=100);
printf("s=%d\n",s);
}
```

与 while 语句一样，do…while 既适用于循环次数预先可以确定的情形，也适用于循环次数预先无法确定的情形。实际上，do…while 语句的循环次数也是由循环条件来决定的。在使用 do…while 语句时，同样要注意正确处理循环条件，以避免出现 "死循环" 的情况。

3.4.3　for 语句

for 语句的语法格式为:

```
for (表达式 1;表达式 2;表达式 3)
    语句;
```

其中，表达式 2 为循环条件，通常为关系表达式或逻辑表达式(其中所包含的变量通常称为循环变量)，用于判断是否继续循环。表达式 1 通常为赋值表达式，用于对有关变量(如循环变量)赋初值。表达式 3 通常亦为赋值表达式，用于修改有关变量(如循环变量)的当前值。"语句"为循环体，可以是简单语句、复合语句或空语句。

💡 **注意：**　在 for 语句中，for 后的圆括号是必需的，且其中必须包含两个分号(即循环条件表达式前后的分号是必需的)。

for 语句的功能是：先计算表达式 1，然后判断循环条件(计算表达式 2)。当循环条件成立时(即表达式 2 的值为非 0 时)，重复执行循环体语句，并计算表达式 3，直至循环条件不成立时(即表达式 2 的值为 0 时)为止。

for 语句的执行流程图如图 3.21 所示。

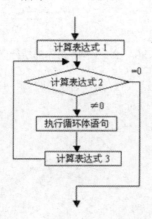

图 3.21　for 语句的执行流程图

for 语句的特点是"先判断(循环条件)，后执行(循环体)"。如果循环条件一开始就不成立，那么循环体一次也不会被执行。

📑 **提示：**　for 语句相当于以下形式的 while 结构：

```
表达式 1;
while (表达式 2)
{
    语句;
    表达式 3;
}
```

【实例 3-13】计算 s=1+2+3+…+100。

程序代码：

```
#include <stdio.h>
main()
{
int s,i;
s=0;
for (i=1;i<=100;i++)
  s=s+i;
printf("s=%d\n",s);
}
```

【实例 3-14】用 for 循环求 $1^2+2^2+3^2+\cdots+100^2$。

程序代码:

```
#include "stdio.h"
void main( )
{
  int k;
  long result=0;
  for(k=1;k<=100;k++)
    result+=k*k;
  printf("result=%ld\n",result);
}
```

运行结果如图 3.22 所示。

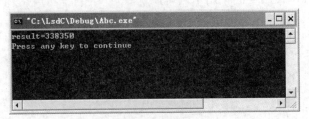

图 3.22 实例 3-14 程序的运行结果

for 语句通常用于循环次数预先可以确定的情形,并通过相应的循环变量(即包含在循环条件中的有关变量)控制其循环次数。在使用 for 语句时,要特别注意循环变量的使用,并正确处理循环条件,以避免出现"死循环"的情况。

实际上,for 语句的使用是很灵活的。必要时,可将表达式 1 置于 for 语句之前,或将表达式 3 置于 for 语句的循环体中,但 for 后圆括号内各表达式间的分号必须保留。

【实例 3-15】试对比以下 3 段程序。

程序段 1:

```
for (i=1;i<=5;i++)
  printf("%d\n",i);
```

程序段 2:

```
i=1;
for (;i<=5;i++)
    printf("%d\n",i);
```

程序段 3:

```
i=1;
for (;i<=5;)
{
    printf("%d\n",i);
    i++;
}
```

解析:本例中的 3 段程序是等价的,其功能均为输出 1~5 的整数。由此可见,for 语句的用法是相当灵活的。

3.4.4　break 语句

break 语句的语法格式为:

```
break;
```

该语句的功能是强行退出所在的循环语句或 switch 语句。

在各种循环语句的循环体中,均可根据需要使用 break 语句。一旦 break 语句被执行,那么其所在的循环语句的执行便立即被终止了。因此,break 语句具有无条件退出所在循环的作用,通常又称为中途退出语句或循环终止语句。

【实例 3-16】break 语句的使用示例。

程序代码:

```c
#include <stdio.h>
void main()
{
    int i,a=1,b=2,c=3,result;
    for (i=1;i<10;i++)
    {
        result=a*i*i+b*i+c;
        printf("i=%d,result=%d\n",i,result);
        if(result>30)
            break;
    }
}
```

运行结果如图 3.23 所示。

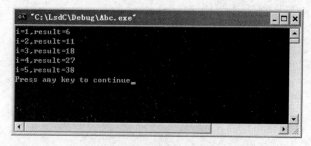

图 3.23　实例 3-16 程序的运行结果

程序解析:正常情况下,本程序应在 i=10 时退出 for 循环。但由于在 i=5 时,result=38,已满足 result>30 的条件,故 "break;" 语句被执行,for 循环也因此被强行终止。

注意:　在循环语句中,break 只强行退出其所在的那一层循环。在 switch 语句中,break 只强行退出该 switch 语句而不影响 switch 语句所在的任何循环。

3.4.5　continue 语句

continue 语句的语法格式为:

```
continue;
```

该语句的功能是立即结束本次循环，即跳过其后的循环体语句而直接进入下一次循环(但能否继续循环则取决于循环条件成立与否)。

在各种循环语句的循环体中，均可根据需要使用 continue 语句。一旦 continue 语句被执行，那么就立即停止执行位于其后的循环体语句，直接转去判断是否继续执行下一次循环过程。因此，continue 语句通常又称为中途复始语句或循环短路语句。

注意： 对于"for (表达式 1;表达式 2;表达式 3) 语句;"，即标准的 for 循环语句，如果其循环体中的 continue 语句被执行了，那么会先计算表达式 3，然后再判断是否能继续执行下一次循环过程。

提示： continue 语句只能用于循环语句的循环体中，而 break 语句除了可以用于循环语句的循环体以外，还可用于 switch 语句的各个分支。

【实例 3-17】 continue 语句的使用示例。

程序代码：

```
#include <stdio.h>
void main()
{
    char c;
    int num=0;
    while((c=getchar())!='\n')
    {
        if(c<97||c>122)
            continue;
        num++;
    }
    printf("%d\n",num);
}
```

运行结果如图 3.24 所示。

图 3.24　实例 3-17 程序的运行结果

　程序解析：本程序的功能是统计所输入的字符串中小写字母的个数，并输出。在本程序中，字符串的输入是通过循环输入一系列的字符来实现的，并设定按 Enter 键时结束其输入过程。在循环体中，若发现当前字符 c 不是小写字母(即满足"c<97||c>122"的条件)，则执行"continue;"语句跳过计数过程(即不执行"num++;"语句)。

3.4.6 goto 语句

goto 语句的语法格式为：

```
goto 标号;
```

该语句的功能是直接跳转到标号处并执行其后的语句。其中，标号是在程序中用于标识位置的标识符。要在程序中定义一个标号，只需在作为标号的标识符后加上一个冒号即可。

goto 语句通常又称为无条件跳转语句，其用途主要有二：一是与 if 语句一起构成循环结构；二是从循环体内跳到循环体外(特别是从内层循环的循环体内直接跳到外层循环的循环体外)。

【实例 3-18】输入一串字符(以 Enter 键为结束标志)。

程序代码：

```c
#include <stdio.h>
void main()
{
  char c;
  printf("input a $:");
  do {
      scanf("%c",&c);
      if (c=='\n')
          goto end;
  } while(1);
  end:
  printf("end!\n");
}
```

运行结果如图 3.25 所示。

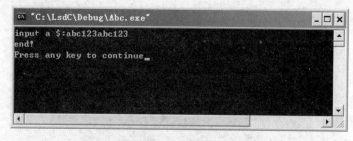

图 3.25 实例 3-18 程序的运行结果

程序解析：本程序使用循环控制字符的输入，其中循环条件为常量 1(即"恒真")。按 Enter 键时，条件"c=='\n'"成立，通过执行"goto end;"语句跳出循环，从而结束字符的输入。

提示： goto 语句并不符合结构化程序设计的原则，除非确实需要，否则最好不用。

3.4.7 循环结构的嵌套

循环结构的嵌套又称为多重循环,指的是在一个循环语句的循环体内又包含另外一个或多个循环语句。其中,处于外层的循环称为外循环,而被包含的循环则称为内循环。

使用多重循环结构可以处理更为复杂的问题。多重循环程序的执行过程也较为复杂,外循环的循环体每被执行一次,其所包含的内循环语句就要被完整地执行一遍(即内循环的循环体要执行若干次)。

【实例 3-19】分析程序,写出其运行结果。

程序代码:

```
#include <stdio.h>
main()
{
    int i,j,k=0;
    for (i=1;i<5;i++)
        for (j=1;j<5;j++)
    k=k+1;
    printf("%d\n",k);
}
```

运行结果如图 3.26 所示。

图 3.26 实例 3-19 程序的运行结果

程序解析:本程序是一个双重循环结构的程序。其中,变量 k 的值实际上就是内循环的循环体语句"k=k+1;"被执行的次数。

【实例 3-20】打印九九乘法表,如图 3.27 所示。

```
1*1= 1 1*2= 2 1*3= 3 1*4= 4 1*5= 5 1*6= 6 1*7= 7 1*8= 8 1*9= 9
2*2= 4 2*3= 6 2*4= 8 2*5=10 2*6=12 2*7=14 2*8=16 2*9=18
3*3= 9 3*4=12 3*5=15 3*6=18 3*7=21 3*8=24 3*9=27
4*4=16 4*5=20 4*6=24 4*7=28 4*8=32 4*9=36
5*5=25 5*6=30 5*7=35 5*8=40 5*9=45
6*6=36 6*7=42 6*8=48 6*9=54
7*7=49 7*8=56 7*9=63
8*8=64 8*9=72
9*9=81
```

图 3.27 乘法表

编程思路:通过分析,可以发现乘法表的规律。该乘法表共有 9 行,各行公式的第一个乘数 i 均为该行的行号,第二个乘数 j 则从 i 起至 9 止。据此,可考虑用双重循环控制公式的输出,并以 i 作为外循环的循环变量,以 j 作为内循环的循环变量。

程序代码：

```c
#include <stdio.h>
main()
{
int i,j;
for (i=1;i<=9;i++)
  {
    for (j=i;j<=9;j++)
      printf("%d*%d=%2d ",i,j,i*j);
    printf("\n");
  }
}
```

程序解析：在本程序中，内循环每执行一遍，即可输出一行公式。此时，为另起一行继续输出公式，应先执行一个换行操作。程序中"printf("\n");"语句的作用正在于此。

【实例 3-21】编程求 3 个数字 x、y、z，要求其组成的两个三位数 xyz、zyx 满足 xyz+zyx=1231。

编程思路：采用穷举法(或枚举法)，通过三重循环列出 x、y、z 的每一种组合，并判断 xyz 与 zyx 的和是否为 1231。如果是的话，则输出。

程序代码：

```c
#include <stdio.h>
main( )
{
    int i,j,k;
    for(i=1;i<=9;i++)
        for(j=0;j<=9;j++)
            for(k=0;k<=9;k++)
                if(101*i+20*j+101*k==1231)
                    printf("x=%d,y=%d,z=%d\n",i,j,k);
}
```

运行结果如图 3.28 所示。

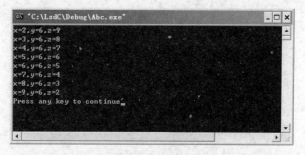

图 3.28 实例 3-21 程序的运行结果

程序解析：根据题意，xyz+zyx=(100*x+10*y+z)+(100*z+10*y+x)=101*x+20*y+101*z。

在 C 语言中，循环嵌套的层数是没有限制的。但在设计多重循环程序时，要注意处理好外循环与内循环的嵌套关系，不能出现相互交叉的情况。为此，最好采用缩进的方式编写程序，并注意检查各循环语句的对应关系，确保内循环被完整地置于外循环的循环体之中。

3.5　控制结构的综合实例

【实例 3-22】对于一元二次方程 $ax^2 + bx + c = 0$，输入系数 a、b、c 的值，然后利用求根公式计算方程的根。

编程思路：输入一元二次方程的系数 a、b、c 后，先判断 a 是否为 0。若为 0，则不是一元二次方程。否则，可按以下步骤进行求根：

(1)　计算判别式 $disc=b*b-4*a*c$。

(2)　计算出 p 与 q 的值，公式为：

$$p = \frac{-b}{2a}, q = \frac{\sqrt{|b^2 - 4ac|}}{2a}$$

(3)　若 $disc$ 值为 0，则方程有两个相等的实根，即：$x_1=x_2=p$。

(4)　若 $disc>0$，则方程有两个不相等的实根，即：$x_1=p+q$，$x_2=p-q$。

(5)　若 $disc<0$，方程有两个共轭复根，即：$x_1=p+q*i$，$x_2=p-q*i$。

程序代码：

```c
#include <stdio.h>
#include <math.h>
#define MINIMUM 1e-6
void main()
{
    float a,b,c,disc,p,q;
    printf("输入系数(a,b,c):");
    scanf("%f,%f,%f",&a,&b,&c);
    if (fabs(a)<=MINIMUM)   //若系数a为0
    {
        printf("不是一元二次方程!\n");
    }
    else {
        disc=b*b-4*a*c;
        p=-b/(2*a);
        q=sqrt(fabs(disc))/(2*a);
        if (fabs(disc)<=MINIMUM)   //若判别式为0
        {
            printf("两个相等实根:\n");
            printf("x1=x2=%.2f\n",p);
        }
        else if (disc>MINIMUM)   //若判别式大于0
        {
            printf("两个不相等实根:\n");
            printf("x1=%.2f,x2=%.2f\n",p+q,p-q);
        }
        else   //若判别式小于0
```

```
        {
            printf("两个共轭复根:\n");
            printf("x1=%.2f+%.2fi,x2=%.2f-%.2fi\n",p,q,p,q);
        }
    }
}
```

运行结果如图 3.29 所示。

图 3.29　实例 3-22 程序的运行结果

程序解析：

(1)　程序中的 fabs()为求绝对值的一个数学函数。要调用数学方面的库函数，应先包含头文件 math.h。

(2)　由于浮点数存在舍入问题，在绝大多数计算机中只能近似表示，因此直接比较一个浮点数与 0 或两个浮点数是否相等是不安全的。例如，在本程序中，不能使用"disc==0"来判断 disc 是否为 0，而是先定义一个表示极小数值(如 10^{-6})的符号常量，然后用"fabs(disc)<=MINIMUM"(等价于"disc<=MINIMUM&&disc>=-MINIMUM")来进行判断，其含义是"若 fabs(disc)很小，则认为 disc 值为 0"。

提示：　若要比较两个浮点数 a 与 b 是否相等，可使用"fabs(a-b)<=MINIMUM"(等价于"a-b<=MINIMUM&&a-b>=-MINIMUM")来进行判断，其含义是"若两个数相差很小，则认为是相等的"。

【实例 3-23】求圆周率π的近似值，其计算公式为(要求计算到最后一项的绝对值小于 10^{-6} 为止)：

$$\frac{\pi}{4} = 1 - \frac{1}{3} + \frac{1}{5} - \frac{1}{7} + \cdots + (-1)^{n+1} \times \frac{1}{2n-1}$$

编程思路：根据计算公式，可知：

$$\pi = 4 \times \left(1 - \frac{1}{3} + \frac{1}{5} - \frac{1}{7} + \cdots + (-1)^{n+1} \times \frac{1}{2n-1}\right)$$

因此，问题的关键是计算：

$$\text{sum} = 1 - \frac{1}{3} + \frac{1}{5} - \frac{1}{7} + \cdots + (-1)^{n+1} \times \frac{1}{2n-1}$$

为此，可采用迭代法，通过循环加以实现。

程序代码:

```c
#include <stdio.h>
#include <math.h>
void main()
{
    double pi,sum=0,i=1,s=1;
    int n=1;
    while (fabs(i)>=1e-6)
    {
        sum=sum+i;
        n=n+1;
        s=-s;
        i=s/(2*n-1);
    }
    pi=4*sum;
    printf("pi=%lf\n",pi);
}
```

运行结果如图 3.30 所示。

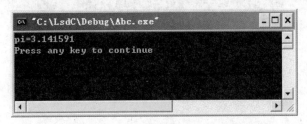

图 3.30　实例 3-23 程序的运行结果

程序解析:

(1) 在本程序中,i 为当前项,s 则用于确定当前项的正负。

(2) 根据要求,循环条件为"fabs(i)>=1e-6"。

【实例 3-24】百鸡问题。

假定公鸡每只卖 5 文钱,母鸡每只卖 3 文钱,小鸡每 3 只卖 1 文钱,现有 100 文钱,要买 100 只鸡,请列出各种具体的买法。

编程思路:根据题意,设公鸡、母鸡、小鸡各买 x、y、z 只,则:

$$\begin{cases} x+y+z=100 \\ 5x+3y+z/3=100 \end{cases}$$

该方程组有 3 个未知数,但方程式却只有两个,因此是一个不定方程组。编程求解时,可采用穷举法,通过三重循环逐一列出各个可能的解,并判断是否符合方程组的定义。

经分析,公鸡最多只能买 20 只,母鸡最多只能买 33 只,而小鸡的数量则应为 3 的倍数。

程序代码：

```
#include <stdio.h>
void main()
{
  int x,y,z,n=0;
  for (x=1;x<=20;x++)
    for (y=1;y<=33;y++)
      for (z=3;z<=99;z+=3)
        if (x+y+z==100 && 5*x+3*y+z/3==100)
          {
          n++;
          printf("买法%d：公鸡%d 只,母鸡%d 只,小鸡%d 只.\n",n,x,y,100-x-y);
          }
}
```

运行结果如图 3.31 所示。

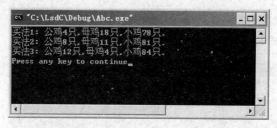

图 3.31　实例 3-24 程序的运行结果

程序解析：

(1) 本程序为三重 for 循环结构。

(2) 为提高程序的执行效率，应尽量减少循环嵌套的层数。例如，可将本程序修改为双重循环结构，代码如下：

```
#include <stdio.h>
void main()
{
    int x,y,n=0;
    for (x=1;x<=20;x++)
        for (y=1;y<=33;y++)
            if ((100-x-y)%3==0 && 5*x+3*y+(100-x-y)/3==100)
            {
                n++;
                printf("买法%d：公鸡%d 只,母鸡%d 只,小鸡%d 只.\n",n,x,y,100-x-y);
            }
}
```

【实例 3-25】系统登录。

设计一个密码输入程序，若所输入的密码正确无误，则提示"欢迎使用本系统!"；反之，则提示"密码错误!"，并允许重新输入。若连续 3 次输入错误的密码，则禁止进入系统，并提示"对不起，您无权使用本系统!"。

程序代码：

```
#include <stdio.h>
#include <conio.h>
void main()
{
    int pwd,n=0;
    printf("系统登录\n\n");
    while (1)
    {
        printf("密码:");
        scanf("%d",&pwd);
        if (pwd==123)
        {
            printf("\n 欢迎使用本系统!\n\n");
            break;
        }
        else
        {
            printf("\n 密码错误!\n\n");
            n=n+1;
            if (n==3)
            {
                printf("对不起，您无权使用本系统!\n\n");
                break;
            }
        }
    }
    printf("请按任意键继续...\n\n");
    getch();
}
```

运行结果如图 3.32 所示。

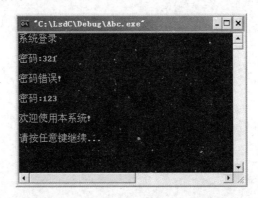

图 3.32　实例 3-25 程序的运行结果

程序解析：

(1) 本程序假定系统的正确密码为整数 123。

(2) 程序中 while 循环的循环条件为整型常量 1，表示"恒真"。当密码正确或输入错误密码的次数达到 3 时，则执行 break 语句退出该循环。

【实例 3-26】菜单选择。

设计一个"四则运算"菜单，如图 3.33 所示，要求能对用户的选择进行相应的判断与提示。

图 3.33 "四则运算"菜单

程序代码：

```c
#include <stdio.h>
#include <conio.h>
#include <stdlib.h>
void main()
{
    char c;
    while (1)
    {
        system("CLS");
        printf("        四则运算        \n");
        printf("========== 菜单 ==========\n");
        printf("        1.加法        \n");
        printf("        2.减法        \n");
        printf("        3.乘法        \n");
        printf("        4.除法        \n");
        printf("        0.退出        \n");
        printf("==========================\n");
        while (1)
        {
            printf("    请选择(0-5):");
            c=getche();
            if (c>='0'&&c<='4')
            {
                printf("\n\n 您的选择为:%c\n\n",c);
                printf("请按任意键继续...");
                getch();
                break;
            }
            else
            {
                printf("\n\n 输入有误!请您重新选择...\n\n");
```

```
        }
    }
    if (c=='0')
    {
        printf("\n\n 退出程序!\n\n");
        break;
    }
    }
}
```

运行结果如图 3.34 所示。

图 3.34　实例 3-26 程序的运行结果

程序解析:

(1) 本程序的结构为双重 while 循环,内、外循环的循环条件均为"恒真"。当用户输入字符 0 时,通过分别执行 break 语句先后退出内、外循环。

(2) 语句"system("CLS");"的功能为清屏。其中,system 为系统函数(在 stdlib.h 头文件中进行声明),用于执行系统的命令(在此为清屏命令 CLS)。

说明:　在 TC 中,可通过调用 clrscr()函数进行清屏。

本 章 小 结

本章简要地介绍了结构化程序设计的基本思想与方法,并通过具体实例讲解了 C 语言中顺序结构、分支结构与循环结构程序设计的基本方法以及各种流程控制语句的主要用法。通过本章的学习,应熟知结构化程序设计的基本思想与方法,掌握顺序结构、分支结构与循环结构程序设计的基本方法,能针对各类实际问题确定求解算法,并顺利编写出相应的 C 语言程序。

习 题

一、填空题

1. 在结构化程序设计中，编写程序时主要采用三种基本的程序控制结构，即顺序结构、( )与循环结构。

2. 以下程序段的执行结果为( )。

```
int x=1,y=-1;
if (x+y)
  printf("%d\n",x+y);
else
  printf("%d\n",x-y);
```

3. 作为语句标号使用的 case 和 default 只能用于( )语句的定义体中。

4. C语言支持循环结构的语句有 for 语句、while 语句与( )语句。

5. 在 switch 语句中的循环语句内的 break 语句只跳出( )语句。

二、单选题

1. 若变量已正确定义，语句"if(a>b) k=0; else k=1;"和( )等价。

   A. k=(a>b)?1:0;　　　　　　　　　　B. k=a>b;

   C. k=a<=b;　　　　　　　　　　　　D. a<=b ? 0 : 1;

2. 下列程序段运行后 y 的值是( )。

```
int a=0, y=10;
if (a==0)
    y--;
else if(a>0)
    y++;
else
    y+=y;
```

   A. 20　　　　　　B. 11　　　　　　C. 9　　　　　　D. 0

3. 下列程序段运行后 y 的值是( )。

```
int a=1, y=10;
if (a==0)
    y--;
else if(a>0)
    y++;
else
    y+=y;
```

   A. 20　　　　　　B. 11　　　　　　C. 9　　　　　　D. 0

4. 在 C 语言的语句中，用来决定分支结构流程的表达式是( )。

   A. 可用任意合法的表达式　　　　B. 只能用逻辑表达式或关系表达式

   C. 只能用逻辑表达式　　　　　　D. 只能用关系表达式

5. 以下程序段中内循环体的执行次数为(　　)。

```
int i,j;
i=-5;
while (++i)
 for (j=0;j>i;j--)
   {...}
```

A. 20　　　　　　B. 15　　　　　　C. 10　　　　　　D. 5

6. 执行语句"for (i=1;i++<4;);"后，变量 i 的值为(　　)。

A. 2　　　　　　B. 3　　　　　　C. 4　　　　　　D. 5

7. 以下程序段中内循环体的执行次数为(　　)。

```
int i,j;
i=5;
while (--i)
 for (j=0;j<i;j++)
   {...}
```

A. 5　　　　　　B. 10　　　　　　C. 15　　　　　　D. 20

8. 以下关于 break 语句与 continue 语句的说法中，正确的是(　　)。

A. break 与 continue 只能用于循环语句的循环体中

B. break 与 continue 既可用于 switch 语句，也可用于循环语句

C. break 可用于 switch 语句与循环语句，而 continue 则只能用于循环语句

D. continue 可用于 switch 语句与循环语句，而 break 则只能用于循环语句

9. 以下程序段中，for 循环语句的循环执行(　　)。

```
int a=1,x=1;
for (;a<10;a++)
x++;
a++;
```

A. 无限次　　　　B. 不确定次　　　　C. 10 次　　　　D. 9 次

10. 循环语句 for(i=0,x=1;i<10 && x>0;i++);的循环执行次数为(　　)。

A. 无限次　　　　B. 不确定次　　　　C. 10 次　　　　D. 9 次

三、多选题

1. 以下关于 for 循环的描述中，不正确的是(　　)。

A. for 循环只能用于循环次数已经确定的情况

B. for 循环是先执行循环体语句，后判断循环条件

C. for 循环的循环体语句中，可以包含多条语句

D. for 循环中不能用 break 语句跳出循环体

2. 以下说法不正确的是(　　)。

A. goto 语句只能用于退出多层循环

B. 在 switch 语句中不能出现 continue 语句

C. 只能用 continue 语句来终止本次循环

D. 在循环体中 break 语句不能单独出现

3. 以下描述中，正确的是(　　　)。

    A. break 语句不能用于循环语句和 switch 语句外的任何其他语句

    B. 在 switch 语句中使用 break 语句与 continue 语句的作用相同

    C. 在循环语句中使用 continue 语句是为了结束本次循环，而不是终止整个循环的执行

    D. 在循环语句中使用 break 语句是为了使流程跳出循环体，以提前结束循环

四、判断题

1. 在 C 语言程序中，if(a!=0)可用 if(a)来代替。　　　　　　　　　　　　(　　)

2. for (;;);是一个合法的语句。　　　　　　　　　　　　　　　　　　　　(　　)

3. switch 语句中一定有 default 分支。　　　　　　　　　　　　　　　　　(　　)

4. case 后只能跟常量，不能跟变量。　　　　　　　　　　　　　　　　　　(　　)

5. break 语句的作用就是结束所在循环。　　　　　　　　　　　　　　　　(　　)

五、程序改错题

1. 计算并输出 1 至 100 的偶数和。

```c
#include <stdio.h>
main()
{
int i,s;
for (s=0,i=1;i<=100;i++)
    if (i%2=0)
        s+=i;
printf("s=%d\n",s);
}
```

2. 输出 1 至 100 能同时被 3 与 7 整除的整数。

```c
#include <stdio.h>
main()
{
int i;
i=1;
for (;i<=100;i++)
{
    if (i%3!=0 && i%7!=0)
        continue;
    printf("i=%d\n",i);
}
}
```

六、程序分析题

1.

```c
#include <stdio.h>
```

```
main()
{
int x,a=100,b=200;
 if(x=a>b)
    x=a-x;
 else
    x=b-x;
 printf("%d\n",x);
}
```

2.

```
#include <stdio.h>
main()
{ int a=10,b=4,c=3;
 if(a<b)  a=b;
 if(a<c)  a=c;
 printf("%d,%d,%d\n",a,b,c);
}
```

3.

```
#include <stdio.h>
main()
{
 int n=100,i=0;
 while (-1)
  {
   n++;
   if (n==105)
     break;
   i++;
  }
 printf("n=%d\n",n);
}
```

4.

```
#include <stdio.h>
main()
{
 int a=5;
 a--;
 do
  {
    a--;
    printf("%d,",a--);
  }
 while (a>0);
 printf("%d\n",++a);
}
```

5.
```c
#include <stdio.h>
void main( )
{
    int i, s1=0, s2=0;
    for(i=0;i<10;i++)
        if(i%2) s1+=i;
        else s2+=i;
    printf("%d,%d\n",s1,s2);
}
```

6.
```c
#include<stdio.h>
const int M=20;
void main()
{
    int i=2;
    while(1)
    {
        if(i>M/2) break;
        if(M%i==0) printf("%d ",i);
        i++;
    }
    printf("\n");
}
```

7.
```c
#include<stdio.h>
void main()
{
int i,s=0;
for(i=1;;i++) {
 if(s>50) break;
 if(i%2==0) s+=i;
}
printf("i,s=%d,%d\n",i,s);
}
```

8.
```c
#include<stdio.h>
void main()
{
int i,s=0;
for(i=1;;i++) {
 if(s>20) break;
 if(i%2==0) s+=i;
}
printf("i,s=%d,%d\n",i,s);
}
```

9.

```c
#include<stdio.h>
void main()
{
    char ch='*';
    int i,n=3;
    while(1) {
        for(i=0;i<n;i++) printf("%c",ch);
        printf("\n");
        if(--n==0) break;
    }
}
#include <stdio.h>
main()
{ int y=9;
 for(;y>0;y--)
    if(y%3==0) { printf("%d ",--y); continue;}
}
```

七、程序填空题

1. 计算 1 到 n 的奇数之和。

```c
#include<stdio.h>
main( )
{
 int i,n;
 long int x; //x 存放奇数之和
 scanf("%d",&n);
 x=_____[1]_____;
 for(i=1;_____[2]_____;_____[3]_____)
   x=_____[4]_____;
 printf("奇数之和=%ld\n",_____[5]_____);
}
```

2. 输入一个正整数 n，计算并输出 S 的前 n 项之和。

$$S = \frac{1}{1!} + \frac{1}{2!} + \frac{1}{3!} + \cdots + \frac{1}{n!}$$

```c
#include<stdio.h>
void main()
{
    int j,k,n;
    float f,s;
    scanf("%d",&n);
    _____[1]_____;
    for(k=1;_____[2]_____;k++)
    {
        f=1;
        for(j=1;_____[3]_____;j++)
```

```
        f=f*j;
           [4]      ;
    }
    printf("sum=_____[5]_____\n",s);
}
```

八、程序设计题

1. 有一函数，定义为：$y = f(x) = \begin{cases} -x^2 & (x < -50) \\ 2x & (-50 \leqslant x \leqslant 50) \\ x^2 & (x > 50) \end{cases}$

试编一程序，输入 x 的值，计算并输出 y 的值。

2. 输入一个年份，判断其是否为闰年。

3. 编程计算 $S = \sum\limits_{k=1}^{20} \dfrac{1}{k}$ 的值。

4. 计算 $1 + 3 + 3*3 + \cdots + \underbrace{3*3*3*\cdots*3}_{10\text{个}3}$ 的值并输出。假定分别用 i, p, s 作为循环变量、累乘变量和累加变量。

5. 已知 $6 \leqslant a \leqslant 40$，$15 \leqslant b \leqslant 30$，求出满足不定方程 $2a + 5b = 126$ 的全部整数组解。例如，$\begin{cases} a = 13 \\ b = 20 \end{cases}$ 就是其中的一组解。

第4章

数 组

本章要点:

一维数组;多维数组;字符数组与字符串;字符串处理函数。

学习目标:

了解数组的基本概念;掌握一维数组、多维数组的基本方法;掌握字符数组在字符串处理中的应用方法;掌握字符串处理函数的使用方法。

4.1 数 组 简 介

一般情况下，只需定义多个类型相同的变量，即可同时处理多个相同类型的数据。但是，当同类数据较多时，若再采用分别定义变量的方法，就很不方便了。在这种情况下，较为明智的选择就是使用数组。

数组是若干个类型相同的数据的有序集合。其中，构成数组的各个数据称为数组的元素。每个数组都有一个名称，即数组名。使用数组名并指定下标，即可访问相应数组中所包含的各个元素。实际上，数组中的每一个元素，都相当于一个普通的变量。

根据维数的多少，数组可分为一维数组、二维数组、三维数组、……、n 维数组。其中，一维数组是最基本的数组，而二维数组、三维数组等维数大于 1 的数组一般统称为多维数组。在多维数组中，二维数组是最常用的。

在 C 语言中，数组与变量一样，遵循"先定义，后使用"的原则。

4.2 一 维 数 组

在 C 语言中，一维数组就是数组名后只有一对方括号的数组。

4.2.1 一维数组的定义

定义一维数组的基本格式为：

数据类型 数组名[元素个数];

其中，数组名必须符合标识符的命名规则；元素个数必须用方括号括起来。在此，元素个数用于指定数组的大小，可以是一个值大于 0 的整型常量表达式。

定义好一维数组后，即可根据需要引用其所包含的各个元素，格式为：

数组名[元素下标]

其中，元素下标为相应元素在数组中的位置索引或序号，同样要用方括号括起来，可以是一个整型表达式(其值应大于或等于 0，并小于数组的元素个数)。

例如，定义一个包含 10 个元素的字符型数组 string，语句为：

```
char string[10];
```

在此，数组 string 的各个元素分别为 string[0]、string[1]、string[2]、…、string[9]。

💡 **注意：** 在 C 语言中，数组元素的下标是从 0 开始的。

必要时，可用符号常量或包含符号常量的表达式来指定数组的大小。例如，以下关于数组的定义是正确的。

```
#define SIZE 50
...
char string[SIZE];
int number[15*SIZE];
```

在定义数组时，数组的大小不能用变量或含有变量的表达式指定。例如，以下关于数组的定义是错误的。

```
int size1,size2;
...
float height[size1];  //数组大小不能由变量指定
float width[size1+size2+1];  //数组大小不能用含有变量的表达式指定
```

【实例 4-1】语句"int n[100];"所定义数组名为(　　)，共有(　　)个元素。其中，第一个元素为(　　)，最后一个元素为(　　)。

答案：n，100，n[0]，n[99]。

4.2.2　一维数组的初始化

所谓数组的初始化，是指在定义数组时同时给数组元素赋初值。对于一维数组来说，其初始化的基本格式为：

数据类型　数组名[元素个数]={初值列表};

其中，初值列表为以逗号","分隔的若干常量。在初始化时，各常量按顺序赋给相应的数组元素。例如：

```
int n[3]={10,20,30};
```

在此，数组 n 的 3 个元素 n[0]、n[1]、n[2]分别被初始化为 10、20、30。

在对一维数组进行初始化时，若已列出了所有元素的初值，则可默认元素的个数。例如：

```
int n[]={10,20,30};  //相当于"int n[3]={10,20,30};"
```

【实例 4-2】执行以下语句序列后，s 的值为(　　)。

```
int a[5]= {1,2,3,4,5}, s;
s=a[1]+a[2];
```

答案：5

解析：C 语言中数组元素的下标是从 0 开始的。在此，a[1]的值为 2，a[2] 的值为 3。

【实例 4-3】语句"int b[]= {1,2,3,4,5};"所定义的数组 b 共有(　　)个元素。

答案：5

4.2.3　一维数组的存储形式

数组的各元素在内存中占用的存储空间是连续的。对于一维数组来说，各元素按其下标递增的次序连续存放。

现定义短整型的数组 a：

```
short int a[10];
```

则数组 a 的内存空间分配示意图如图 4.1 所示(假定从地址 0x2000 开始分配空间)。其中，数组名 a 或&a[0]即为数组 a 在内存中的首地址(&a[0]为数组元素 a[0]的地址)。

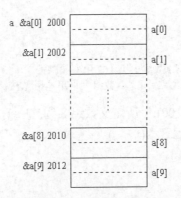

图 4.1 一维数组 a 的内存空间分配示意图

💡 **注意：** 在 C 语言中，数组名代表数组的内存地址(即数组首元素的内存地址)，是一个常量，不能被赋值。

【实例 4-4】输出一维数组各元素的地址。

编程思路：一维数组各元素的下标是连续的，因此可考虑用循环结构来遍历数组的各个元素，将循环变量作为数组元素的下标变量来使用。

程序代码：

```c
#include <stdio.h>
void main()
{
    short int i,a[10];
    for (i=0;i<10;i++)
        printf("&a[%d]: %X\n",i,&a[i]);
}
```

运行结果如图 4.2 所示。

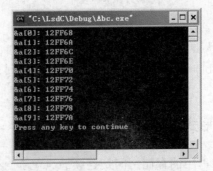

图 4.2 实例 4-4 程序的运行结果

4.2.4 一维数组的应用实例

【实例 4-5】一维数组的输入与输出。

程序代码：

```
#include <stdio.h>
void main()
{
    int i,a[10];
    for (i=0;i<10;i++)
    {
        printf("a[%d]=",i);
        scanf("%d",&a[i]);
    }
    for(i=0;i<10;i++)
        printf("%d ",a[i]);
    printf("\n");
    for(i=9;i>=0; i--)
        printf("%d ",a[i]);
    printf("\n");
}
```

运行结果如图 4.3 所示。

图 4.3　实例 4-5 程序的运行结果

程序解析：本程序分两次输出数组 a 中各个元素的值。其中，第一次按下标从小到大的顺序输出，第二次则按下标从大到小的顺序输出。

【实例 4-6】计算一维数组的元素之和。

程序代码：

```
#include <stdio.h>
#define N 10
void main()
{
    int i,a[N],sum;
    for (i=0;i<N;i++)
    {
        printf("a[%d]=",i);
        scanf("%d",&a[i]);
    }
    sum=0;
    for(i=0;i<N;i++)
```

```
        sum=sum+a[i];
    printf("sum=%d\n",sum);
}
```

运行结果如图 4.4 所示。

图 4.4　实例 4-6 程序的运行结果

程序解析：本程序使用符号常量 N 来定义数组 a 的大小，这有利于增强程序的灵活性与可维护性。

【实例 4-7】确定一维数组元素的最大值与最小值。

编程思路：先将最大值 max 与最小值 min 均设置为数组的第 1 个元素，然后通过循环将其与剩余的各个元素逐一进行比较，若发现有比 max 更大的元素或比 min 更小的元素，则及时更新 max 与 min 的值。

程序代码：

```
#include <stdio.h>
#define N 10
void main()
{
    int i,a[N],max,min;
    for (i=0;i<N;i++)
    {
        printf("a[%d]=",i);
        scanf("%d",&a[i]);
    }
    max=min=a[0];
    for(i=1;i<N;i++)
    {
        if (max<a[i])
            max=a[i];
        if (min>a[i])
            min=a[i];
    }
    printf("max=%d\n",max);
    printf("min=%d\n",min);
}
```

运行结果如图 4.5 所示。

图 4.5　实例 4-7 程序的运行结果

4.3　多维数组

在 C 语言中，多维数组就是数组名后有多对方括号的数组。其中，有两对方括号的数组称为二维数组，有 3 对方括号的数组称为三维数组，……，有 n 对方括号的数组称为 n 维数组。在多维数组中，最常用的是二维数组。

4.3.1　多维数组的定义

定义多维数组的基本格式为：

数据类型　数组名[维界表达式 1][维界表达式 2]...[维界表达式 n];

其中，各维界表达式用于指定数组各维的大小(即各维上元素的个数)，可以是值大于 0 的整型常量表达式。各维大小的乘积即为多维数组所含元素的个数。

定义好多维数组后，即可根据需要引用其所包含的各个元素，格式为：

数组名[下标 1][下标 2]...[下标 n]

其中，各下标为元素在相应维上的编号(从 0 开始)，可以是一个整型表达式(其值应大于或等于 0，并小于对应维上元素的个数)。

二维数组是最基本、最常用的多维数组，可将其看作一个表格或矩阵，由若干行、若干列构成。相应地，二维数组元素的第 1 个下标通常称为行标，第 2 个下标通常称为列标。

例如：

char c[2][3];

在此，c 为字符型的二维数组，共有 6 个元素，分别为：

c[0][0]　c[0][1]　c[0][2]
c[1][0]　c[1][1]　c[1][2]

又如：

float f[2][3][2];

在此，f 为浮点型的三维数组，共有 12 个元素，分别为：

```
f[0][0][0]    f[0][0][1]
f[0][1][0]    f[0][1][1]
f[0][2][0]    f[0][2][1]
f[1][0][0]    f[1][0][1]
f[1][1][0]    f[1][1][1]
f[1][2][0]    f[1][2][1]
```

💡 **注意：** 在 C 语言中，多维数组元素的各个下标都是从 0 开始的。

4.3.2　多维数组的初始化

与一维数组类似，对于多维数组来说，其初始化的基本格式为：

数据类型 数组名[维界表达式 1][维界表达式 2]...[维界表达式 n]={初值列表};

其中，初值列表为以逗号分隔的若干常量。在初始化时，各常量按顺序赋给相应的数组元素。例如：

```
char c[2][3] = {'a','b','c','d','e','f'};
```

在此，数组 c 的 6 个元素分别被初始化为字符 a、b、c、d、e、f。

在初始化时，可用花括号对初值列表进行适当分组，以明确其对应关系。例如：

```
int a[3][5]={{1,2,3,4,5},{6,7,8,9,10},{11,12,13,14,15}};
```

在此，初值列表中的 3 个分组与二维数组 a 中的 3 行是一一对应的。

必要时，也可只对数组中的部分元素进行初始化。例如：

```
int b[3][5]={{1},{0,7},{0,0,13}};
```

在对多维数组进行初始化时，若已列出了所有元素的初值，或对初值列表进行了适当的分组，则可默认第 1 维的大小。例如：

```
char c[][3] = {'a','b','c','d','e','f'};
//相当于"char c[2][3] = {'a','b','c','d','e','f'};"
int b[][5]={{1},{0,7},{0,0,13}};
//相当于"int b[3][5]={{1},{0,7},{0,0,13}};"
```

4.3.3　多维数组的存储形式

与一维数组一样，多维数组中的各个元素在内存中所占用的存储空间也是连续的。例如，作为最基本、最常用的多维数组，二维数组在内存中将占用一片连续的存储空间，并按先行后列的顺序存放各个元素的值。

现定义二维数组 a：

```
short int a[2][6];
```

则数组 a 的内存空间分配示意图如图 4.6 所示(假定从地址 0x2000 开始分配空间)。其中，数组名 a 或&a[0][0]即为数组 a 在内存中的首地址(&a[0][0]为数组元素 a[0][0]的地址)。

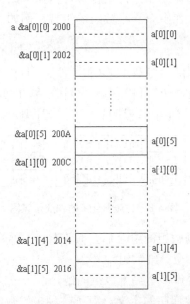

图 4.6　二维数组 a 的内存空间分配示意图

【实例 4-8】输出二维数组各元素的地址。

编程思路：二维数组各元素的行标与列标都是连续的，因此可考虑用双重循环结构来遍历数组的各个元素，将循环变量作为数组元素的下标变量来使用。

程序代码：

```
#include <stdio.h>
void main()
{
  short int i,j,a[2][5];
  for (i=0;i<2;i++)
     for (j=0;j<5;j++)
        printf("&a[%d][%d]: %X\n",i,j,&a[i][j]);
}
```

运行结果如图 4.7 所示。

图 4.7　实例 4-8 程序的运行结果

程序解析：二维数组有两个下标，即行标与列标。通过双重循环可逐一访问二维数组的各个元素。在本程序中，外循环用于控制行标，内循环则用于控制列标。

实际上，可将二维数组看作多个一维数组的组合。例如，若数组 f 的定义为：

```
float f[3][5];
```

则 f 可看作 3 个包含 5 个元素的一维数组 f[0]、f[1]、f[2]的组合(见图 4.8)。其中，f[0]的 5 个元素为 f[0][0]、f[0][1]、…、f[0][4]，f[1]的 5 个元素为 f[1][0]、f[1][1]、…、f[1][4]，f[2]的 5 个元素为 f[2][0]、f[2][1]、…、f[2][4]。

f[0]:	f[0][0]	f[0][1]	f[0][2]	f[0][3]	f[0][4]
f[1]:	f[1][0]	f[1][1]	f[1][2]	f[1][3]	f[1][4]
f[2]:	f[2][0]	f[2][1]	f[2][2]	f[2][3]	f[2][4]

图 4.8　二维数组 f 的构成示意图

将二维数组看作多个一维数组的组合后，其存储方式便很好理解了，实际上就是按顺序连续存放构成二维数组的各个一维数组。

类似地，可将三维数组看作多个二维数组的组合，……，将 n 维数组看作多个 $n-1$ 维数组的组合。其实，这是一种递归的定义。对于各种多维数组的存储方式，也可按照这种递归的思想加以理解。

4.3.4　多维数组的应用实例

【实例 4-9】二维数组的输入与输出。
程序代码：

```
#include <stdio.h>
void main()
{
    int i,j,a[2][3];
    for (i=0;i<2;i++)
        for (j=0;j<3;j++)
        {
            printf("a[%d][%d]=",i,j);
            scanf("%d",&a[i][j]);
        }
    for (i=0;i<2;i++)
    {
        for (j=0;j<3;j++)
            printf("%5d ",a[i][j]);
        printf("\n");
    }
}
```

运行结果如图 4.9 所示。

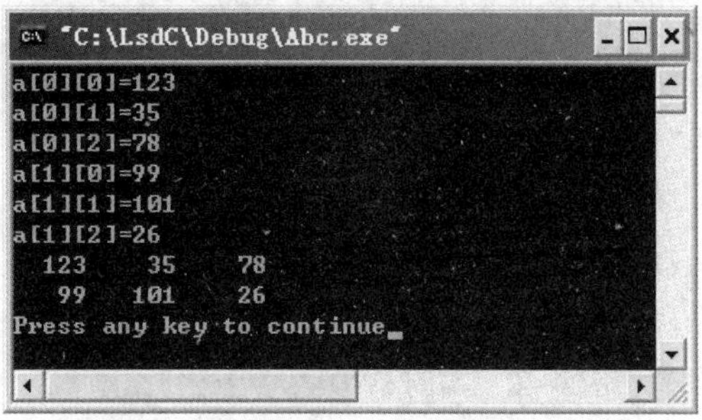

图 4.9　实例 4-9 程序的运行结果

程序解析：本程序分行输出二维数组的各个元素。在输出时，内循环结束后，便执行"printf("\n");"语句换行。

【实例 4-10】二维数组的行列转置。

编程思路：二维数组的行列转置是指将行与列进行交换，可通过将数组 a 中第 i 行第 j 列的元素赋给数组 b 中第 j 行第 i 列的元素来实现，即：

```
b[j][i]=a[i][j]
```

程序代码：

```c
#include <stdio.h>
#define M 2
#define N 3
void main()
{
    int a[M][N],b[N][M];
    int i,j;
    printf("输入数组 a(%d 行%d 列):\n",M,N);
    for (i=0;i<M;i++)
        for (j=0;j<N;j++)
            scanf("%d",&a[i][j]);
    for (i=0;i<M;i++)
        for (j=0;j<N;j++)
            b[j][i]=a[i][j];
    printf("输出数组 b(%d 行%d 列):\n",N,M);
    for (i=0;i<N;i++)
    {
        for (j=0;j<M;j++)
            printf("%5d ",b[i][j]);
        printf("\n");
    }
}
```

运行结果如图 4.10 所示。

图 4.10　实例 4-10 程序的运行结果

程序解析：在本程序中，二维数组 a、b 的大小是通过符号常量 M、N 来定义的。

【**实例 4-11**】将方阵的对角线元素置为 1，其余元素则置为 0。

编程思路：通过双重循环逐一访问方阵的各个元素，若当前元素为主对角线或副对角线元素，则将其值赋为 1，否则赋为 0。

程序代码：

```c
#include <stdio.h>
#define N 100
void main()
{
    int matrix[N][N];
    int n,i,j;
    printf("方阵大小(n<=100):");
    scanf("%d",&n);
    for (i=0;i<n;i++)
        for (j=0;j<n;j++)
            if(i==j||i+j==n-1)//主对角线或副对角线元素
                matrix[i][j]=1;
            else
                matrix[i][j]=0;
    printf("方阵元素(nxn=%dx%d):\n",n,n);
    for (i=0;i<n;i++)
    {
        for (j=0;j<n;j++)
            printf("%2d",matrix[i][j]);
        printf("\n");
    }
}
```

运行结果如图 4.11 所示。

图 4.11　实例 4-11 程序的运行结果

程序解析：

(1)　在本程序中，代表方阵的二维数组 matrix 是通过符号常量 N 来定义的，而实际使用的方阵的大小则是通过用户的输入来确定的。

(2)　在 C 语言中，方阵通常用二维数组表示，其主对角线上各元素的行标与列标是相等的，而副对角线上各元素的行标与列标之和则为方阵的阶数减去 1。

4.4　字符数组与字符串

所谓字符数组，是指数据类型为字符型(char)的数组。字符数组中的每一个元素，均可用于存放一个字符。

字符串是由若干个字符所构成的一个序列，因此可用字符数组存储并处理。实际上，在 C 语言中是没有字符串这种数据类型的。若要存储并处理字符串，通常要借助字符数组。

4.4.1　字符数组的初始化

对于字符数组，可用字符常量或字符串常量进行初始化。例如：

```
char str1[20]={'C','h','i','n','a','\0'};
char str2[20] = "China";
```

提示：　在 C 语言中，字符串以'\0'作为结束标记。用字符常量对字符数组进行初始化时，须在最后明确指定'\0'(如果要将这些字符序列作为一个字符串来进行处理的话)。而用字符串常量对字符数组进行初始化时，则会自动在末尾添加'\0'。

二维字符数组可看作多个一维字符数组的组合，因此可用于同时存储并处理多个字符串(每行一个)。为方便起见，可用多个字符串对二维字符数组进行初始化。例如：

```
char name[3][6] ={"WANG", "ZHANG", "CHEN" };
```

4.4.2　字符数组的输入与输出

关于字符数组的输入或输出，可根据需要灵活选用不同的方法。

1. 使用 scanf()与 printf()函数

(1)　使用%c 进行字符的输入与输出。例如：

```
char s[20];
for (i=0;i<19;i++)
  scanf("%c",&s[i]);
s[i]= '\0';
for (i=0;i<20;i++)
  printf("%c",s[i]);
```

(2) 使用%s 进行字符串的输入与输出。例如：

```
char s[20];
scanf("%s",s);  //或：scanf("%s",&s[0]);
printf("%s",s);
```

2. 使用 getchar()、putchar()函数

例如：

```
char s[20];
for (i=0;i<20;i++)
  s[i]=getchar();
for (i=0;i<20;i++)
  putchar(s[i]);
```

3. 使用 gets()、puts()函数

例如：

```
char s[20];
gets(s);  //或：gets(&s[0]);
puts(s);
```

getchar()和 putchar()函数类似，gets()与 puts()是专用于进行字符串输入与输出的函数。

4.4.3　字符数组的应用实例

【实例 4-12】字符串连接。任意输入两个字符串，并输出其连接结果。

编程思路：分别用两个不同的字符型数组存放所输入的两个字符串，然后通过循环逐一将第二个数组中的各个字符复制到第一个数组中原有字符的后面，从而实现第一个字符串与第二个字符串的连接。

程序代码：

```
#include <stdio.h>
void main()
{
    char str[51],str0[21];
    int i,j;
    printf("字符串 1:");
    scanf("%s",str);
    printf("字符串 2:");
    scanf("%s",str0);
    for(i=0; str[i]!='\0'; i++);
    for(j=0; str0[j]!='\0'; j++)
    {
        str[i]=str0[j];
        i++;
    }
    str[i]='\0';
    printf("连接结果:");
```

```
    printf("%s\n",str);
}
```

运行结果如图 4.12 所示。

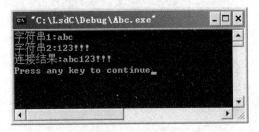

图 4.12　实例 4-12 程序的运行结果

程序解析：

(1) 第一个 for 循环(其循环体为空语句)的功能是确定第一个字符串的结束位置。在 C 语言中，字符串的结束标记为零字符'\0'。

(2) 第二个 for 循环的功能是将第二个字符串中的各个字符逐一连接到一个字符串的后面。

(3) "str[i]='\0';"语句的功能是为连接结果字符串设置结束标记。

【实例 4-13】字符串解析。输入一个字符串，分别输出其中的字母序列和数字序列。

编程思路：通过循环连续输入一系列的字符(按下回车键时则结束输入)，同时判断当前所输入的字符的类别。若为数字字符，则将其存入用于存储数字序列的数组中；若为英文字母，则将其存入用于存放字母序列的数组中；若为其他字符，则不做任何处理。

程序代码：

```
#include <stdio.h>
#define N 100
void main()
{
    char str1[N],str2[N],c;
    int i=0,j=0;
    printf("字符串:");
    while((c=getchar())!='\n'&&i<N-1&&j<N-1)
    {
        if(c>='0'&&c<='9')   //数字字符
            str1[i++]=c;
        else if(c>='a'&&c<='z'||c>='A'&&c<='Z')   //英文字母
            str2[j++]=c;
        else
            ;   //忽略其他字符
    }
    str1[i]='\0';
    str2[j]='\0';
    printf("数字序列:%s\n 字母序列:%s\n",str1,str2);
}
```

运行结果如图 4.13 所示。

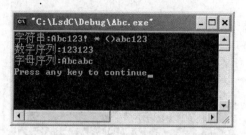

图 4.13　实例 4-13 程序的运行结果

程序解析：

(1)　字符型数组 str1、str2 分别用于存放数字序列与字母序列，其大小均由符号常量 N 定义。

(2)　字符串的输入在 while 循环的循环条件中实现。每循环一次，则通过 getchar()函数输入一个字符，直至按下回车键或已达到数字/字母序列的最大长度 N-1 为止。

(3)　字符串的解析在 while 循环的循环体中实现。对于所输入的各个字符，若为数字字符或英文字母，则赋给数组 str1 或 str2 的相应元素。

(4)　"str1[i]='\0';"与"str2[j]='\0';"语句分别用于为数字序列与字母序列设置结束标记。

4.4.4　字符串处理函数及其应用实例

在 C 语言的函数库中提供了一些字符串处理函数，可用于对字符串进行某些操作，例如：把两个字符串连接起来；对两个字符串进行比较等。合理使用字符串处理函数，可轻松实现字符串的各种具体操作。

常用的字符串处理函数有 strlen()、strcpy()、strcat()、strcmp()、strlwr()、strupr()等。这些函数都是在头文件 string.h 中进行声明的。

提示：　要使用字符串处理函数，应先包含 string.h 头文件(#include <string.h>)。

1．求字符串长度函数 strlen()

格式：

```
strlen(str);
```

参数：str 为字符型数组名或字符串常量。

功能：求指定字符串的长度，即字符串所包含的字符的个数(不包括末尾的'\0')。

如：

```
char s[]="good morning!";
```

则 strlen(s)值为 13。

2．字符串复制函数 strcpy()

格式：

```
strcpy(str1,str2);
```

参数：str1 为字符型数组名，str2 为字符型数组名或字符串常量。

功能：将 str2 中的字符串复制到 str1 中。

如：

```
char s1[10]="123",s2[10]="abc";
strcpy(s1,s2);
```

则 s1 的值为"abc"，s2 的值为"abc"。

3．字符串连接函数 strcat()

格式：

```
strcat(str1,str2);
```

参数：str1 为字符型数组名，str2 为字符型数组名或字符串常量。

功能：将 str2 中的字符串连接到 str1 中字符串的末尾。

如：

```
char s1[80]="123",s2[]="abc";
strcat(s1,s2);
```

则 s1 的值为"123abc"，s2 的值为"abc"。

4．字符串比较函数 strcmp()

格式：

```
strcmp(str1,str2);
```

参数：str1、str2 为字符型数组名或字符串常量。

功能：对 str1、str2 中的字符串按从左到右的顺序逐个字符地进行比较，直至出现不同字符或遇到'\0'为止。

返回值：若等于 0，则表示两个字符串相等；若大于 0，则表示第一个字符串大于第二个字符串；若小于 0，则表示第一个字符串小于第二个字符串。

提示：　当两个字符串不相等时，strcmp()函数的返回值为 1 或-1(在 TC 中则为相应的两个不相等字符的 ASCII 码值之差)。

如：

```
strcmp("ABC","abc");   //返回值为-1(在 TC 中为-32)
```

5．大小写转换函数 strlwr()与 strupr()

strlwr()函数格式：

```
strlwr (str)
```

参数：str 为字符型数组名。

功能：将 str 中的大写字母转换为小写字母。

strupr()函数格式：

```
strupr (str)
```

参数：str 为字符型数组名。

功能：将 str 中的小写字母转换为大写字母。

如：

```
char str[10]="Abc";
strlwr(str);  //执行后 str 为"abc"
strupr(str);  //执行后 str 为"ABC"
```

【实例 4-14】字符串连接。任意输入两个字符串，并输出其连接结果。

编程思路：分别用两个不同的字符型数组存放所输入的两个字符串，然后通过调用 strcat()函数来实现两个字符串的连接。

程序代码：

```
#include <stdio.h>
#include <string.h>
void main()
{
    char str[51],str0[21];
    printf("字符串 1:");
    scanf("%s",str);
    printf("字符串 2:");
    scanf("%s",str0);
    strcat(str,str0);
    printf("连接结果:%s\n",str);
}
```

运行结果如图 4.14 所示。

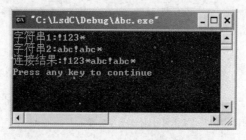

图 4.14　实例 4-14 程序的运行结果

程序解析：本程序通过调用 strcat()函数实现两个字符串的连接，与实例 4-12 中的程序相比，功能一样，但更简洁。

4.5 数组的综合实例

【实例4-15】数据排序(冒泡法)。

输入一组整数，然后按升序排序并输出。

编程思路：冒泡排序法的基本思想是通过相邻两个数之间的比较与必要的交换，从而使大的数逐步后移，同时使小的数逐步前移。此过程就像石头往下沉、气泡往上冒一样，故称冒泡排序法。

为简单直观起见，在此以原始序列3、2、1为例，说明冒泡排序法的基本过程。

第1趟(见图4.15)：需处理3个数，即3、2、1。先将3与2进行比较，并交换；然后将3与1进行比较，并交换。这样，经过2次比较与相应的交换后，最大数3已经"沉底"，而较小数2与1则分别"上升"一个位置。

第2趟(见图4.16)：只需处理剩余的2个数，即2、1。将2与1进行比较，并交换。这样，经过1次比较与相应的交换后，两个数中的大者2已经"沉底"，而小者1则"上升"至第一个数的位置。至此，排序结束。

图4.15 第1趟排序示意图

图4.16 第2趟排序示意图

显然，如果待排序的数共有 n 个，那么一共要进行 $n-1$ 趟比较。其中，在第1趟比较中共需进行 $n-1$ 次两两比较及相应的数据交换，在第2趟比较中共需进行 $n-2$ 次两两比较及相应的数据交换，……，在第 $n-1$ 趟(最后一趟)比较中共需进行1次两两比较及相应的数据交换。一般地，在第 j 趟比较中共需进行 $n-j$ 次两两比较及相应的数据交换。

在编程时，可考虑用一维数组存放待排序的一组数据，并通过双重循环来实现数据的排序。其中，外循环用于控制比较的趟数，内循环则用于实现某趟比较中的相邻两个元素的比较及相应的交换过程。

程序代码：

```c
#include <stdio.h>
#define N 10
void main()
{
  int a[N];
  int i,j,t;
  for (i=0;i<N;i++)
  {
      printf("a[%d]=",i);
      scanf("%d",&a[i]);
  }
  for(j=0;j<N-1;j++)
      for(i=0;i<N-1-j;i++)
```

```
        if (a[i]>a[i+1])
        {
            t=a[i];
            a[i]=a[i+1];
            a[i+1]=t;
        }
    printf("排序结果:\n");
    for(i=0;i<N;i++)
        printf("%d%c",a[i],((i+1)%5==0||i==N-1)?'\n':' ');
}
```

运行结果如图 4.17 所示。

图 4.17　实例 4-15 程序的运行结果

程序解析:

(1) 排序有两种方式,即升序(从小到大)与降序(从大到小)。本程序所使用的排序方式为升序。若将程序中的"a[i]>a[i+1]"修改为"a[i]<a[i+1]",则可按降序对数据进行排序。

(2) 复合语句"{t=a[i]; a[i]=a[i+1]; a[i+1]=t;}"用于实现相邻两个元素之间的数据交换。

(3) 最后一个 for 循环用于控制输出排序结果,每行最多为 5 个数据,且各个数据之间以空格隔开。

(4) 本程序使用冒泡法对一维数组中的数据进行排序,其运行效率因相邻两个元素之间的数据交换次数较多而受到一定的影响。

【实例 4-16】数据排序(选择法)。

输入一组整数,然后按升序排序并输出。

编程思路:选择排序法的基本思想是每趟均选出尚未排序的数据中的最小者,并将其与最前面的数据进行交换。

为简单直观起见,在此以原始序列 3、1、2 为例,说明其选择排序法的基本过程。

第 1 趟(见图 4.18):需处理 3 个数,即 3、1、2。先将 3 与 1 进行比较,小者为 1;然后将 1 与 2 进行比较,小者为 1。这样,经过 2 次比较后,最小数 1 已被选出,只需将其与第 1 个数 3 进行 1 次交换即可。

第 2 趟(见图 4.19):只需处理剩余的 2 个数,即 3、2。将 3 与 2 进行比较,小者为 2。这样,经过 1 次比较后,两个数中的小者 2 已被选出,只需将其与第 1 个数 3 进行 1

次交换即可。至此，排序结束。

第1次	(3)	(1)	2
第2次	3	(1)	(2)
结果	1	3	2

图 4.18　第 1 趟排序示意图

| 第1次 | 1 | (3) | (2) |
| 结果 | 1 | 2 | 3 |

图 4.19　第 2 趟排序示意图

显然，如果待排序的数共有 n 个，那么一共要进行 $n-1$ 趟比较。其中，在第 1 趟比较中共需进行 $n-1$ 次两两比较，在第 2 趟比较中共需进行 $n-2$ 次两两比较，……，在第 $n-1$ 趟(最后一趟)比较中共需进行 1 次两两比较。一般地，在第 j 趟比较中共需进行 $n-j$ 次两两比较。在每一趟比较后，最多只需进行 1 次数据的交换。

在编程时，同样可用一维数组存放待排序的一组数据，并通过双重循环来实现数据的排序。其中，外循环用于控制比较的趟数，内循环则用于实现某趟比较中的选择过程及相应的 1 次数据交换。

程序代码：

```c
#include <stdio.h>
#define N 10
void main()
{
  int a[N];
  int i,j,k,t;
  for (i=0;i<N;i++)
  {
      printf("a[%d]=",i);
      scanf("%d",&a[i]);
  }
  for(j=0;j<N-1;j++)
  {
      k=j;
      for(i=j+1;i<N;i++)
          if (a[k]>a[i])
              k=i;
          if (k!=j)
          {
              t=a[j];
              a[j]=a[k];
              a[k]=t;
          }
  }
  printf("排序结果:\n");
  for(i=0;i<N;i++)
      printf("%d%c",a[i],((i+1)%5==0||i==N-1)?'\n':' ');
}
```

运行结果如图 4.20 所示。

图 4.20　实例 4-16 程序的运行结果

程序解析：

(1) 本程序所使用的排序方式为升序。若将程序中的 " a[k]>a[i] " 修改为 "a[k]<a[i]"，则可按降序对数据进行排序。

(2) 程序中，变量 k 用于存放每趟比较中当前最小数的下标。每趟比较完毕后，若最小数(其下标为 k)与第 1 个数(其下标为 j)不是同一个元素(即 k!=j)，则交换。

(3) 本程序使用选择法对一维数组中的数据进行排序，有效减少了元素之间的数据交换次数，从而使运行效率得到相应的提升。

【实例 4-17】数据查询(顺序查找法)。

输入一个整数，然后在一组整数中进行查询，并显示相应的查询结果。

编程思路：顺序查找法是最基本、最简单的查找方法，其基本思想就是按顺序将各个数据与待查的数据进行比较，若发现相等的情况，则说明查找成功，可即时结束查找过程。反之，若比较完所有的数据后，都没有出现过相等的情况，则说明查找失败，可自然结束查找过程。

编程时，可考虑用一维数组存放原始的数据序列，并通过循环结构实现数据的查找过程。

程序代码：

```c
#include <stdio.h>
void main()
{
    int x,i,a[10]={8,6,2,12,11,10,26,16,69,70};
    printf("Search:");
    scanf("%d",&x);
    for (i=0; i<10; i++)
        if (a[i]==x)
            break;
    if (i==10)
        printf("Not Fornd!\n");
    else
        printf("OK! The index is %d.\n",i);
}
```

运行结果如图 4.21 所示。

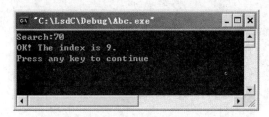

图 4.21 实例 4-17 程序的运行结果

程序解析:

(1) 本程序假定原始的数据序列为 8、6、2、12、11、10、26、16、69、70，共 10 个整数，并通过初始化的方法赋给一维整型数组 a。顺序查找法并不要求数据序列必须处于已排序(升序或降序)的状态。

(2) 在本程序中，数据的查找是通过 for 循环来实现的。若查找成功(a[i]==x)，则通过执行 "break;" 语句强行退出循环(此时 i 值小于 10)；反之，若查找失败，则会因循环条件 "i<10" 不成立而自然结束循环(此时 i 值等于 10)。因此，循环结束后，可通过判断下标变量 i 的取值情况来确定查找是否成功，并显示相应的提示信息。

【实例 4-18】数据查询(折半查找法)。

输入一个整数，然后在一组按升序排列的整数中进行查询，并显示相应的查询结果。

编程思路：折半查找法是一种较为高效的查找方法，但要求事先对原始数据进行排序(这与顺序查找法有所不同)。

现假定原始数据已按升序排列，则折半查找法的基本思想为：将待查数据与数据序列的中间数据进行比较，若相等则查找成功，可即时结束查找过程。反之，若待查数据小于中间数据，则待查数据只可能出现在数据序列的前半部分；若待查数据大于中间数据，则待查数据只可能出现在数据序列的后半部分。

显然，使用折半法进行查找时，经过一次比较后，即使未能查找成功，也可马上将查找范围缩小一半。在后续的查找过程中，可继续使用折半查找法，直至查找成功或全部查完为止。

编程时，同样可用一维数组存放原始的数据序列，并通过循环结构实现数据的查找过程。为指示数据的查找范围，可考虑用两个整型变量 low 与 hig 存放下标的下界与上界，并据此计算中间元素的下标 mid。

程序代码：

```c
#include <stdio.h>
void main()
{
    int x,low,hig,mid,a[10]={2,6,8,10,11,12,16,26,69,70};
    printf("Search:");
    scanf("%d",&x);
    low=0;  //下标下界
    hig=9;  //下标上界
    while (low<=hig)  //尚有数据未查完时
```

```
    {
        mid=(low+hig)/2;  //中间元素的下标
        if (a[mid]==x)
            break;  //若找到则强行退出循环
        else if (a[mid]>x)
            hig=mid-1;  //调整上界
        else
            low=mid+1;  //调整下界
    }
    if (low>hig)
        printf("Not Fornd!\n");
    else
        printf("OK! The index is %d.\n",mid);
}
```

运行结果如图 4.22 所示。

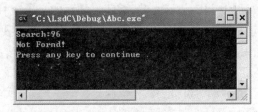

图 4.22　实例 4-18 程序的运行结果

程序解析：

(1) 本程序假定原始的数据序列为 2、6、8、10、11、12、16、26、69、70，共 10 个整数(已按升序排列)，并通过初始化的方法赋给一维整型数组 a。

(2) 在本程序中，数据的查找是通过 while 循环来实现的。若查找成功(a[mid]==x)，则通过执行 "break;" 语句强行退出循环(此时 low<=hig)；反之，若查找失败，则会因循环条件 "low<=hig" 不成立而自然结束循环(此时 low>hig)。因此，循环结束后，可通过判断变量 low 与 hig 的大小关系来确定查找是否成功，并显示相应的提示信息。

(3) 在程序运行过程中，若尚未查找成功，则需要根据具体情况调整下标的下界或上界，以缩小查找的范围。以查找 96 为例，本程序运行过程中变量 low、hig 与 mid 的变化情况如下。

开始循环前：low=0，hig=9。

第 1 次循环：mid=4，因 a[mid]=11<96，故 low=mid+1=5，hig 则保持不变。

第 2 次循环：mid=7，因 a[mid]=26<96，故 low=mid+1=8，hig 则保持不变。

第 3 次循环：mid=8，因 a[mid]=69<96，故 low=mid+1=9，hig 则保持不变。

第 4 次循环：mid=9，因 a[mid]=70<96，故 low=mid+1=10，hig 则保持不变。

因 low<=hig 不成立，故退出循环。查找过程至此结束，结果为未找到。

【实例 4-19】计算方阵的对角线元素之和。

程序代码：

```
#include <stdio.h>
#define N 100
```

```
void main()
{
  int matrix[N][N];
  int n,i,j,sum,sum1=0,sum2=0;
  printf("请输入方阵的大小(n<=100):");
  scanf("%d",&n);
  printf("请输入方阵的元素(nxn=%dx%d):\n",n,n);
  for (i=0;i<n;i++)
      for (j=0;j<n;j++)
      {
          scanf("%d",&matrix[i][j]);
          if(i==j)//累加主对角线上的元素
              sum1+=matrix[i][j];
          if(i+j==n-1)//累加副对角线上的元素
              sum2+=matrix[i][j];
      }
  if (n%2==0)
      sum=sum1+sum2;
  else
      sum=sum1+sum2-matrix[n/2][n/2];
  printf("该方阵的对角线元素之和为:%d\n",sum);
}
```

运行结果如图 4.23 所示。

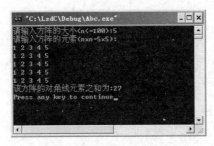

图 4.23　实例 4-19 程序的运行结果

程序解析：当方阵的阶为偶数时，其主对角线与副对角线上的元素不存在交叉的情况。反之，当方阵的阶为奇数时，其主对角线与副对角线上的元素则存在交叉的现象。因此，在分别求出主对角线与副对角线上的元素之和后再进行累加时，对于奇数方阵，还应减去一次中心元素(matrix[n/2][n/2])的值。

【实例 4-20】矩阵相乘。

编程思路：若矩阵 A 为 m 行 n 列，矩阵 B 为 n 行 w 列，则 A 与 B 的乘积矩阵 C 为 m 行 w 列，其元素的计算公式为：

$$C_{ij} = \sum_{k=1}^{n} A_{ik} \times B_{kj}$$

其中，$i=1,2,3,\cdots,m$，$j=1,2,3,\cdots,w$。

例如：

$$\begin{bmatrix} 1 & 2 \\ 3 & 4 \end{bmatrix} \times \begin{bmatrix} 1 & 2 & 3 \\ 4 & 5 & 6 \end{bmatrix} = \begin{bmatrix} 9 & 12 & 15 \\ 19 & 26 & 33 \end{bmatrix}$$

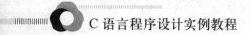

根据矩阵相乘的计算公式，编程时可考虑采用三重循环结构。

程序代码：

```c
#include <stdio.h>
#define M 2
#define N 3
#define W 5
void main()
{
    int a[M][N],b[N][W],c[M][W];
    int i,j,k;
    printf("输入矩阵A(%d行%d列):\n",M,N);
    for (i=0;i<M;i++)
        for (j=0;j<N;j++)
            scanf("%d",&a[i][j]);
    printf("输入矩阵B(%d行%d列):\n",N,W);
    for (i=0;i<N;i++)
        for (j=0;j<W;j++)
            scanf("%d",&b[i][j]);
    for (i=0;i<M;i++)
        for (j=0;j<W;j++)
        {
            c[i][j]=0;
            for (k=0;k<N;k++)
                c[i][j]+=a[i][k]*b[k][j];
        }
    printf("矩阵A与矩阵B的乘积(%d行%d列):\n",M,W);
    for (i=0;i<M;i++)
    {
        for (j=0;j<W;j++)
            printf("%5d ",c[i][j]);
        printf("\n");
    }
}
```

运行结果如图 4.24 所示。

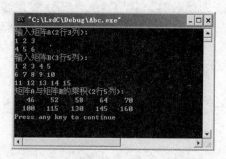

图 4.24　实例 4-20 程序的运行结果

程序解析：

(1) 本程序通过符号常量定义各个矩阵(二维数组)的大小，以提高其灵活性。

(2) 本程序对于矩阵的输入与输出均进行相应的提示，从而方便了用户的使用。

(3) 三重循环中各个循环变量的使用情况各有不同，应多加注意。

【实例 4-21】字符串逆置。

任意输入一个字符串，将其逆置后再输出。

编程思路：所谓字符串的逆置，是指将字符串中的各个字符置换为反向序列。例如，字符串"abc123"经逆置后将成为"321cba"。

假定字符串的长度为 *n*，存储在字符数组 s 中，则字符串的逆置可通过字符数组中对应元素的交换来实现。即：s[0]与 s[n-1]交换，s[1]与 s[n-2]交换，s[2]与 s[n-3]交换，以此类推，共交换 *n*/2 次(见图 4.25)。

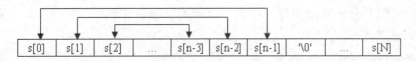

图 4.25 字符串的逆置过程

程序代码：

```c
#include <stdio.h>
#include "string.h"
#define N 100
void main()
{
    char s[N],c;
    int n,i;
    printf("字符串:");
    gets(s);
    n=strlen(s);
    printf("字符串长度:%d\n",n);
    for(i=0;i<n/2;i++)   //交换数组元素
    {
        c=s[i];
        s[i]=s[n-1-i];
        s[n-1-i]=c;
    }
    printf("字符串逆置结果:");
    puts(s);
}
```

运行结果如图 4.26 所示。

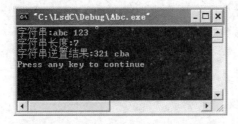

图 4.26 实例 4-21 程序的运行结果

程序解析：

(1) 本程序使用 gets()函数输入字符串。若使用 scanf()函数输入字符串，则所输入的字符串不能包含空格或制表符。

(2) 本程序使用 strlen()函数求字符串的长度。程序中的"n=strlen(s);"语句可用以下语句序列代替：

```
for(i=0;s[i]!='\0';i++);  //循环体为空语句
n=i;
```

(3) 本程序使用 puts()函数输出字符串。若使用 printf()函数输出字符串，则可将程序中最后的两条语句修改为：

```
printf("字符串逆置结果:%s\n",s);
```

【实例 4-22】字符串比较。

对输入的字符串进行比较，并输出其最大者。

编程思路：

(1) 用一个字符型的二维数组存放所输入的各个字符串，并用一个字符型的一维数组存放最大字符串。

(2) 先假定最大字符串为空串，然后将其逐一与各个字符串进行比较。若发现存在更大者，则用其取代当前的最大字符串。

程序代码：

```
#include <stdio.h>
#include "string.h"
#define N 100
#define M 5
void main()
{
    char s[M][N],smax[N]="";
    int i;
    for (i=0;i<M;i++)
    {
        printf("字符串%d:",i+1);
        gets(s[i]);  //输入字符串
    }
    for (i=0;i<M;i++)
        if (strcmp(smax,s[i])<0)
            strcpy(smax,s[i]);
    printf("最大的字符串为:%s\n",smax);
}
```

运行结果如图 4.27 所示。

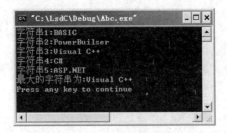

图 4.27 实例 4-22 程序的运行结果

程序解析：

(1) 本程序使用符号常量 M、N 定义一个字符型的二维数组 s，用于存放 M 个字符串 (每个字符串的最大长度为 N-1)。同时，使用符号常量 N 定义一个字符型的一维数组 smax，用于存放最大字符串。

(2) 本程序先将 smax 初始化为空串，然后逐一将 smax 与 s 中的各个字符串进行比较。若发现某个字符串比 smax 大 (strcmp(smax,s[i])<0)，则将该字符串赋给 smax(strcpy(smax,s[i]))。

本 章 小 结

本章简要地介绍了数组的基本概念，并通过具体实例讲解了 C 语言中一维数组与多维数组(特别是二维数组)应用的基本方法、字符数组在字符串处理中的应用方法以及字符串处理函数的使用方法。通过本章的学习，应熟知数组的基本概念与主要应用，切实掌握 C 语言中一维数组与多维数组应用的基本方法以及字符串处理方面的应用技术，能够灵活应用数组妥善解决有关的实际问题。

习 题

一、填空题

1. 能够构成一个数组，其元素的特点是(　　　　)。
2. C 语言中，数组在内存中占用一片连续的存储区，用(　　　)代表数组的首地址。
3. C 语言中，数组的每一维下标都是从(　　　)开始的。
4. C 语言中，数组元素的下标下限为(　　　)。
5. "int a[3][4];"共定义了(　　　)个数组元素。
6. 若有定义"int a[3][4]={{1,2},{0},{4,6,8,10}};"，则 a[2][2]得到的初值是(　　　　)。
7. 假定二维数组的定义为"char a[M][N];"，则该数组所含元素的个数为(　　　　)。
8. 设有定义语句"static int a[3][4]={1,2,3,4,5,6,7};"，则 a[1][1]的值为(　　　　)。
9. 设有定义语句"static int a[3][4]={1,2,3,4,5,6,7};"，则 a[2][1]的值为(　　　　)。
10. 用于存储一个长度为 n 的字符串的字符数组的长度至少为(　　　　)。

二、单选题

1. 若有以下数组说明，则数值最大的元素下标是( )。

```
int a[12]={1,2,3,4,5,6,7,8,9,10,11,12};
```

A. 1　　　　　　　B. 0　　　　　　　C. 11　　　　　　D. 12

2. 下列语句中，正确的是( )。

A. char a[3]={'abc'};　　　　　　B. char a[]={'abc'};

C. char a[3] ={"ab"};　　　　　　D. char a[]={'ab'};

3. 若有以下数组定义，则数值为 4 的表达式是( )。

```
int a[12]={1,2,3,4,5,6,7,8,9,10,11,12};
char c='b',d,g;
```

A. a[g-c]　　　　B. a[4]　　　　C. a[7-4]　　　　D. a['d'-c]

4. 以下语句中，用于定义包含 6 个元素的二维数组的是( )。

A. static int a[3][4];

B. static int a[][]={1,2,3,4,5,6};

C. static int a[][2]={1,2,3,4,5,6};

D. static int a[]={1,2,3,4,5,6};

5. 将两个字符串连接起来组成一个字符串时，选用( )函数。

A. strlen()　　　B. strcap()　　　C. strcat()　　　D. strcmp()

6. 以下程序段的执行结果是( )。

```
char s[20]="\"ABC\"",s0[]="\'123\'\n";
strcat(s,"\tand\t");
strcat(s,s0);
printf("%d\n",strlen(s));
```

A. 16　　　　　　B. 17　　　　　　C. 22　　　　　　D. 23

7. 若"char s[]="hello\nworld\n";"，则数组 s 中有( )个元素。

A. 12　　　　　　B. 13　　　　　　C. 14　　　　　　D. 15

8. 表达式 strlen("hello") 的值是( )。

A. 4　　　　　　B. 5　　　　　　C. 6　　　　　　D. 7

9. 在下列的字符数组定义中，存在语法错误的是( )。

A. char a[20]="abcdefg";　　　　　B. char a[]="x+y=55.";

C. char a[15]={'1','2'};　　　　　D. char a[10]='5';

10. 下列程序段的输出结果是( )。

```
static str[3][20]={"basic","foxpro","windows"};
printf("%s\n",str[2]);
```

A. basic　　　　B. foxpro　　　　C. windows　　　　D. 输出语句出错

三、多选题

1. 以下关于 C 语言数组的描述中正确的是( )。

A. 数组名后面的常量表达式要用一对圆括弧括起来

B. 数组下标从 0 开始

C. 数组下标的数据类型可以是整型或实型

D. 数组名与变量名的命名规则相同

2. 在定义一个一维数组时, 可用(　　)表示数组长度。

A. 常量　　　B. 符号常量　　　C. 常量表达式　　　D. 已被赋值的变量

四、判断题

1. 若 int n[20], 则数组 n 的最后一个元素为 n[20]。　　　　　　　　　　(　　)

2. 数组是数目固定的若干变量的有序集合, 数组中各元素的类型可以不同。(　　)

3. 数组是 C 语言的一种构造数据类型, 其元素的类型可以是整型、实型、字符型或结构类型等。　　　　　　　　　　　　　　　　　　　　　　　　　　　　　(　　)

4. 若要定义一个有 15 个元素的整型数组 a, 并对其前 5 个元素赋初值, 则可用语句 "int a[]={1,2,3,4,5};" 实现。　　　　　　　　　　　　　　　　　　　(　　)

5. 数组名表示的是该数组元素在内存中的首地址。　　　　　　　　　　(　　)

五、程序改错题

1. 输入 10 个整数, 存放至一维数组中。

```
#include <stdio.h>
#define N 10
main( )
{
    int n[N],i;
    for(i=1;i<=N;i++)
        scanf("%d",&n[i]);
}
```

2. 输入两个字符串, 并将其连接起来。

```
#include <stdio.h>
main()
{
    char str0[41],str1[21];
    int j,k;
    printf("String1:");
    scanf("%s",str0);
    printf("String2:");
    scanf("%s",str1);
    for(j=0; str0[j]!= '\0'; j++);
    for(k=0; str1[k]!= '\0'; k++)
      { str0[j]=str1[k]; j++; }
    printf("Result:");
    printf("%s\n",str0);
}
```

六、程序分析题

1.

```c
#include<stdio.h>
int a[6]={4,5,6,15,20,12};
void main()
{
    int i,s1,s2;
    s1=s2=0;
    for(i=0; i<6; i++)
        switch(a[i]%2)
        {
        case 0: s2+=a[i];break;
        case 1: s1+=a[i];break;
        }
    printf("%d,%d\n",s1,s2);
}
```

2.

```c
#include<stdio.h>
void main()
{
int a[12]={76,63,54,62,40,75,80,92,77,84,44,73};
int b[4]={60,70,90,101};
int c[4]={0};
int i,j;
for(i=0; i<12; i++) {
    j=0;
    while(a[i]>=b[j]) j++;
    c[j]++;
}
for(i=0;i<4;i++)
    printf("%d ",c[i]);
printf("\n");
}
```

3.

```c
#include <stdio.h>
void main()
{
 int i,j,row=0,colum=0,max;
 static int a[3][4]={{1,2,3,4},{9,8,7,6},{10,-10,-4,4}};
 max=a[0][0];
 for(i=0;i<=2;i++)
   for(j=0;j<=3;j++)
     if (a[i][j]>max)
     { max=a[i][j];row=i;colum=j; }
 printf("%d,%d\n",row,colum);
}
```

4.

```
#include <stdio.h>
void main()
{
    int a[][3]={9,7,5,3,1,2,4,6,8};
    int i,j,s1=0,s2=0;
    for (i=0;i<3;i++)
        for (j=0;j<3;j++)
        {
            if (i==j) s1=s1+a[i][j];
            if (i+j==2) s2=s2+a[i][j];
        }
    printf("%d\n%d\n",s1,s2);
}
```

5.

```
#include <stdio.h>
#include <string.h>
main()
{
char s[]="hello\nworld\n";
printf("%d\n",strlen(s));
}
```

七、程序填空题

1. 求数组中值最大的元素及其下标。

```
main()
    {
        int a[10],i,k;
        for (_____[1]_____)
            scanf("_____[2]_____",&a[i]);
        for (i=0,k=0;_____[3]_____;i++)
            if (_____[4]_____) k=i;
        printf("k=%d,max=%d\n",k,_____[5]_____);
    }
```

2. 输入数组 a 各元素的值，并输出各元素中的最小值。

```
#include <stdio.h>
#define N 10
main()
{
 int a[N];
 int i;
 _____[1]_____
 for (_____[2]_____;i<N;i++)
   scanf(_____[3]_____);
 min=a[9];
```

```
for (i=8;_____[4]_____;i--)
  if (_____[5]_____)
    min=a[i];
printf("%d\n",min);
}
```

八、程序设计题

1. 从键盘接收 10 个整数,并对其用选择法进行排序(要求排成降序),然后输出。

2. 对以下 3×3 矩阵进行转置,然后输出。

$$
\begin{array}{ccc}
1 & 2 & 3 \\
4 & 5 & 6 \\
7 & 8 & 9
\end{array}
$$

3. 输入一个字符串,计算并输出其长度(注:不能使用 strlen 函数)。

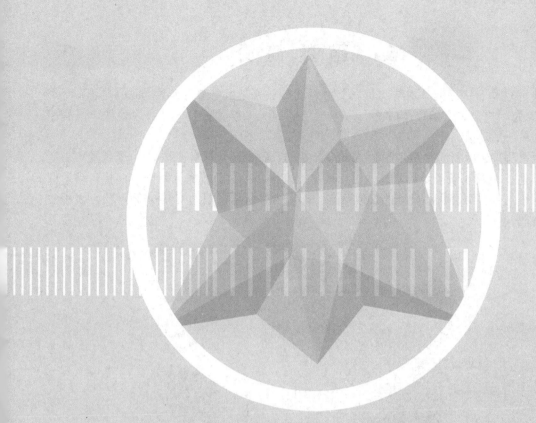

第5章

函　数

本章要点：

函数的定义；函数的调用；函数的数据传递；函数的嵌套调用；函数的递归调用；函数与变量；内部函数与外部函数；库函数的使用。

学习目标：

了解函数的基本概念；掌握函数的定义、调用与数据传递方法；了解函数的嵌套调用与递归调用方式；掌握递归函数的设计方法；了解变量的作用域与生命期；掌握内部函数与外部函数的应用方法；掌握库函数的使用方法。

5.1　函　数　简　介

函数是 C 语言程序的基本结构。一个 C 语言程序就是由一个主函数 main() 与若干个子函数(又称为用户自定义函数)构成的。从概念上讲，一个函数就是一个程序模块，具有相对独立与单一的功能。

C 语言程序的执行总是从主函数 main() 开始的，各子函数只有在被调用(子函数可由主函数、其他子函数或该子函数本身调用) 时才能执行。当子函数执行完毕后，将自动返回到其调用语句处并继续执行后续的其他语句。如图 5.1 所示，即为 C 语言程序执行过程的一个示意图。

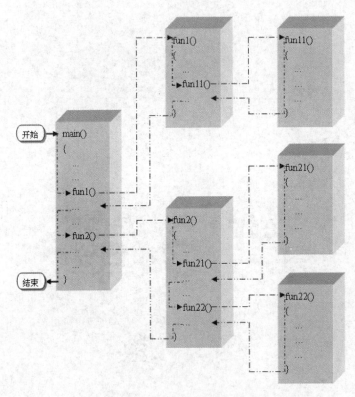

图 5.1　C 语言程序的执行过程

【实例 5-1】输入两个整数，输出二者中的大者。要求在主函数中输入两个整数，然后调用子函数 max() 求出其中的大者，最后在主函数中输出此值。

程序代码：

```
#include <stdio.h>
void main()
{
    int max(int x,int y);  /* max 函数声明，表示在 main 函数中将要调用 max 函数 */
    int a,b,c;
    printf("Input(n1,n2):");
    scanf("%d,%d",&a,&b);  /* 输入两个整数 */
```

```
    c = max(a,b);   /* 调用 max 函数，返回值赋给 c */
    printf("Output(max):%d\n",c);   /* 输出 c 的值，即两个整数中的大者 */
}
int max(int x,int y)   /* 定义 int 型 max 函数，两个参数为 int 型 */
{
    int z;   /* z 用于存放两个整数中的大者 */
    if (x>y)
       z=x;
    else
       z=y;
    return(z);
}
```

运行结果如图 5.2 所示。

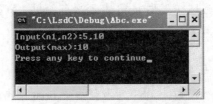

图 5.2　实例 5-1 程序的运行结果

程序解析：

(1) 本程序除主函数 main()外，还包含一个子函数 max()。由于 max()函数的定义位于其调用之处的后面，因此在调用前须先对其进行声明。

(2) 主函数 main()与各子函数是相互独立的，不能嵌套定义。例如，在本程序中，不能将子函数 max()的定义置于主函数 main()的函数体中。

从用户的角度看，函数可分为两大类，即库函数与用户自定义函数。其中，库函数通常又称为标准函数，由 C 语言编译系统提供，可根据需要直接进行调用。而用户自定义函数则是由用户根据需要自行定义的，用于完成某些特定的功能。相对于主函数 main()来说，用户自定义函数通常又称为子函数。

5.2　函数的定义

在 C 语言中，函数定义的一般格式为：

```
[存储类型] 数据类型 函数名([形式参数表])
{
    声明部分；
    执行部分；
}
```

其具体说明如下。

1. 函数名

函数名是编译系统识别函数的依据。其中，主函数名由系统规定，固定为 main；子函数名则由用户自行指定，且必须符合标识符的命名规则。例如，abc、a1、b2、c3、sum、avg 等均可作为子函数名使用。

2．函数的形式参数

形式参数又称为形参、虚参或哑元，位于函数名之后的圆括号中。如果有多个形式参数，那么各个参数之间应以逗号作为分隔。

形式参数可以是变量、数组、指针、函数、结构体、联合体等。当函数被调用时，形式参数将被来自调用函数的实际参数(又称为实参或实元)所替换，以达到函数间传递数据的目的。此过程通常称为虚实结合(或哑实结合)。

根据函数在定义时是否具有形式参数，可将函数分为有参函数与无参函数两类。有参函数是带有参数的函数，无参函数是不带参数的函数。对于无参函数，在定义时其函数名后的圆括号内应保留为空，或以空类型 void 表示没有参数。例如：

```
float sub1()
float sub2(void)
float sub3(float x,float y)
```

在此，sub1、sub2 为无参函数，sub3 为带有两个 float 型参数的有参函数。

3．函数的数据类型

函数的数据类型即函数返回值的数据类型，可以是 char、int、float、double、指针型等。若默认，则默认为 int。例如：

```
int sub4()
float sub5(int x,int y)
```

对于仅完成某些操作(如输入、输出等)而不返回任何数据的函数，其类型可定义为 void。例如：

```
void input()
void output(int x,float y)
```

若函数具有返回值，则其返回值由 return 语句返回。基本格式为：

```
return 表达式;
return (表达式);
```

例如：

```
return 0;  //返回 0
return (1);  //返回 1
return x;  //返回 x 的值
return (x+y);  //返回 x+y 的值
```

执行 return 语句后，相应的函数将结束执行并返回到调用函数(即将控制权交回给调用函数)。对于没有返回值的函数，可使用不带表达式的 return 语句结束执行并返回。

4．函数的存储类型

C 语言程序的函数可集中存放于一个源文件中，也可分散存放于多个源文件中(每个源文件为一个编译单位)。根据能否被其他源文件中的函数所调用，可将函数可分为外部型 (extern)与静态型(static)两种。

外部型函数可以被其他源文件中的函数所调用，简称为外部函数，其存储类型为 extern。例如：

```
extern double fun11(int x,int y)
```

静态型函数只能被其所在源文件中的函数所调用，简称为内部函数，其存储类型为 static。例如：

```
static double fun12(int a,int b)
```

若定义时默认存储类型，则默认为 extern。

5. 函数体

函数体即函数的主体，包含在花括号内，实际上是用于实现函数预定功能的语句集合。

函数体中的语句可分为两部分，即声明部分与执行部分。其中，前者主要包括变量的定义、函数的声明等，后者则是实现具体功能的语句序列。

【实例 5-2】分析程序，写出其运行结果。

程序代码：

```
#include <stdio.h>
void print_star()
{
    printf("**********\n");
}
void print_message()
{
    printf("北京欢迎您!\n");
}
main()
{
    print_star();
    print_message();
    print_star();
}
```

运行结果如图 5.3 所示。

图 5.3　实例 5-2 程序的运行结果

程序解析：

(1) 本程序除主函数 main()外，还包含两个既无参数又无返回值的子函数，即 print_star()

与 print_message()。

(2) 程序的执行从主函数开始，先调用 print_star()输出一串星号，然后调用 print_message()函数输出相应的信息，最后再调用 print_star()输出一串星号。

(3) 与实例 5-1 不同，在本程序中，由于子函数的定义出现在其调用之处的前面，因此在调用前无须先对其进行声明。

【实例 5-3】试编写一个函数，以完成计算 x^n (n 为大于等于零的整数)的功能。

程序代码：

```
double mypow(double x, int n)
{
  double m=1;
  if (n>0)
    for(;n>0;n--)
      m*=x;
  return (m);
}
```

程序解析：

(1) 本函数为用户自定义函数，函数名为 mypow。

(2) 由于要接收指定的底数与指数，因此函数 mypow()应具有两个形式参数，在此为 x(double 型)与 n(int 型)。考虑到通用性，在此将 x 定义为 double 型。

(3) 由于要返回相应的计算结果，因此函数 mypow()应具有返回值，在此将其数据类型定义为 double(与形式参数 x 的数据类型相匹配)。在本函数中，返回值通过"return (m);"语句返回。

5.3 函数的调用

在一个 C 语言程序中，函数之间的逻辑联系是通过函数的调用来实现的。

5.3.1 函数的调用形式与执行过程

函数的调用主要是通过函数名来实现的，即函数名调用。其一般格式为：

```
函数名([实际参数表])
```

对于具有返回值的函数，其调用可出现在表达式中或函数的实际参数表中，也可作为调用语句单独出现。对于没有返回值的函数，则只能作为调用语句单独出现。例如：

```
scanf("%d%d%d",&i,&j,&k);  //函数调用语句
z = 8.25*min(x,y);  //函数调用出现在表达式中
y=cos(tg(x));  //函数调用 tg(x)作为 cos()函数的实际参数
```

函数只有在被调用时方可执行。当主函数 main()调用子函数或子函数调用其他子函数时，先暂停执行其后续语句，而转去执行被调用的子函数的函数体；当子函数执行完毕后，再返回调用函数并继续执行被暂停的后续语句。

5.3.2　函数的作用域与函数声明

函数的作用域(或作用范围)取决于其定义的位置。默认情况下，一个函数的作用域开始于其定义位置，终止于其所在源文件的末尾。在函数的作用域内，可直接对其进行调用。

一般来说，定义位置在前的函数可被位于其后的函数直接调用而不必进行任何声明。反之，如果定义位置在前的函数要调用位于其后的函数，那么就必须先对被调用函数进行相应的声明，以扩展其作用域。

函数声明的格式为：

```
数据类型  函数名([形式参数]);
```

例如：

```
float fun1(int x,float y);
float fun2(int,float);
float fun3();
```

如果在调用函数的函数体内对被调用函数进行声明，那么被声明函数的作用域仅限于该调用函数的函数体内声明语句之后的范围。如果在调用函数的函数体外对被调用函数进行声明，那么被声明函数的作用域为从声明语句处开始直至整个源文件末尾。

如果调用函数与被调用函数不在同一个源文件中，且被调用函数又是外部函数时，那么还必须使用 extern 进行声明。即：

```
extern 数据类型  函数名([形式参数]);
```

【实例 5-4】给定两个整数，利用欧几里得辗转相除法求其最大公约数。

编程思路：求两个整数的最大公约数是一个通用的功能，因此可将其编写为一个函数，以便在需要时直接进行调用。利用欧几里得辗转相除法求两个整数 m 与 n 的最大公约数的基本过程为：先求出 m 与 n 中的较大者，再用较小的数去除较大的数；若能整除(即余数为 0)，则较小的数即为最大公约数；若不能整除，则将较小数当作较大数，余数当作较小数，再相除。相除后的新余数若为 0，则上次的余数即为最大公约数。否则，再重复此过程，直到余数为 0 为止。

程序代码：

```
#include <stdio.h>
gcd(int m, int n)
{
  int temp;
  if(m<n)
  {
    temp=m;
    m=n;
    n=temp;
  }
  while(n!=0)
```

```
{
    temp=m%n;
    m=n;
    n=temp;
}
return(m);
}
main()
{
    int m,n,j;
    printf("m&n: ");
    scanf("%d%d",&m,&n);
    j=gcd(m,n);
    printf("gcd is: %d\n",j);
}
```

运行结果如图 5.4 所示。

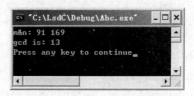

图 5.4　实例 5-4 程序的运行结果

程序解析:

(1) 在本程序中，求最大公约数的函数为 gcd()，其数据类型为默认的 int(即返回值为一个整数)。

(2) 函数 gcd()中"if(m<n)..."语句的作用是比较 m 与 n 的大小，并在必要时交换其值，确保 m 为较大数，n 为较小数。

(3) 函数 gcd()中"while(n!=0)..."语句实现欧几里得辗转相除法的主要过程，当余数为 0 时退出循环。

(4) 函数 gcd()中"return(m);"语句返回最大公约数。执行该语句时，m 为上次相除时的余数。

(5) 在主函数 main()中，通过"j=gcd(m,n);"调用 gcd()函数并获取其返回值(即 m 与 n 的最大公约数)。由于 gcd()函数的定义在前，调用在后，因此无须对其进行声明。

5.4　函数的数据传递

函数调用实现了函数之间的逻辑联系。在调用过程中，函数之间的数据联系则是由函数之间的数据传递建立的。

函数之间的数据传递包括两个方面(见图 5.5)：①调用函数向被调用函数传送数据(如果被调用函数是有参函数的话)；②被调用函数向调用函数返回结果(如果被调用函数具有返回值的话)。

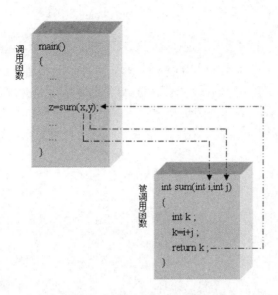

图 5.5　函数之间的数据传递

5.4.1　数据的传送

调用函数向被调用函数传送数据的主要方法就是形式参数与实际参数的结合，即虚实结合(或哑实结合)。对于有参函数来说，在对其进行调用时，必须根据其形式参数的定义提供相应的实际参数。在执行过程中，被调用函数的形式参数将按位置对应关系接收实际参数的值。

提示： 实际参数与形式参数之间按照位置的对应关系依次传递数据。因此，实际参数与形式参数必须在数据类型、个数、顺序上一一对应。

虚实结合可分为两种方式，即传值方式与传址方式。其中，传值方式又称为数据复制方式，就是将实际参数的数值复制给相应的形式参数(实际参数是数值量)，形式参数与实际参数所占用的内存空间是不同的；传址方式又称为地址传递方式，就是将实际参数的地址传送给相应的形式参数(实际参数是地址量)，形式参数与实际参数所占用的内存空间是相同的。实际上，虚实结合到底采用哪种方式，是由形式参数的具体定义决定的。

当形式参数是变量时，实际参数可以是一个可求值的表达式(包括常数、变量、数组元素、函数调用等)。此时，使用传值方式实现数据的传递。传值方式只能实现数据的单向传递，即实际参数可将数据传递给对应的形式参数，但形式参数却不能将数据传递给对应的实际参数，形式参数值的改变不会改变实际参数的值。

当形式参数为数组或指针时，对应的实际参数可以是数组名、变量的地址或指针。此时，使用传址方式实现数据的传递。传址方式能够实现数据的双向传递，即实际参数与形式参数可以共享数据，实际参数值的改变会同时改变形式参数的值，形式参数值的改变也会同时改变实际参数的值。

5.4.2　结果的返回

被调用函数向调用函数返回结果的方法主要有两种，即利用 return 语句与利用全局变量。其中，利用 return 语句返回函数的调用结果是通常所推荐的规范方法。根据需要，在函数中可包含多条 return 语句，但要确保在调用过程中只能执行其中之一。因此，利用 return 语句最多只能返回一个值。相反，利用全局变量则不受此限制，但在程序中须事先定义相应的全局变量。

【实例 5-5】分析程序，写出其运行结果(假定输入为"2　3")。

程序代码：

```c
#include <stdio.h>
swap (float f1,float f2)
{
  float temp;
  temp=f1;
  f1=f2;
  f2=temp;
}
void main()
{
  float x,y;
  scanf("%f%f",&x,&y);
  printf("x=%f,y=%f",x,y);
  printf("\n--- do  swap ---\n");
  swap(x,y);
  printf("x=%f,y=%f\n",x,y);
}
```

运行结果如图 5.6 所示。

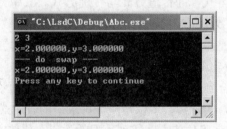

图 5.6　实例 5-5 程序的运行结果

程序解析：本程序试图通过调用 swap()函数实现两个实数的交换，但实际上并未如愿。由于 swap()函数的两个形式参数均为普通变量，因此在对其进行调用时，只能以单向传递的传值方式向形式参数传送数据，形式参数值的改变是不会影响到实际参数的值的。本例中，在调用 swap()函数时，实际参数 x、y 的值分别传送给形式参数 f1、f2，如图 5.7(a)所示。执行完 swap()函数后，f1 与 f2 的值互换了，但并未影响到 x 与 y 的值，如图 5.7(b)所示。

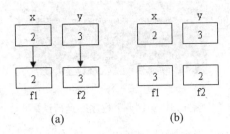

图 5.7 实际参数与形式参数的值

【实例5-6】分析函数，描述其功能。

程序代码：

```
sign(int x)
{
  if (x>0)
        return(1);
  else if (x==0)
        return(0);
  else
        return(-1);
}
```

程序功能：判断一个整数的取值情况，大于 0 时返回 1，等于 0 时返回 0，小于 0 时返回-1。

程序解析：本函数的函数名为 sign，其返回值的类型为默认的 int 型，具体取值为 1、0、-1 之一，分别通过相应的 return 语句返回。

【实例5-7】计算两个整数的和。

程序代码：

```
#include <stdio.h>
int Sum;
plus(int x,int y)
{
  Sum = x + y;
}
main()
{
  int i,j;
  printf("Please enter i and j: ");
  scanf("%d%d",&i,&j);
  plus(i,j);
  printf("i+j = %d\n",Sum);
}
```

运行结果如图 5.8 所示。

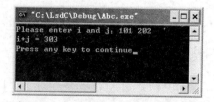

图 5.8　实例 5-7 程序的运行结果

程序解析：在本程序中，主函数通过调用 plus()函数实现两个整数的求和功能。plus()
函数有两个形式参数 x 与 y，而 x 与 y 的和则是通过全局变量 Sum 返回给主函数的。其
中，"int Sum;"语句的作用就是定义一个整型的全局变量 Sum。

提示：　全局变量的定义是在函数之外进行的，其作用域从其定义位置开始至所在源
　　　　文件末尾结束。为便于识别，全局变量名的第一个字母最好采用大写形式。

【实例 5-8】统计并输出一个整型数组中大于、等于与小于 0 的元素的个数。
程序代码：

```c
#include <stdio.h>
#define N 10  /* 定义符号常量 N */
void main()
{
  int sign(int x);  /* 声明 sign 函数 */
  int a[N];  /* 引用符号常量定义数组大小 */
  int i,n1=0,n2=0,n3=0;
  printf("输入(共%d 个元素):\n",N);
  for(i=0;i<N;i++)
  {
    printf("第%d 个元素:",i+1);
    scanf("%d",&a[i]);
  }
  for(i=0;i<N;i++)   /* 判断各个元素的取值情况 */
  {
    if(sign(a[i])==1)   /* 元素值大于 0 */
      n1++;   /* 使 n1 累加 1 */
    else if(sign(a[i])==0)  /* 元素值等于 0 */
      n2++;   /* 使 n2 累加 1 */
    else   /* 元素值小于 0 */
      n3++;  /* 使 n3 累加 1 */
  }
  printf("输出:\n");
  printf("输出:\n");
  printf("大于 0 的元素个数:%d\n",n1);
  printf("等于 0 的元素个数:%d\n",n2);
  printf("小于 0 的元素个数:%d\n",n3);
}
int sign(int x)  /* 定义 sign 函数 */
{
  if (x>0)
    return(1);
```

```
  else if (x==0)
    return(0);
  else
    return(-1);
}
```

运行结果如图 5.9 所示。

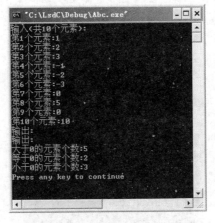

图 5.9　实例 5-8 程序的运行结果

程序解析：

(1)　在本程序中，先通过语句"#define N 10"定义一个符号常量 N，然后将其用于数组大小的定义及循环次数的控制等。若要改变数组的大小，只需修改 N 的定义即可。

(2)　函数 sign()的形式参数为一普通变量，因此应以传值方式向其传送数据。在本程序中，调用 sign()函数时的实际参数为相应的数组元素(一个数组元素相当于一个变量)。

提示：　采用传值方式向形式参数传送数组的值时，只能将数组的各个元素作为实际参数分别进行传送。

【实例 5-9】输入一个学生各门课程的成绩，计算并输出其平均成绩。

程序代码：

```
#include <stdio.h>
#define N 50  /* 定义符号常量 N */
void main()
{
  float average(float array[],int n);  /* 声明 average 函数 */
  float score[N];  /* 引用符号常量定义数组大小 */
  int n,i;
  float score_avg;
  printf("课程门数(1<=n<=%d):",N);
  scanf("%d",&n);  /* 输入课程门数 */
  for(i=0;i<n;i++)  /* 输入各门课程成绩 */
  {
    printf("第%d门课程成绩:",i+1);
    scanf("%f",&score[i]);
```

```
  }
  score_avg=average(score,n);  /* 调用 average 函数，获取平均成绩 */
  printf("平均成绩:%6.2f\n",score_avg);  /* 输出平均成绩 */
}
float average(float array[],int n)  /* 定义 average 函数 */
{
  int i;
  float avg,sum=0;
  for (i=0;i<n;i++)
    sum=sum+array[i];
  avg=sum/n;
  return(avg);
}
```

运行结果如图 5.10 所示。

图 5.10　实例 5-9 程序的运行结果

程序解析：

(1) 主函数中的 float 型数组 score 用于存放学生各门课程的成绩，其大小由符号常量 N 定义。由于各个学生所学课程的门数不一定相同，因此在输入学生的成绩前，应先输入其所学课程的门数 n。

(2) 函数 average()用于计算学生的平均成绩，其第 1 个参数为存放各门课程成绩的 float 型数组 array，第 2 个参数为存放所学课程门数的 int 型变量 n，返回值为 float 型的平均成绩。

(3) 在主函数中，语句"score_avg=average(score,n);"用于调用 average ()函数并获取其返回值(即平均成绩)。其中，第 1 个实参为数组名 score，代表数组首元素的地址；第 2 个实参为变量 n，代表数组元素的个数(即课程的门数)。在 average ()函数被调用时，数组 score 的首元素地址传递给形参 array，变量 n 的值则传递给形参 n。由于数组 array 与数组 score 的首元素地址相同，因此二者所占用的存储空间是相同的，两个数组中对应的元素所占用的存储单元也是一样的。正因为如此，在 average ()函数中对数组 array 的 n 个元素进行累加，实际上就是对数组 score 的 n 个元素进行累加。

提示：　在 C 语言中，数组名代表数组首元素的地址。因此，若要以数组名作为实参，则相应的形参应为数组或指针。此时，采用传址方式进行数据的传送，可实现数据的双向传递(由于形参与实参的地址一样，因此所使用的存储单元也是一样的)。

说明：　C 语言编译系统将形参数组名当作指针变量名来处理，因此在说明形参数组时无须指定其第一维的大小(如果指定了大小，实际上也是不起任何作用的)。

【实例 5-10】使用选择排序法对整数按升序排列。

编程思路：用一维数组存放待排序的一组整数，并通过调用自定义的排序函数完成其选择排序过程。

程序代码：

```c
#include <stdio.h>
#define N 10
void main()
{
    void sort(int array[],int n);
    int i,a[N];
    for (i=0;i<N;i++)
    {
        printf("整数%d:",i+1);
        scanf("%d",&a[i]);
    }
    sort(a,N);
    printf("排序结果:\n");
    for(i=0;i<N;i++)
        printf("%5d%c",a[i],((i+1)%5==0||i==N-1)?'\n':' ');
}
void sort(int array[],int n)
{
    int i,j,k,t;
    for(i=0;i<n-1;i++)
    {
        k=i;
        for(j=i+1;j<n;j++)
            if(array[k]>array[j])
                k=j;
        if (k!=i)
        {
            t=array[i];
            array[i]=array[k];
            array[k]=t;
        }
    }
}
```

运行结果如图 5.11 所示。

图 5.11　实例 5-10 程序的运行结果

程序解析：在本程序中，函数 sort()的功能是用选择法对数组 array 中的 *n* 个元素的值按升序进行排序，其第一个参数为 int 型的一维数组 array(用于接收一维数组首元素的地址)，第二个参数为 int 型的变量 n(用于接收一维数组元素的个数)。

【实例 5-11】输入各个学生各门课程的成绩，求出其中的最高成绩。

编程思路：用二维数组存放各个学生各门课程的成绩，并通过调用自定义的最高成绩函数返回所有成绩的最大值。

程序代码：

```c
#include <stdio.h>
#define M 2
#define N 5
void main()
{
    float score[M][N];
    int i,j;
    float max_score(float array[][N],int m);
    for (i=0;i<M;i++)
    {
        printf("[学生%d]\n",i+1);
        for (j=0;j<N;j++)
        {
            printf("成绩%d:",j+1);
            scanf("%f",&score[i][j]);
        }
    }
    printf("最高成绩为:%6.2f\n",max_score(score,M));
}
float max_score(float array[][N],int m)
{
    int i,j;
    float max;
    max=array[0][0];
    for (i=0;i<m;i++)
        for (j=0;j<N;j++)
            if(max<array[i][j])
```

```
                    max=array[i][j];
    return(max);
}
```

运行结果如图 5.12 所示。

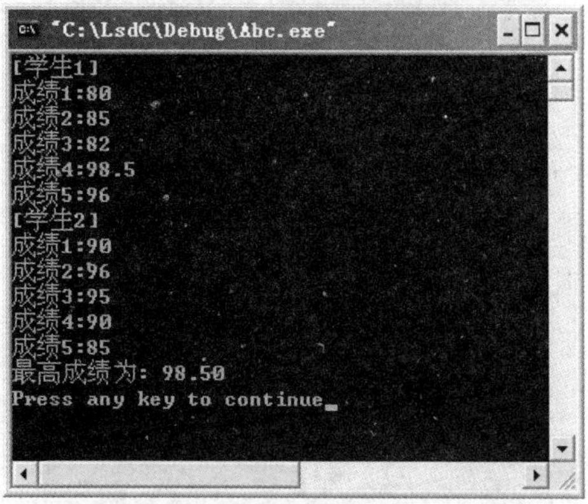

图 5.12　实例 5-11 程序的运行结果

程序解析：在本程序中，函数 max_score()的功能是返回二维数组 array 中所有元素的最大值，其第一个参数为 float 型的二维数组 array(用于接收二维数组首元素的地址)，第二个参数为 int 型的变量 m(用于接收二维数组第一维的大小)。

【实例 5-12】将任意两个字符串进行连接。

程序代码：

```
#include <stdio.h>
void str_connect(char str1[], char str2[])
{
    int i=0,j=0;
    while(str1[i]!='\0')
        i++;
    while((str1[i++]=str2[j++])!='\0');
}
void main()
{
    char s1[50],s2[20];
    printf("字符串 1:");
    gets(s1);
    printf("字符串 2:");
    gets(s2);
    str_connect(s1,s2);
    printf("连接结果:");
    puts(s1);
}
```

运行结果如图 5.13 所示。

图 5.13　实例 5-12 程序的运行结果

程序解析：在本程序中，函数 str_connect() 的功能是实现两个字符串的连接(将第 2 个字符串连接到第 1 个字符串的末尾)。该函数的两个形参 str1 与 str2 均为字符型的一维数组，分别用于接收要连接的两个字符串的首地址。

5.5　函数的嵌套调用

C 语言允许函数之间进行嵌套调用，即在一个函数中又调用另外一个或多个函数。例如，函数 a 调用函数 b，而函数 b 又调用函数 c1 与函数 c2。

【实例 5-13】计算 $s = 1^2! + 2^2! + 3^2!$。

程序代码：

```c
#include <stdio.h>
long fun1(int n)
{
    int p;
    long q;
    long fun2(int);
    p=n*n;
    q=fun2(p);
    return(q);
}
long fun2(int n)
{
    int i;
    long m=1;
    for (i=1;i<=n;i++)
        m=m*i;
    return(m);
}
void main()
{
    int i;
    long s=0;
    for (i=1;i<=3;i++)
        s=s+fun1(i);
    printf("s=%ld\n",s);
}
```

运行结果如图 5.14 所示。

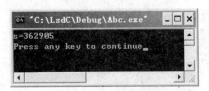

图 5.14　实例 5-13 程序的运行结果

程序解析：

(1)　在本程序中，主函数 main()调用子函数 fun1()，而子函数 fun1()又调用子函数 fun2()。

(2)　子函数 fun2(n)的功能是计算 $n!$ 并返回其值。

(3)　子函数 fun1(n)的功能返回 $n^2!$ 的值，而该值其实是通过调用子函数 fun2()来获取的。

5.6　函数的递归调用

函数的递归调用是指函数直接或间接地调用自己。相应地，直接或间接地调用其自身的函数称为递归函数。例如：

```
int f(int n)
{
   int i,j;
   ...
   j=f(i);
   ...
}
```

在编写递归函数时，一般要根据某一条件是否成立来决定是否停止继续调用。否则，容易造成死循环。

【实例 5-14】用递归算法计算 $n!$。

编程思路：对于 $n!=1\times2\times3\times\cdots\times n$，可用递归的形式重新定义为：

$$n!=\begin{cases} n\times(n-1)! & n>1 \\ 1 & n=0,1 \end{cases}$$

以函数 $f(n)$ 表示 $n!$，则 $f(n)=n*f(n-1)$。特别地，$f(1)=f(0)=1$。

程序代码：

```
#include <stdio.h>
double fac(int n);
void main()
{
  int n;
  double s;
  printf("n=");
  scanf("%d",&n);
  s=fac(n);
  printf("n!=%.0lf\n",s);
```

```
}
double fac(int n)
{
  double f;
  if (n>1)
      f=n*fac(n-1);    //当 n>1 时
  else if (n==1||n==0)
      f=1;    //当 n=1 或 n=0 时
  return(f);
}
```

运行结果如图 5.15 所示。

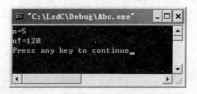

图 5.15　实例 5-14 程序的运行结果

程序解析：在本程序中，递归函数 fac() 的功能是计算 $n!$ 并返回其结果。在运行过程中，当参数 n 等于 1 或者 0 时，则终止递归调用的过程。

【实例 5-15】用递归方法求自然数序列之和。

编程思路：

令：

$$f(n) = 1 + 2 + 3 + \cdots + n$$

则：

$$f(n) = \begin{cases} n + f(n-1) & n > 1 \\ 1 & n = 1 \end{cases}$$

程序代码：

```
#include <stdio.h>
long sum(int n);
void main()
{
    int n;
    long s;
    printf("整数:");
    scanf("%d",&n);
    s=sum(n);
    printf("1 到%d 的自然数之和为:%ld\n",n,s);
}
long sum(int n)   //递归函数
{
    long s;
    if(n>1)
        s= n+sum(n-1);   //当 n>1 时
    else
```

```
        s=1;  //当 n=1 时
    return s;
}
```

运行结果如图 5.16 所示。

图 5.16　实例 5-15 程序的运行结果

程序解析：在本程序中，递归函数 sum()的功能是计算 1 到 *n* 的自然数之和并返回之。在运行过程中，当参数 *n* 等于 1 时，则终止递归调用的过程。

5.7　函数与变量

变量是程序的主要元素之一。从本质上看，变量其实就是存储空间在程序中的一种表示方式，而变量的值也就是其存储空间内所存放的数据。C 语言规定，变量必须先定义后使用，其目的就是保证所使用的各个变量都是存在的，即系统已为各有关变量分配了相应的存储空间。通常，变量占据存储空间的时间(即变量存在的期限)称为变量的生命期(或生存期)，而变量可以引用的范围(即变量有效的区域)则称为变量的作用域。其中，生命期表明变量的存在性，作用域表明变量的可见性。

函数是 C 语言程序的基本模块。在进行多模块的程序设计时，对于各个函数而言，尤其要注意有关变量的作用域与生命期问题。

5.7.1　变量的作用域

变量的作用域依赖于变量的定义位置。根据作用域的不同，C 语言的变量可分为全局变量与局部变量两大类。

全局变量在函数的外部进行定义，又称为外部变量。默认情况下，全局变量的作用域从其定义位置起至所在源文件末尾止，在此有效范围内的所有函数均可随时对其进行访问。

局部变量在函数或复合语句的内部进行定义，又称为内部变量。与全局变量不同，局部变量的作用域只局限于其所在的函数或复合语句内部，在此有效范围之外是不能被访问的。需要注意的是，函数的形式参数也属于局部变量，只能在该函数内部使用。另外，在函数中的复合语句内定义的变量也只能在该复合语句内部使用，通常称之为语句块级局部变量。相应地，在整个函数内部均可使用的局部变量则称为函数级局部变量。

对于全局变量，若源文件中包含有同名的局部变量，则其作用域要除去同名局部变量的作用域。对于函数级局部变量，若在函数内包含同名的语句块级局部变量，则其作用域要除去同名语句块级局部变量的作用域。换言之，局部变量会暂时屏蔽掉同名的全局变量，而语句块级局部变量也会暂时屏蔽掉同名的函数级局部变量。从使用的角度看，当局部变量与全局变量同名时，以局部变量优先；当语句块级局部变量与函数级局部变量同名时，以语句块级局部变量优先。

【实例 5-16】局部变量应用示例。

程序代码：

```
#include <stdio.h>
main()
{
    int i=10,s=10;  //函数级局部变量
    i++;
    s++;
    printf("for 循环前:i=%d,s=%d\n",i,s);
    for(i=1;i<=5;i++)
    {
        int s=1;  //语句块级局部变量
        s++;
        printf("for 循环内:i=%d,s=%d\n",i,s);
    }
    printf("for 循环后:i=%d,s=%d\n",i,s);
}
```

运行结果如图 5.17 所示。

图 5.17 实例 5-16 程序的运行结果

程序解析：

(1) 在函数开头处定义的变量 i、s 为函数级局部变量，在整个函数内均可使用(即都是可见的)。

(2) 在 for 循环的循环体(为一复合语句)内所定义的变量 s 是一个语句块级局部变量，只在循环体内部有效。

(3) 由于函数级局部变量 s 与语句块级局部变量 s 同名，因此在循环体内暂时被屏蔽掉(即暂时不起作用)，而在退出循环体后则可继续使用。

【实例 5-17】全局变量应用示例。

程序代码：

```
#include <stdio.h>
int s=100;  //定义全局变量 s
void f1();
void f2();
main()
```

```
{
    s++;   //改变全局变量 s
    printf("f1()函数前:s=%d\n",s);  //使用全局变量 s
    f1();
    printf("f1()函数后:s=%d\n",s);  //使用全局变量 s
    f2();
    printf("f2()函数后:s=%d\n",s);  //使用全局变量 s
}
void f1()
{
    int s=10;  //定义局部变量 s
    s++;  //改变局部变量 s
    printf("f1()函数内:s=%d\n",s);  //使用局部变量 s
}
void f2()
{
    s++;  //改变全局变量 s
    printf("f2()函数内:s=%d\n",s);  //使用全局变量 s
}
```

运行结果如图 5.18 所示。

图 5.18　实例 5-17 程序的运行结果

程序解析：

(1) 在程序开头处定义的变量 s 为全部变量，在整个程序中均可使用(即都是可见的)。因此，在 main 函数内改变其值(s++)，将反映到 f2 函数中；反之，在 f2 函数内改变其值(s++)，也将反映到 main 函数中。实际上，全局变量可被其作用域内的所有函数所共享。

(2) 在 f1 函数内定义的变量 s 为局部变量，只在 f1 函数内部有效。在 f1 函数内改变其值(s++)，不会反映到 main 函数与 f2 函数中。

(3) 由于全局变量 s 与 f1 函数内的局部变量 s 同名，因此在 f1 函数内暂时被屏蔽掉，而在退出 f1 函数后则可继续使用。

【实例 5-18】输入各个学生各门课程的成绩，求出其中的最高成绩及其所属学生与课程。

编程思路：用二维数组存放各个学生各门课程的成绩，并通过调用自定义的最高成绩函数返回所有成绩的最大值。在该最高成绩函数中，利用全局变量记录并返回最高成绩所对应的学生与课程序号，从而解决一个函数只能返回一个值的问题。

程序代码：

```
#include <stdio.h>
#define M 2
#define N 5
```

```
int Row,Column;  //全局变量
void main()
{
    float score[M][N];
    int i,j;
    float max_score(float array[][N],int m);
    for (i=0;i<M;i++)
    {
        printf("[学生%d]\n",i+1);
        for (j=0;j<N;j++)
        {
            printf("成绩%d:",j+1);
            scanf("%f",&score[i][j]);
        }
    }
    printf("最高成绩为:%6.2f",max_score(score,M));
    printf("[学生%d,课程%d]\n",Row+1,Column+1);
}
float max_score(float array[][N],int m)
{
    int i,j;
    float max;
    max=array[0][0];
    Row=0;
    Column=0;
    for (i=0;i<m;i++)
        for (j=0;j<N;j++)
            if(max<array[i][j])
            {
                max=array[i][j];
                Row=i;
                Column=j;
            }
    return(max);
}
```

运行结果如图 5.19 所示。

图 5.19　实例 5-18 程序的运行结果

程序解析：

(1) 在本程序的开头处，定义了两个全局变量 Row 与 Column，以便存放最高分所对应的行标与列标。

提示： 为便于区分全局变量与局部变量，通常将全局变量名的第一个字母以大写形式表示。

(2) 在 max_score 函数中，将最高分的行标与列标分别赋给全局变量 Row 与 Column。

(3) 调用 max_score 函数后，在 main 函数中通过全局变量 Row 与 Column 获知最高分所对应的学生与课程序号。

尝试一下：

将主函数 main()中最后的两条 printf 语句改写为 "printf("最高成绩为:%6.2f[学生%d,课程%d]\n",max_score(score,M),Row+1,Column+1); " 或 " printf(" 最高成绩为:[学生%d, 课程%d]%6.2f\n",Row+1,Column+1,max_score(score,M)); "，检查结果是否正确，并分析其原因。

注意： 设置全局变量的目的主要是增加函数间相互通信(或数据联系)的途径，但与此同时会降低函数的通用性与内聚性以及程序的清晰性与可靠性，因此要慎用。

5.7.2　变量的生命期

变量的生命期是由其存储类型控制的，而变量的存储类型又与其存储方式密切相关。

根据变量所需存储空间的分配方式，可将变量的存储方式分为动态存储与静态存储两种。其中，动态存储方式可在程序运行期间根据需要动态地为变量分配相应的存储空间，而静态存储方式则是在程序运行期间为变量分配固定的存储空间。通常，将具有动态存储方式与静态存储方式的变量分别称为动态变量与静态变量。对于动态变量，在函数或复合语句开始执行时为其分配存储空间，待函数或复合语句执行完毕后则立即回收其所占用的存储空间。对于静态变量，在程序开始运行时系统就为其分配存储空间，等到程序结束时才回收其所占用的存储空间。由此可见，动态变量属于函数或复合语句，与函数或复合语句共存亡；而静态变量则属于程序，与程序共存亡。

说明： C 程序运行时所占用的内存空间一般可分为 3 部分。

(1) 只读存储区：存放程序的代码与各种常量。

(2) 静态存储区：存放程序的外部变量(extern 型变量)与静态变量(static 型变量)。在程序执行过程中，各变量占据固定的存储单元，而不是动态地进行分配与释放。

(3) 动态存储区：又分为栈(Stack)与堆(Heap)两块区域。其中，栈用于存放程序的自动变量(auto 型变量)、函数的形式参数及函数调用时的现场信息与返回地址等。对于这些变量或数据，在函数(或所在复合语句)开始执行时动态地为其分配存储空间，在函数(或所在复合语句)执行结束时则立即释放其所占用的存储空间。与栈不同，堆是一个自由存储区，程序可利用动态内存分配函数来从中申请所需要的空间，但在使用完毕后必须调用内存释放函数来显式地释放所申请到的空间，否则在程序运行期间将一直占用之。

根据变量的存储方式及其固有特性，C 语言中变量的存储类型共分为 4 种，即自动型(auto)、寄存器型(register)、外部型(extern)与静态型(static)。其中，自动型与寄存器型属于动态存储方式，而外部型与静态型则属于静态存储方式。

1．auto 型变量

auto 型变量即自动变量，其定义的基本格式为：

```
[auto] 数据类型 变量名表;
```

其中，关键字 auto 可以省略。

自动变量在函数或复合语句内部定义，其作用域仅局限于所在的函数或复合语句内。当函数或复合语句开始执行时，系统将为其中的自动变量动态地分配存储空间；反之，在执行结束时，这些自动变量所占用的空间就会马上被自动释放。

默认情况下，所有的局部变量(包括函数的形式参数)均属于自动变量，其生命期为所在函数或复合语句的执行期，而所用空间都是在需要时才分配，使用完毕后则立即释放的。正因为如此，在不同的函数或复合语句内可使用同名的局部变量，而同名的局部变量在不同的函数或复合语句内也可代表不同的含义。

【实例 5-19】自动变量应用示例。

程序代码：

```c
#include <stdio.h>
void main()
{
    auto int i=1,j=5;   //函数级自动变量
    j+=i;
    i+=j;
    {
        auto int i=10;   //语句块级自动变量
        j+=i;
        i+=j;
        printf("%d,%d\n",i,j);
    }
    printf("%d,%d\n",i,j);
}
```

运行结果如图 5.20 所示。

图 5.20　实例 5-19 程序的运行结果

程序解析:

(1) 程序中定义了两个函数级自动变量(i、j)与一个语句块级自动变量(i)。其中,前者在整个 main()函数内有效,且随 main()函数的开始执行与执行完毕而自动创建与消失;后者则只在复合语句内有效,且随复合语句的开始执行与执行完毕而自动创建与消失。

(2) 在复合语句内,函数级自动变量 i 因被同名的语句块级自动变量 i 屏蔽而暂时不起作用。

(3) 自动变量其实就是普通的局部变量,因此本程序中的 auto 均可省略。

2. register 型变量

register 型变量即寄存器变量,其定义的基本格式为:

```
register 数据类型 变量名表;
```

一般情况下,变量的值都是存放在内存之中的。必要时,可将变量定义为寄存器变量,从而将其值存放在 CPU 的寄存器中。由于寄存器的存取速度远高于内存的存取速度,因此将频繁使用的变量(如循环变量或循环体内要引用的变量)定义为寄存器变量,可有效提高程序的执行效率。

【实例 5-20】寄存器变量应用示例。

程序代码:

```c
#include <stdio.h>
void main()
{
    int fac(int n);
    int i;
    for(i=1;i<=5;i++)
        printf("%d!=%d\n",i,fac(i));
}
int fac(int n)
{
    register int i,f=1;
    for (i=1;i<=n;i++)
        f=f*i;
    return(f);
}
```

运行结果如图 5.21 所示。

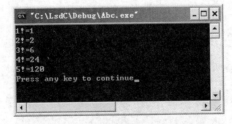

图 5.21 实例 5-20 程序的运行结果

程序解析:本程序的功能为计算 1 至 5 的阶乘。在 fac()函数中,将循环变量 i 与阶乘结果变量 f 定义为寄存器变量。

💡 **注意：** (1) 寄存器变量为局部变量。只有局部变量(包括函数的形式参数)才能定义为寄存器变量。

(2) 由于 CPU 的寄存器数目有限，因此不宜定义过多的寄存器变量(一般以二三个为宜)。对于多出的寄存器变量，系统会将其作为自动变量处理。

(3) 由于寄存器变量不在内存之中，因此不能对其进行地址运算。

3. extern 型变量

extern 型变量即外部变量(或全局变量)，是在函数之外定义的，其基本格式为：

```
[extern] 数据类型 变量名表;
```

其中，关键字 extern 可以省略。若省略 extern，则所定义的外部变量既可进行初始化，也可不进行初始化；反之，若使用 extern，则所定义的外部变量必须进行初始化，否则在连接时将出现错误。

外部变量的生命期是固定的，存在于程序的整个运行期间，其所占用内存在程序开始运行时分配，直至程序运行结束时才释放。

默认情况下，外部变量的作用域从其定义位置起至所在源文件末尾止，在此范围内的所有函数均可直接使用之，而无须另加说明。但对于在其定义位置之前的函数或在另外一个源文件中的函数，则在使用前应先进行说明。

外部变量的说明可在函数之内或之外进行，其基本格式为：

```
extern [数据类型] 变量名表;
```

其中，数据类型关键字可以省略。若外部变量在定义时尚未初始化，则在函数之外对其进行说明时可同时为其赋初值。

通过对外部变量的说明，可对其作用域进行扩充。根据说明位置的不同，作用域扩充的范围也有所不同。若在函数之内进行说明，则只将作用域扩充至所在函数的内部；若在函数之外进行说明，则可将作用域扩充至从说明位置起至所在源文件末尾止的范围。

在外部变量的作用域内，若存在同名的自动变量，则在同名自动变量的作用域内，相应的外部变量将被屏蔽(即暂时不起作用)。

【实例 5-21】 外部变量(全局变量)与自动变量(局部变量)应用示例。

程序代码：

```
#include <stdio.h>
int b=1,c=2;  //b、c 为外部变量
int f1(int a,int c)  //a、c 为自动变量
{
  int b=8;  // b 为自动变量
  a=a+b+c;
  return (a);
}
int f2(int a)  // a 为自动变量
{
  a=a+b+c;
```

```
 return (a);
 }
main()
{
  int x=5,u,v;  // x、u、v为自动变量
  u=f1(x,x);
  v=f2(x);
  printf("u=%d,v=%d\n",u,v);
}
```

运行结果如图 5.22 所示。

图 5.22　实例 5-21 程序的运行结果

程序解析:

(1)　在本程序中,外部变量(即全局变量)b、c 在开头定义,其作用域为整个程序(从定义之处起至程序结束处止),在程序的整个执行过程中都占用内存。

(2)　当外部变量与自动变量同名时,以自动变量为准。在本程序中,f1()函数在外部变量 b、c 的作用域内定义,但内含同名的自动变量(即局部变量)b、c。因此,在 f1()函数内,外部变量 b、c 被屏蔽,真正起作用的 b、c 其实是自动变量。对于自动变量的 b、c,当 f1()函数开始执行时为其分配存储空间,执行结束时则马上释放其所占用的空间。

(3)　f2()函数在外部变量 b、c 的作用域内定义,因此可在其内直接引用外部变量 b、c。

【实例 5-22】外部变量的定义与说明示例。

程序代码:

```
#include <stdio.h>
int max(int x,int y)
{
 int z;
 if (x>y)
    z=x;
  else
    z=y;
 return (z);
}
main ()
{
  extern a,b;  //说明外部变量
  printf("max=%d\n",max(a,b));
}
extern int a=100,b=-200;  //定义外部变量
```

运行结果如图 5.23 所示。

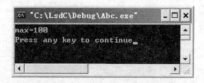

图 5.23　实例 5-22 程序的运行结果

程序解析：在本程序中，外部变量 a、b 在最后定义，而 main()函数在其之前。因此，在 main()函数内对其进行引用时，须先进行说明。

注意：　外部变量的说明与定义是不同的。定义只能进行一次，需要分配内存；而说明则可以进行多次，无须分配内存。

【实例 5-23】外部变量的定义与说明示例。

源程序文件 abc_main.c 的代码：

```c
#include <stdio.h>
int max(int x,int y)
{
 int z;
 if (x>y)
   z=x;
  else
   z=y;
 return (z);
}
main ()
{
  extern a,b;  //说明外部变量
  printf("max=%d\n",max(a,b));
}
```

源程序文件 abc_other.c 的代码：

```c
extern int a=100,b=-200;  //定义外部变量
```

运行结果如图 5.24 所示。

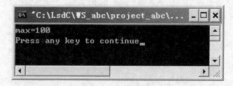

图 5.24　实例 5-23 程序的运行结果

程序解析：

(1) 本程序包含两个源程序文件，分别为 abc_main.c 与 abc_other.c。

(2) 在 abc_other.c 中，定义了两个外部变量 a、b。

(3) 在 abc_main.c 的 main()函数中，须引用在 abc_other.c 中所定义的外部变量 a、b，因此要先对其进行说明。

4．static 型变量

static 型变量即静态变量，其定义的基本格式为：

```
static 数据类型 变量名表；
```

静态变量分为静态局部变量与静态外部变量两种。其中，静态局部变量在函数或复合语句内部定义，其作用域仅局限于所在的函数或复合语句内；静态外部变量在函数外部定义，其作用域仅局限于所在的源程序文件。

静态局部变量与自动变量(即动态局部变量)不同，属于静态存储类别，是在静态存储区内分配存储单元的，因此在程序的整个运行期间均不会被释放(即都是存在的)。而自动变量属于动态存储类别，是在动态存储区内分配存储单元的，在函数调用结束或复合语句执行完毕后便立即被释放。另外，静态局部变量是在编译时赋初值的(即只赋初值一次)，相当于只在第一次调用函数时赋初值，此后每次调用时均不再重新赋初值，而只是直接使用上次函数调用结束时保留的值。与此不同，对自动变量赋初值，不是在编译时进行的，而是在函数调用时进行，因此每调用一次函数就重新赋一次初值(相当于执行一次赋值语句)。

与一般的外部变量不同，静态外部变量只能在其所在的源文件内被引用。因此，若要禁止某些外部变量被其他源文件引用，或已确定其他源文件无须引用某些外部变量，则可在定义时将其限定为静态的(static)，相当于将其对外界屏蔽起来(对其他源文件来说是不可见的)，以免被误用。在进行程序设计时，常由若干人分别完成各个模块。为避免各人在独立设计时因使用同名的外部变量而出现冲突，只需在各源文件中将外部变量定义为静态的即可。显然，这对于程序的模块化设计来说是极为方便的，也有利于提高其通用性。

可见，static 对局部变量与全局变量的作用是不同的。对于局部变量来说，可改变其存储方式(由动态存储方式改变为静态存储方式)。而对于全局变量来说，则可使变量局部化(局限于本源文件内)，但仍为静态存储方式。

【实例 5-24】静态局部变量的应用示例。

程序代码：

```c
#include <stdio.h>
#define ABC "i=%d j=%d k=%d l=%d\n"
main()
{
    void fun();
    int i,l;
    static int j;
    register int k;
    i=1;j=2;k=3;l=4;
    printf(ABC,i,j,k,l);
    fun();
    printf(ABC,i,j,k,l);
}
void fun()
{
    int i,l;
    static int j;
    register int k;
```

```
    i=10;j=20;k=30;l=40;
    printf(ABC,i,j,k,l);
}
```

运行结果如图 5.25 所示。

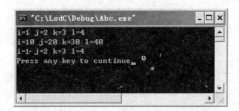

图 5.25 实例 5-24 程序的运行结果

程序解析：

(1) 在主函数 main()与子函数 fun()中，均定义有一个同名的静态局部变量 j。

(2) 静态局部变量与一般的局部变量(auto 型或 register 型)不同，不是动态分配的变量 (在运行时分配)，而是静态分配的变量(在编译时分配)。但在作用域方面，二者是一致的，均局限于所在的函数或复合语句内。因此，在主函数 main()中调用子函数 fun()后，虽然子函数 fun 中的变量 j 依然存在，但在主函数 main()中是不可见的。

【实例 5-25】静态局部变量的应用示例。

程序代码：

```
#include <stdio.h>
main()
{
    int i=10,s=10;  //函数级局部变量
    i++;
    s++;
    printf("for 循环前:i=%d,s=%d\n",i,s);  // s 为函数级局部变量
    for(i=1;i<=5;i++)
    {
        static int s=1;  //语句块级静态变量
        s++;
        printf("for 循环内:i=%d,s=%d\n",i,s);  //s 为语句块级静态变量
    }
    printf("for 循环后:i=%d,s=%d\n",i,s);  // s 为函数级局部变量
}
```

运行结果如图 5.26 所示。

图 5.26 实例 5-25 程序的运行结果

程序解析：

(1) 在 for 循环内，定义了一个语句块级静态变量 s，该变量与函数级局部变量 s 同名。在循环体内，语句块级静态变量 s 有效；在循环体外，则函数级局部变量 s 有效。

(2) 进入 for 循环前，i 值为 11(其初值为 10)，s 值为 11(其初值为 10)。

(3) for 循环的循环体共执行 5 次。第 1 次执行时，i 值为 1，语句块级静态变量 s 被赋初值 1，当执行结束时其值变为 2；第 2 次执行时，i 值为 2，语句块级静态变量 s 的值为上次执行结束时的值 2，当执行结束时其值变为 3；第 3 次执行时，i 值为 3，语句块级静态变量 s 的值为上次执行结束时的值 3，当执行结束时其值变为 4；第 4 次执行时，i 值为 4，语句块级静态变量 s 的值为上次执行结束时的值 4，当执行结束时其值变为 5；第 5 次执行时，i 值为 5，语句块级静态变量 s 的值为上次执行结束时的值 5，当执行结束时其值变为 6。

(4) 退出 for 循环后，i 值为 6，而函数级局部变量 s 的值依然为进入 for 循环前的 11。

【实例 5-26】 输出 1 到 5 各个数的阶乘值。

编程思路：编写一个函数，用以进行累乘，第 1 次调用时进行 1 乘 1，第 2 次调用时再乘以 2，第 3 次调用时再乘以 3，以此类推。为保留上一次求出的连乘值，以便下一次再乘上一个数，可将存放连乘值的变量定义为静态型(static)。

程序代码：

```c
#include <stdio.h>
void main()
{
    int fac(int n);
    int i;
    for(i=1;i<=5;i++)
     printf("%d!=%d\n",i,fac(i));
}
int fac(int n)
{
    static int f=1;
    f=f*n;
    return(f);
}
```

运行结果如图 5.27 所示。

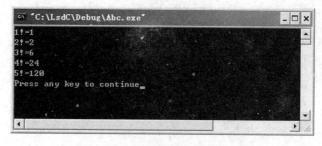

图 5.27　实例 5-26 程序的运行结果

程序解析：

(1) 在子函数 fac()中，存放相应阶乘结果的变量 f 为静态局部变量。

(2) 与一般的局部变量(auto 型或 register 型)不同，静态局部变量只赋初值一次，其值在每次调用时均可保留下来，并供下次调用时直接使用。在本程序中，第 1 次调用 fac()函数时，变量 f 被赋初值 1，当函数调用结束时，f 的值为 1*1=1；第 2 次调用 fac()函数时，变量 f 的值为上次调用结束时的值 1，当函数调用结束时，f 的值为 1*2=2；第 3 次调用 fac()函数时，变量 f 的值为上次调用结束时的值 2，当函数调用结束时，f 的值为 2*3=6；第 4 次调用 fac()函数时，变量 f 的值为上次调用结束时的值 6，当函数调用结束时，f 的值为 6*4=24；第 5 次调用 fac()函数时，变量 f 的值为上次调用结束时的值 24，当函数调用结束时，f 的值为 24*5=120。

5. 变量的初始化

变量的存储类型不同，其初始化的方式与特性也有所不同。在使用过程中，应注意加以区分。

(1) 外部型(extern)变量与静态型(static)变量只能用常量进行初始化，而自动型(auto)变量与寄存器型(register)变量则可以用常量或已被初始化过的变量进行初始化。

(2) 自动型变量与寄存器型变量若未进行初始化，则应在使用前通过赋值语句或输入语句进行赋值，否则其值是不确定的。外部型变量与静态型变量若未进行初始化，则编译系统自动为其赋初值 0(若为数值型变量)或空字符(若为字符变量)。

(3) 自动型变量与寄存器型变量的初始化是在程序执行期间完成的，所在程序段每执行一次就被初始化一次。外部型变量与静态型变量的初始化是在编译阶段完成的，在整个程序执行期间只被初始化一次。

【实例 5-27】变量的初始化示例。

程序代码：

```c
#include <stdio.h>
int a;
main()
{
  int b=10;
  register int d=b;
  static int c;
  printf("a=%d\n",a);
  b=b*2;
  c=c*2;
  a=a+1;
  printf("a=%d,b=%d,c=%d,d=%d\n",a,b,c,d);
}
```

运行结果如图 5.28 所示。

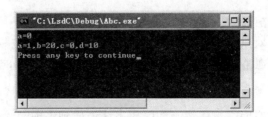

图 5.28 实例 5-27 程序的运行结果

程序解析：

(1) 整型变量 a 为外部变量，未进行初始化，故自动为其赋初值 0。

(2) 整型变量 b 为自动变量，以常量 10 对其进行初始化，初值为 10。

(3) 整型变量 c 为静态变量，未进行初始化，故自动为其赋初值 0。

(4) 整型变量 d 为寄存器变量，以被初始化过的变量 b 对其进行初始化，初值为 10。

5.8 内部函数与外部函数

由于函数总是要被调用的，因此从本质上看函数是全局的。在 C 语言中，对于一个函数来说，对其进行调用的函数既可以在同一个源文件内，也可以在另外的源文件中。根据函数能否被其他源文件中的函数所调用，可将函数分为外部函数与内部函数。其中，外部函数可以被其他源文件中的函数所调用，而内部函数则不能被其他源文件中的函数所调用(即只能被本源文件中的函数所调用)。

1. 内部函数

内部函数定义的基本格式为：

```
static 数据类型 函数名([形式参数表])
{
    ...
}
```

由于内部函数在定义时须使用关键字 static 进行声明，故又称为静态函数。类似于静态外部变量，将函数定义为内部函数，可将其作用域局限于所在源文件内(相当于对外界屏蔽了)。这样，在不同的源文件内，即使存在同名的内部函数，也不会互相干扰。换言之，在进行程序设计时，只要将函数定义为内部函数，就不必担心该函数是否会与其他源文件中的函数同名。

2. 外部函数

外部函数定义的基本格式为：

```
[extern] 数据类型 函数名([形式参数表])
{
    ...
}
```

在定义外部函数时，关键字 extern 是可以省略的。因此，在定义函数时，若不指定其存储类型，则默认为外部函数。

类似于外部变量，对于外部函数，在其他源文件中若要对其进行调用，则必须先进行声明，以表明该函数是在某个源文件中所定义的外部函数。声明外部函数的基本格式为：

```
[extern] 数据类型 函数名([形式参数表]);
```

通过对外部函数的声明，可将该函数的作用域扩展到当前源文件中，从而实现对其进行正常调用。由于在程序中经常要调用外部函数，而且函数在本质上是外部的，为便于编程，C 语言允许在声明外部函数时省略关键字 extern。

【实例 5-28】删除字符串中所包含的某个字符。

编程思路：

(1) 以字符型一维数组存放字符串。

(2) 从头开始逐一检查字符串中的每一个字符(即数组中的每一个元素)，若不等于指定的字符，则将其保留在原数组中，否则就不用保留。

(3) 检查完毕，在最后一个被保留的字符之后添加结束符'\0'。

源程序文件 abc_main.c 的代码：

```
#include <stdio.h>
#define N 100
main ()
{
    extern void enter_string(char info[],char str[]);  //声明外部函数
enter_string
    extern void print_string(char info[],char str[]);  //声明外部函数
print_string
    extern char enter_char(char info[]);  //声明外部函数 enter_char
    extern void delete_char(char str[],char ch);  //声明外部函数
delete_char
    char str[N],ch;
    enter_string("Enter a string",str);  //输入字符串
    ch=enter_char("Enter a char");  //输入字符
    delete_char(str,ch);  //删除字符
    print_string("Result",str);  //输出字符串
}
```

源程序文件 abc_other.c 的代码：

```
#include <stdio.h>f
void enter_string(char info[],char str[])
//定义外部函数 enter_string，输入字符串
{
    printf("%s:",info);
    gets(str);
}
void print_string(char info[],char str[])
//定义外部函数 print_string，输出字符串
{
    printf("%s:",info);
    printf("%s\n",str);
```

```
}
char enter_char(char info[])   //定义外部函数enter_char，输入字符
{
    char ch;
    printf("%s:",info);
    ch=getchar();
    return ch;
}
void delete_char(char str[],char ch)   //定义外部函数delete_char，删除字符
{
    int i,j;
    i=j=0;
    while (str[i]!='\0')
    {
        if (str[i]!=ch)
        {
            str[j]=str[i];
            j++;
        }
        i++;
    }
    str[j]='\0';
}
```

运行结果如图 5.29 所示。

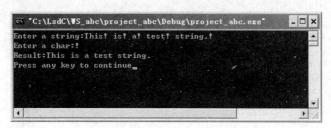

图 5.29　实例 5-28 程序的运行结果

程序解析：

(1)　本程序包含两个源程序文件，分别为 abc_main.c 与 abc_other.c。

(2)　在 abc_other.c 中，定义了 4 个外部函数，即用于输入字符串的 enter_string()、用于输出字符串的 print_string()、用于输入字符的 enter_char() 与用于删除字符的 delete_char()。在各函数中，参数 info 为提示信息字符串，参数 str 为输入、输出或待处理的字符串，参数 ch 为欲删除的字符。

(3)　在 abc_main.c 的 main()函数中，须引用在 abc_other.c 中所定义的 4 个外部函数，因此要先对其进行声明。在声明时，也可将 extern 略去不写。

5.9　库函数的使用

库函数并非 C 语言的一部分，而是根据需要编制并提供给编程人员使用的。实际上，每一种 C 编译系统都提供了一批库函数，但各种 C 编译系统所提供的库函数的名称、功能

及其数目并不完全相同。ANSI C 标准提出了一批建议各种 C 编译系统都提供的标准库函数，按其功能可分为输入输出函数、数学函数、字符函数、字符串函数、数值转换函数、文件操作函数、动态内存分配函数、图形图像处理函数、运行过程控制函数、系统功能调用函数等类别。对于大多数 C 编译系统来说，均已实现 ANSI C 标准库函数的绝大部分。

在 C 语言程序设计中，诸多功能的实现都需要库函数的支持，其中包括最基本的格式化输入函数 scamf() 与格式化输出函数 printf() 等。由于库函数的种类多、数量大，且各种 C 编译系统的具体实现也存在差异，因此在编写 C 语言程序时，必要时应注意查阅所用系统的参考手册。

关于库函数的使用，首先要将对其进行说明的头文件包含进来，其次要严格按其调用格式进行调用。通过查阅函数的原型，即可明确函数的名称、有无参数、参数的个数及类型、有无返回值、返回值的取值情况及相应含义等关键信息。在此，略举两例，借以说明库函数的基本用法及注意事项。

【实例 5-29】打印正弦与余弦的函数表(0°~180°)。

程序代码：

```c
#include <stdio.h>
#include <math.h>
#define PI 3.1415926
void main()
{
    int i;
    double r;
    for(i=0;i<=180;i++)
    {
        r=i*PI/180;
        printf("sin(%d)=%6.4lf\tcos(%d)=%6.4lf\n",i,sin(r),i,cos(r));
    }
}
```

运行结果如图 5.30 所示。

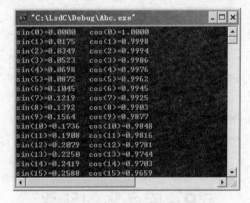

图 5.30　实例 5-29 程序的运行结果

程序解析：

(1) 本程序通过调用正弦函数 sin() 与余弦函数 cos() 计算正弦值与余弦值。这两个函数均属于数学函数，在头文件 math.h 中进行说明，故通过"#include <math.h>"语句将其包含进来。

(2) sin()与cos()函数的原型分别为：

```
double sin(double x)
double cos(double x)
```

可见，这两个函数均只有一个 double 型的参数 x(表示角度的弧度值)，返回值(即相应角度的正弦值或余弦值)亦为 double 型。

(3) 程序中的语句"r=i*PI/180;"用于进行角度转换，即将 i 度转换为相应的弧度值。

【**实例 5-30**】创建一维随机整数数组。

程序代码：

```c
#include <stdio.h>
#include <stdlib.h>
#include <time.h>
#define N 10
void main()
{
  int i,a[N];
  srand(time(0));
  for (i=0;i<N;i++)
      a[i]=rand()%101;
  for(i=0;i<N;i++)
      printf("%d ",a[i]);
  printf("\n");
}
```

运行结果如图 5.31 所示。

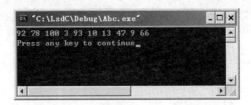

图 5.31 实例 5-30 程序的运行结果

程序解析：

(1) 本程序通过循环产生 10 个 0~100(包括 0 与 100)的随机整数，并保存至一维数组中。

(2) rand()为随机函数，在头文件 stdlib.h 中进行说明，其函数原型为：

```
int rand(void)
```

rand()函数没有参数，其返回值为 0 到 RAND_MAX 的随机整数(RAND_MAX 为在头文件 stdlib.h 中定义的一个与系统相关的整数常量，至少为 32767)。实际上，rand()函数是按照某个序列来产生一个整数的，因此其返回值并非真正意义上的随机数，通常称为伪随机数。

(3) srand()为随机种子设置函数，在头文件 stdlib.h 中进行说明，其函数原型为：

```
void srand (unsigned int seed);
```

其中，参数 seed 为 unsigned int 型的随机数种子值，通常称为随机种子。srand()函数没有返回值，其功能为以指定的随机种子初始化随机数生成器。

(4) 通过调用 srand()函数设置不同随机种子，即可让 rand()函数根据不同的序列产生相应的随机整数。在本程序中，为确保每次均可产生不同的随机数序列，所采用的随机种子为当前系统时间 time(0)。其中，时间函数 time()在头文件 time.h 中进行说明，time(0)(也可将其写作 time(NULL))的返回值为从 1970 年 1 月 1 日 0 时 0 分 0 秒算起到现在的秒数。

📖 说明：　在 TC 中，对于本程序，应以 "randomize();" 代替 "srand(time(0));"，以 "a[i]= random(101);" 代替 "a[i]=rand()%101;"。

【实例 5-31】字符统计。从键盘连续输入 ASCII 字符(按回车键结束)，统计并输出各种字符的数量。

程序代码：

```c
#include <stdio.h>
#include <ctype.h>
void main()
{
    char ch;
    int lower,upper,digit,punct,cntrl,space,other;
    lower=upper=digit=punct=cntrl=space=other=0;
    printf("字符序列:");
    while((ch=getchar())!='\n')
    {
        if(islower(ch))
            lower++;
        else if(isupper(ch))
            upper++;
        else if(isdigit(ch))
            digit++;
        else if(ispunct(ch))
            punct++;
        else if(iscntrl(ch))
            cntrl++;
        else if(isspace(ch))
            space++;
        else
            other++;
    }
    printf("统计结果:\n");
    printf("小写字母:%d 个\n",lower);
    printf("大写字母:%d 个\n",upper);
    printf("数字字符:%d 个\n",digit);
    printf("标点符号:%d 个\n",punct);
    printf("控制字符:%d 个\n",cntrl);
```

```
    printf("空格字符:%d 个\n",space);
    printf("其他字符:%d 个\n",other);
}
```

运行结果如图 5.32 所示。

图 5.32　实例 5-31 程序的运行结果

程序解析:

(1)　在本程序中,islower()、isupper()、isdigit()、ispunct()、iscntrl()与 isspace()均为字符处理方面的库函数。这些库函数都是在头文件 ctype.h 中进行声明的。

(2)　islower()函数的原型为:

```
int islower(int ch);
```

该函数用于检查 ch 是否为小写字母。如果是的话,则返回 1,否则返回 0。

(3)　isupper()函数的原型为:

```
int isupper(int ch);
```

该函数用于检查 ch 是否为大写字母。如果是的话,则返回 1,否则返回 0。

(4)　isdigit()函数的原型为:

```
int isdigit(int ch);
```

该函数用于检查 ch 是否为数字字符。如果是的话,则返回 1,否则返回 0。

(5)　ispunct()函数的原型为:

```
int ispunct(int ch);
```

该函数用于检查 ch 是否为标点字符。如果是的话,则返回 1,否则返回 0。

(6)　iscntrl()函数的原型为:

```
int iscntrl(int ch);
```

该函数用于检查 ch 是否为控制字符。如果是的话,则返回 1,否则返回 0。

(7)　isspace()函数的原型为:

```
int isspace(int ch);
```

该函数用于检查 ch 是否为空格、制表符(跳格符)或换行符。如果是的话,则返回 1,否则返回 0。

5.10 函数的综合实例

【实例 5-32】验证哥德巴赫猜想。哥德巴赫猜想即"任何一个大于 6 的偶数均可分解为两个素数之和"。

编程思路：

(1) 采用枚举法。先将要求证的偶数分解为两个奇数之和，再判断这两个奇数是否同时为素数。若均为素数，则验证成功；否则，换另一组奇数再试，直到验证成功为止。

(2) 自定义一个函数 isprime() 来判断一个数是否为素数。

程序代码：

```c
#include <stdio.h>
#include <math.h>
int isprime(int n);   //声明函数 isprime()
void main()
{
    int i,n,n1,n2;
    while(1)
    {
        printf("大于 6 的偶数[0-退出]:");
        scanf("%d",&n);
        if(n==0)
            break;   //退出外循环
        for (i=3;i<=n/2;i+=2)   //i 为 1 到 n/2 之间的所有奇数
        {
            n1=isprime(i);   //判断 i 为是否为素数
            n2=isprime(n-i);   //判断 n-i 是否为素数
            if (n1&&n2)   //若 n1 与 n2 均为 1 则验证成功
            {
                printf("%d=%d+%d\n",n,i,n-i);
                break;   //退出内循环
            }
        }
    }
}
int isprime(int n)
{
    int i;
    for(i=2;i<n;i++)   //i 为 2 到 n-1 之间的自然数
        if(n%i==0)
            return 0;   //n 为非素数时返回 0
    return 1;   //n 为素数时返回 0
}
```

运行结果如图 5.33 所示。

图 5.33　实例 5-32 程序的运行结果

📑 **说明：**　　为提高程序的运行效率，可将其中的 isprime()函数改写为：

```
int isprime(int n)
{
    int i;
    double k;
    k=sqrt(n);
    for(i=2;i<=k;i++)   //i 为 2 到 n 的平方根之间的自然数
        if(n%i==0)
            return 0;   //n 为非素数时返回 0
    return 1;   //n 为素数时返回 0
}
```

【**实例 5-33**】生成菲波那契(Fibonacci)数列。菲波那契数列的第 1、2 个数据项均为 1，此后的各个数据项均为其前面的两个数据项之和，即：

1，1，2，3，5，8，…

编程思路：

(1) 以 $f(n)$表示菲波那契数列的第 n 项，则：

$$f(n) = \begin{cases} f(n-1)+f(n-2) & n>2 \\ 1 & n=1,2 \end{cases}$$

据此，可先输入数列的长度，然后再通过循环计算并输出数列的各个数据项。

(2) 自定义一个函数 fibonacci()来获取数列的某个数据项。

程序代码：

```
#include <stdio.h>
long fibonacci(int n);
void main()
{
    int n,i;
    long di;
    printf("数列的长度:");
    scanf("%d",&n);
    printf("数列的数据项(每行 5 个):\n");
    for(i=1;i<=n;i++)
    {
        di=fibonacci(i);
        printf("%ld%c",di,(i%5==0||i==n)?'\n':' ');
```

```
    }
}
long fibonacci(int n)  //求数列的第 n 个数据项
{
    long dn;
    if (n>2)
        dn=fibonacci(n-1)+fibonacci(n-2);  //当 n>2 时
    else if (n==1||n==2)
        dn=1;  //当 n=1 或 n=2 时
    return dn;
}
```

运行结果如图 5.34 所示。

图 5.34　实例 5-33 程序的运行结果

📑 **说明:**　可直接利用循环来生成数列的各个数据项。为此,可将程序修改如下:

```
#include <stdio.h>
void main()
{
    int n,i,j;
    long d1,d2,di;
    printf("数列的长度:");
    scanf("%d",&n);
    printf("数列的数据项(每行 5 个):\n");
    for(i=1;i<=n;i++)
    {
        for (j=1;j<=i;j++)  //求数列的第 i 个数据项
        {
            if (j==1||j==2)
            {
                di=1;
                d1=1;
                d2=1;
            }
            else if (j>2)
            {
                di=d1+d2;
                d1=d2;
                d2=di;
```

```
            }
        }
        printf("%ld%c",di,(i%5==0||i==n)?'\n':' ');
    }
}
```

【实例 5-34】加减运算测试。随机产生两位数的加法或减法算术式，用以测试小孩的两位数加减运算能力。

编程思路：

(1) 先输入测试题目的数量，然后通过循环逐一进行每道题目的测试，并判断回答的正误，同时累加回答正确的题数，最后再输出测试的汇总结果(包括正确率)。

(2) 在每次循环中，利用随机函数随机生成两个两位整数，同时随机确定当前运算的种类。

程序代码：

```
#include <stdio.h>
#include <stdlib.h>
#include <time.h>
void main()
{
    int n,i,a,b,op,res,ans,ok;
    float p;
    printf("测试题数量:");
    scanf("%d",&n);
    ok=0;
    //初始化随机种子
    srand(time(NULL));   //以当前的时间值作为随机数种子
    for(i=0;i<n;i++)
    {
        printf("第%d 题:",i+1);
        a=rand()%100;   //获取 0~99 的随机数
        b=rand()%100;
        op=rand()%2;   //*获取 0~1 的随机数
        switch(op)
        {
        case 0:
            printf("%d+%d=",a,b);
            res=a+b;
            break;
        case 1:
            printf("%d-%d=",a,b);
            res=a-b;
            break;
        }
        scanf("%d",&ans);
        if(ans==res)
        {
            ok++;
            printf("正确!\n");
```

```
        }
        else
            printf("错误!正确结果应为%d\n",res);
    }
    p=(float)ok/n*100;
    printf("共回答正确%d 题,正确率为%.2f%%.\n",ok,p);
}
```

运行结果如图 5.35 所示。

图 5.35 实例 5-34 程序的运行结果

说明：   在 TC 中，对于本程序，应以 "randomize();" 代替 "srand(time(NULL));"，
以 "a=random(100); b=random(100); op=random(2);" 代替 "a=rand()%100;
b=rand()%100; op=rand()%2;"。

【实例 5-35】汉诺(Hanoi)塔问题。相传在古代的一个圣庙里有一个梵塔，塔内有 3 个
柱子 A、B、C，其中 A 柱由下至上、由大至小地串着 64 个大小各不相同的圆盘(如图 5.36
所示)。庙里的一个老和尚有一天突发奇想，欲将这 64 个盘子从 A 柱移到 C 柱。在移动圆
盘的过程中，可以利用 B 柱，但每次只允许移动一个圆盘，且 3 个柱子上的圆盘始终要保
持大的在下、小的在上的状态。有人预言，当移动完所有的圆盘时，世界将在一声巨响中
消灭，而梵塔、庙宇与众生也将与此同归于尽。现将 A 柱上的 64 个圆盘由上至下依次编
号为 1、2、3、…、64，请编程列出移动圆盘的具体步骤。

图 5.36 汉诺塔问题

编程思路：汉诺塔问题可一般化为将 n 个圆盘从 A 柱借助 B 柱移到 C 柱，在此将其
称为 n 阶汉诺塔问题，并表示为 hanoi(n, A, B, C)。

若将 A 柱上第 1 至 n-1 号圆盘看作是一个整体，则可按以下步骤解决问题：

(1)　将 1 至 n-1 号圆盘(共 n-1 个圆盘)从 A 柱借助 C 柱移到 B 柱。

(2)　将 n 号圆盘从 A 柱移到 C 柱。

(3)　将 1 至 n-1 号圆盘(共 n-1 个圆盘)从 B 柱借助 A 柱移到 C 柱。

其中，步骤 2 可直接实现，而步骤 1 与步骤 3 则分别为一个 n-1 阶汉诺塔问题，即 hanoi(n-1, A, C, B)与 hanoi(n-1, B, A, C)。

可见，对于 n 阶汉诺塔问题，可将其分解为两个 n-1 阶汉诺塔问题。对于每个 n-1 阶汉诺塔问题，又可分解为两个 n-2 阶汉诺塔问题。以此类推，对于每个 2 阶汉诺塔问题，又可分解为两个 1 阶汉诺塔问题。而对于 1 阶汉诺塔问题来说，由于只有一个圆盘，因此只需直接将其从 A 柱移到 C 柱即可。

显然，汉诺塔问题是一个典型的递归问题，可考虑采用递归算法编程解决。

程序代码：

```c
#include<stdio.h>
main()
{
    void hanoi(int n,char A,char B,char C);
    int n;
    printf("Number of disks:");
    scanf("%d",&n);
    printf("Steps to move disks:\n");
    hanoi(n,'A','B','C');
}
void hanoi(int n,char A,char B,char C)
{
    void move(int m,char X,char Y);
    if(n==1)
    {
        move(n,A,C);
    }
    else
    {
        hanoi(n-1,A,C,B);
        move(n,A,C);
        hanoi(n-1,B,A,C);
    }
}
void move(int m,char X,char Y)
{
    printf("Move disk %d from %c to %c\n",m,X,Y);
}
```

运行结果如图 5.37 所示。

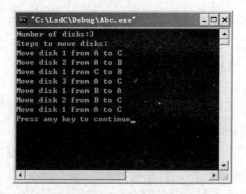

图 5.37　实例 5-35 程序的运行结果

程序解析：

(1)　本程序运行时先输入圆盘的个数，然后调用递归函数 hanoi() 并输出具体的移动圆盘的步骤。

(2)　在本程序中，递归函数(int n,char A,char B,char C)用于将 n 个圆盘从 A 柱借助 B 柱移到 C 柱，其终止条件为参数 n(表示圆盘的个数)的值等于 1。此时，不必再调用 hanoi() 函数，而是调用 move() 函数输出移动圆盘的具体情况。

(3)　在本程序中，move(int m,char X,char Y) 函数用于输出某个圆盘的移动情况(将 m 号圆盘从 X 柱移到 Y 柱)。

📖 **说明：**　对于 n 阶汉诺塔问题，共需移动圆盘 2^n-1 次。当 $n=64$ 时，移动次数为 $2^{64}-1$。若老和尚每移动 1 个圆盘需要 1 秒，则移动完所有的圆盘共需 $2^{64}-1$ 秒，约为 5800 亿年。

本 章 小 结

本章简要地介绍了函数的基本概念，并通过具体实例讲解了 C 语言中函数的定义、调用与数据传递方法、函数的嵌套调用与递归调用方式、变量的作用域与生命期、内部函数与外部函数的应用方法以及系统库函数的使用方法。通过本章的学习，应熟知函数的基本概念与主要作用，切实掌握 C 语言中函数的各种应用技术，并将其灵活地运用到模块化的程序设计中。

习　　题

一、填空题

1.　若自定义函数要求返回一个值，则应在该函数体中有一条(　　　　)语句。

2.　若自定义函数要求不返回一个值，则应在该函数说明时加一个类型说明符(　　　　)。

3.　一个函数定义由(　　　　)和函数体两部分组成。

4.　以下函数的功能是(　　　　)。

```
int SA(int a, int b)
{
 if(a>b) return 1;
 else if(a==b) return 0;
 else return -1;
}
```

5. 函数定义中的形参和函数调用时的实参都是变量时，传递方式为(   )。

6. 以下函数的功能是(   )。

```
void WA(int a[], int n)
{
 int i,k,j,x;
 for(i=0;i<n-1;i++)
 {
   k=i;
   for(j=i+1;j<n;j++)
     if(a[j]>a[k]) k=j;
   x=a[i]; a[i]=a[k]; a[k]=x;
 }
}
```

7. 函数定义中的形参和函数调用时的实参都是数组名时，传递方式为(   )。

8. 在 C 语言中，若定义函数时不指定其类型，则该函数的类型默认为(   )。

9. 若函数 f()的定义为：

```
f(int x)
{
int k = 0;
x+=k++;
return x;
}
```

则执行以下程序段后，i 值为(   )。

```
int i;
i=f(f(1));
```

10. 若函数 f()的定义为：

```
f(int m)
{
int i,j;
for (i=0;i<m;i++)
    for(j=m-1;j>=0;j--)
        printf("%1d%c",i+j,j?'*':'$');
}
```

则调用 f(2)将输出(   )。

二、单选题

1. 函数调用语句"f(e1,e2,e3,e4,e5);"中参数个数是(   )。

   A. 5   B. 4   C. 3   D. 1

2. 函数返回值的默认类型是(　　)。

    A. char　　　　　B. long　　　　　C. float　　　　　D. int

3. C 语言中函数的隐含存储类型是(　　)。

    A. auto　　　　　B. static　　　　　C. extern　　　　　D. 无存储类型

4. 若用数组名作为函数调用的实参,传递给形参的是(　　)。

    A. 数组的首地址　　　　　　　　B. 数组中第一个元素的值

    C. 数组全部元素的值　　　　　　D. 数组元素的个数

5. 能把函数处理结果的两个数据返回给调用函数,在下面的方法中不正确的是(　　)。

    A. return 这两个数　　　　　　　B. 形参用两个元素的数组

    C. 形参用两个这种数据类型的指针　D. 用两个全局变量

6. C 语言程序由函数组成,以下说法正确的是(　　)。

    A. 主函数可以在其他函数之前,函数内不可以嵌套定义函数

    B. 主函数可以在其他函数之前,函数内可以嵌套定义函数

    C. 主函数必须在其他函数之前,函数内不可以嵌套定义函数

    D. 主函数必须在其他函数之前,函数内可以嵌套定义函数

7. 以下说法中不正确的是(　　)。

    A. 主函数 main 中定义的变量在整个文件或程序中有效

    B. 不同的函数中可以使用同名的变量

    C. 形式参数是局部变量

    D. 在一个函数内部,可以在复合语句中定义变量,但这些变量只在本复合语句中有效

8. 下面函数的类型为(　　)。

```
fun(double x)
{printf("%lf\n",x);}
```

    A. double　　　　　B. void　　　　　C. int　　　　　D. 均不正确

9. 下列语句中,不正确的是(　　)。

    A. c=2*max(a,b);　　　　　　　B. m=max(a,max(b,c));

    C. printf("%d",max(a,b));　　　　D. int max(int x,int max(int y,int z));

10. 函数调用语句 "fun(x+y,a-b);" 中实际参数的个数是(　　)。

    A. 1　　　　　B. 2　　　　　C. 3　　　　　D. 4

三、多选题

1. 下列函数定义正确的是(　　)。

A.	B.	C.	D.
`int max()`	`int max(x,y)`	`int max(x,y)`	`int max()`
`{`	`int x,y;`	`{`	`{ return 0; }`
`int x=1,y=2,z;`	`{`	`int x,y,z;`	
`z=x>y?x:y;`	`int z;`	`z=x>y?x:y;`	
`return(z);`	`z=x>y?x:y;`	`return (z);`	
`}`	`return(z);`	`}`	
	`}`		

2. 以下叙述中正确的是(　　)。

　A. 在不同的函数中可以使用同名的变量

　B. 函数中的形式参数是局部变量

　C. 在一个函数内定义的变量只在本函数范围内有效

　D. 在一个函数内的复合语句中定义的变量在本函数范围内有效

四、判断题

1. 以下程序段是正确的。　　　　　　　　　　　　　　　　　　　　　　(　　)

```
main()
{
  void fun()
  {
  ...
  }
}
```

2. 在 C 语言中，类型为 void 的函数可以不用在主调函数中进行声明。(　　)

3. 形参属于局部变量。(　　)

4. 在 C 语言中，允许函数的递归调用。(　　)

5. 在一个函数定义中只能包含一个 return 语句。(　　)

五、程序改错题

1. 输入两个浮点数，计算并输出其和。

```
#include <stdio.h>
void add(float a,float b)
{
float s;
s=a+b;
return s;
}
void main()
{
float x,y,z;
scanf("%f%f",&x,&y);
z=add(x,y);
printf("%.2f\n",z);
}
```

2. 输入两个浮点数，计算并输出其差。

```
#include <stdio.h>
void main()
{
float x,y,z;
float minus;
scanf("%f%f",&x,&y);
z=minus(x,y);
```

```
    printf("%.2f\n",z);
    }
float minus(float a,float b)
{
return (a-b);
    }
```

六、程序分析题

1.

```
#include <stdio.h>
long fun( int n)
{
    long s;
    if (n==1 || n==2) s=2;
    else s=n-fun(n-1);
    return s;
}
void main()
{
    printf("%ld\n", fun(3));
}
```

2.

```
#include<stdio.h>
int f(int m)
{
    static int k=0;
    int s=0;
    for(; k<=m; k++)
        s++;
    return s;
}
void main( )
{
    int s1, s2;
    s1=f(5);
    s2=f(3);
    printf("%d,%d\n", s1, s2);
}
```

3.

```
#include <stdio.h>
int f(int x)
{
    static y=1;
    y++;
    x+=y;
    return x;
```

```
}
void main()
{
    int k;
    k=f(3);
    printf("%d,%d\n", k, f(k));
}
```

4.

```
#include<stdio.h>
void main()
{
    int a=10,b=20;
    printf("%d %d\n",a,b);
    {
        int b=a+25;
        a*=4;
        printf("%d %d\n",a,b);
    }
    printf("%d %d\n",a,b);
}
```

5.

```
#include <stdio.h>
void sub(int *s, int *y)
{  static int t=0;
   *y=s[t];
   t++;
}
main()
{  int a[4]={3,8,4,2};
   int x=0;
   sub(a,&x);
   printf("%3d",x);
   sub(a,&x);
   printf("%3d",x);
}
```

七、程序填空题

1. 在 main()函数中通过调用 myabs ()函数，求一个整数的绝对值。

```
#include <stdio.h>
int abs(_____[1]_____)
{
int n;
    if (_____[2]_____)
    n = x;
    else
    n =_____[3]_____;
```

```
    return (_____[4]_____);
}
main()
{
int x,m;
    printf("x=");
    scanf("%d",&x);
    m=abs(x);
    printf("abs(%d)=%d\n",_____[5]_____);
}
```

2. 在main()函数中通过调用 sum()函数，求 10 个整数的和。

```
#include<stdio.h>
int sum(int a[],int n)
{
    int i,s=0;
    for (i=0;_____[1]_____;i++)
            _____[2]_____;
        _____[3]_____;
}
main()
{
    int x[10],i,y;
    for (i=0;i<10;i++)
        scanf("%d",_____[4]_____);
    y=sum(_____[5]_____);
    printf("10 个整数的和:%d\n",y);
}
```

八、程序设计题

1. 函数 int fun(int a)的功能是：判断 a 是否为素数(若 a 为素数，返回 1；若 a 不是素数，则返回 0)。现要求从键盘输入一个整数 A，然后调用 fun()函数并输出其返回值。

2. 编写一个函数 fun()，首先从键盘上输入一个 4 行 4 列的一个实数矩阵到一个二维数组 a[4][4] 中，接着求出主对角线上元素之和，最后返回求和结果。

3. 定义一个函数 f(x,y)，其返回值为点(x,y)与原点之间的距离。然后通过 main()函数，输入一个点的坐标 x 和 y 的值，调用 f 函数，输出 f 函数调用的结果。

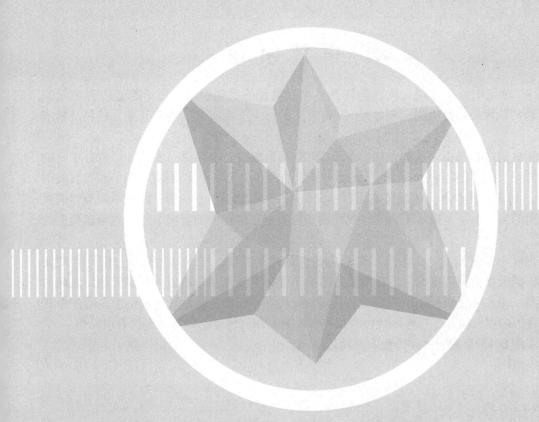

第6章

指 针

本章要点：

指针的定义；指针的运算；指针与数组；字符指针与字符串；指针数组；指针型函数；函数指针；多级指针；动态指针。

学习目标：

了解指针的基本概念；掌握指针的定义方法及其基本运算；掌握利用指针访问一维数组与多维数组的方法；掌握字符指针在字符串处理中的应用方法；掌握指针数组的使用方法；掌握指针型函数的使用方法；掌握函数指针的使用方法；掌握多级指针的使用方法；了解动态指针的基本应用；掌握动态内存分配函数的使用方法。

6.1 指 针 简 介

在 C 语言中，指针是一种较为特殊且相当重要的数据类型，用于描述内存单元的地址，通常又称为指针类型。指针是 C 语言中的一个重要概念，也是其主要特色及精华所在。

计算机的内存是由一系列连续的单元(即字节)组成的。内存单元的地址即内存单元的编号(相当于宾馆中客房的编号)，在地址所标识的内存单元中存放数据(相当于宾馆客房中的旅客)。可见，内存单元的地址与内存单元的数据(或内容)是不同的。由于不同类型的数据所占用的内存的字节数是不同的，因此通常将数据在内存中的首字节地址称为该数据的地址。

在程序中定义变量时，须指定变量的名称与数据类型。这样，为变量分配内存空间时，便根据数据类型确定所用内存单元的多少，并建立变量名与相应内存单元地址之间的对应关系。由此可见，程序中的变量名其实就是内存单元的符号地址。实际上，程序中对变量所进行的存取操作，在程序执行时均将转换为对相应地址的内存单元的存取操作。

【实例 6-1】变量的内存分配及其地址示例。

程序代码：

```c
#include <stdio.h>
void main()
{
    float f1=1.5,f2=2.5;
    printf("%d\n",sizeof(float));
    printf("%X\t%X\n",&f1,&f2);
}
```

运行结果如图 6.1 所示。

图 6.1　实例 6-1 程序的运行结果

程序解析：

(1) 语句 "printf("%d\n",sizeof(float));" 用于输出一个 float 型数据所占用的内存空间的大小(即字节数)。

(2) 语句 "printf("%X\t%X\n",&f1,&f2);" 用于输出 float 型局部变量 f1 与 f2 的地址(十六进制)。

(3) 如图 6.1 所示为本程序在 VC 6.0 中的一个运行示例。其中，局部变量 f1 与 f2 的地址分别为 0x12FF7C 与 0x12FF78，其内存分配示意图如图 6.2 所示。可见，在 VC 6.0

中，局部变量的内存分配是从高地址往低地址方向进行的。

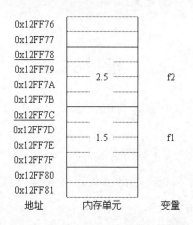

图 6.2　局部变量的内存分配示意图

💡 **注意：** 　编译系统、运行平台或系统架构不同，变量所占内存空间的大小及其内存分配的方式与策略也会有所不同。如图 6.3 所示为对于本程序在 TC 2.0 中的一个运行示例，局部变量 f1 与 f2 的地址分别为 0xFFD8 与 0xFFDC，其内存分配示意图如图 6.4 所示。这表明，在 TC 2.0 中，局部变量的内存分配是从低地址往高地址方向进行的。

图 6.3　程序的运行结果(TC 2.0)

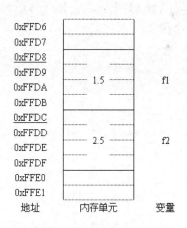

图 6.4　局部变量的内存分配示意图(TC 2.0)

　　在程序中，必要时可定义一些专门用于存放内存单元地址的变量，称之为指针变量。对于在指针变量中所存放的内存单元地址，则称之为指针。显然，指针与指针变量是两个完全不同的概念。一个指针就是一个地址常量，而一个指针变量却可以被赋予不同的地址值。但在通常情况下，亦将指针变量简称为指针。

　　指针其实是一种形象化的概念，表示的是其所指向的对象(包括变量、数组及其元素、函数、结构体、联合体等)的地址。通过将对象的地址赋给指针，即可让该指针指向相应的对象。因此，指针也是访问特定对象的一种有效方式。

💡 **注意：** 对于没有地址概念的对象(如寄存器变量、表达式等)，是不能使用指针进行访问的。

6.2　指针的定义

与普通变量一样，指针变量也遵循"先定义，后使用"的原则。指针变量定义的基本格式为：

[存储类型] 数据类型 *指针名1,*指针名2,…,*指针名n;

其中，各指针名必须符合标识符的命名规则，其前面的"*"为指针说明符，表明所定义的是指针变量而非普通变量。

【实例6-2】 指针的定义示例。

程序代码：

```
int *p1;
char *p2;
float *p3;
```

程序解析：p1 为 int 型的指针变量，只能指向 int 型的对象；p2 为 char 型的指针变量，只能指向 char 型的对象；p3 为 float 型的指针变量，只能指向 float 型的对象。

【实例6-3】 指针的初始化与赋值示例。

程序代码：

```
int a,b;
int *p=&a;   //初始化
p=&b;        //赋值
```

程序解析：

(1)　"int *p=&a;"为指针变量的初始化，在此将变量 a 的地址赋给指针变量 p，其示意图如图 6.5(a)所示。

(2)　"p=&b;"为指针变量的赋值，在此将变量 b 的地址赋给指针变量 p，其示意图如图 6.5(b)所示。

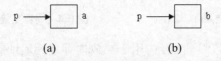

(a)　　　　　　　　　(b)

图 6.5　指针的示意图

📋 **提示：** (1)　指针变量的初始化与赋值是不同的，前者为在定义指针变量的同时为其赋以相应的初值，后者则为定义好指针变量后再为其赋以相应的值。

(2)　在将一个变量的地址赋给指针变量时，该变量必须在该语句之前已定义好。因为变量只有在定义好了以后才能为其分配存储单元，其地址才能被赋给相应的指针变量。

(3)　指针变量的值为内存单元的地址(实际上是一个整数)，因此各种类型的指针变量均占用相同大小的内存空间。但对于一个指针变量来说，只能指向与其类型相同的对象(变量、数组及其元素等)。

【实例 6-4】空指针示例。

程序代码：

```
int *p;
p=NULL;
```

程序解析：

(1) NULL 为表示空值的符号常量，其代码值为 0。必要时，可将指针变量初始化或赋为 0，表示不指向任何对象。不指向任何对象的指针变量通常称为空指针。

(2) "p=NULL;"与以下语句等价：

```
p=0;
p='\0';
```

6.3 指针的运算

指针的运算实际上就是地址的运算。在 C 语言中，提供了一些专用于指针的运算符。此外，对于指针也可进行相应的算术运算、比较运算与赋值运算。

6.3.1 指针运算符

专用于指针的运算符主要有两种，即取址运算符"&"与访问运算符"*"。其中，前者用于获取对象的地址，如变量或数组元素等的地址；后者用于访问指向的对象，即获取指定地址中的数据。

【实例 6-5】程序分析。

程序代码：

```
#include <stdio.h>
main ()
{
    int a, b=10, *p;
    p=&b;
    a=*p+3;
    printf("a=%d, b=%d\n", a, b);
}
```

运行结果如图 6.6 所示。

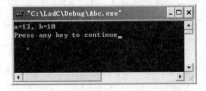

图 6.6　实例 6-5 程序的运行结果

程序解析：

(1) 语句 "p=&b;" 将变量 b 的地址赋给指针 p。

(2) 语句 "a=*p+3;" 将指针 p 所指向的存储单元的值(即变量 b 的值 10)与 3 相加后再赋给变量 a。此时，变量 a 的值变为 13。故最终的运行结果为：

```
a=13, b=10
```

【实例 6-6】程序分析。

程序代码：

```c
#include <stdio.h>
main ()
{
    int a, b=10, *p;
    p=&b;
    a=*p+3;
    *p=*(&a)+b;
    printf("a=%d, b=%d\n", a, b);
}
```

运行结果如图 6.7 所示。

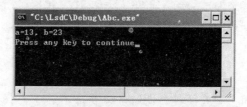

图 6.7　实例 6-6 程序的运行结果

程序解析：本程序与实例 6-5 中的程序类似，只是多了一条语句 "*p=*(&a)+b;"。其中，*(&a)相当于 a，*p 相当于 b。该语句执行后，变量 b 的值变为 23。故最终的运行结果为：

```
a=13, b=23
```

说明：　若有以下语句序列：

```
        int n,*point;
        point = &n;
        *point = 10;
```

则 point 为指针变量，其内容为变量 n 的地址(&n)；*point 为指针变量 point 的目标变量 n(即*point 相当于 n)；&point 为指针变量 point 所占用的存储单元的地址。此外，&(*point)相当于 point，*(&n)相当于 n。

【实例 6-7】输入 a 与 b 两个整数，然后按先大后小的顺序输出 a 与 b。

编程思路：采用指针方法。定义两个指向变量 a、b 的指针 p1、p2，当 a<b 时交换 p1、p2 的值(而不是交换 a、b 的值)，从而让 p1 指向大者、p2 指向小者。

程序代码：

```
#include <stdio.h>
void main()
{
    int *p1,*p2,*p,a,b;
    scanf("%d,%d",&a,&b);
    p1=&a;
p2=&b;
    if (a<b)
        {p=p1;p1=p2;p2=p;}
    printf("a=%d,b=%d\n",a,b);
    printf("max=%d,min=%d\n",*p1,*p2);
}
```

运行结果如图 6.8 所示。

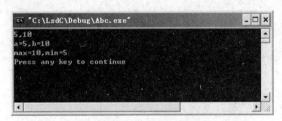

图 6.8　实例 6-7 程序的运行结果

程序解析：在本程序中，复合语句“{p=p1;p1=p2;p2=p;}”用于交换 p1、p2 的值(即交换指针)。

6.3.2　指针的算术运算

指针的算术运算包括指针与整数的加减运算、指针的自增与自减运算、指针之间的相减运算。

1．指针与整数的加减运算

通过指针与整数的加减运算，可获得新的地址。设 p 为一个指针变量，n 为一个正整数，则 p+n 表示从 p 所指的地址向高地址方向移动 n 个对象的位置，p-n 表示从 p 所指的地址向低地址方向移动 n 个对象的位置。在移动指针时，每个对象的字节数是由指针变量 p 的类型所决定的。例如，当 p 为 char 型时，每个对象占用 1 字节；当 p 为 short int 型时，每个对象占用 2 字节。

【实例 6-8】指针与整数的加减运算示例。

程序代码：

```
#include <stdio.h>
void main()
{
    short int si=100,si0=200,*p=&si;
    printf("%d\n",sizeof(short int));
```

```
    printf("%X\t%X\t%X\n",p,&si0,&p);
    printf("%X\t%X\n",p-1,p-2);
    printf("%X\t%X\n",p+1,p+2);
}
```

运行结果如图 6.9 所示。

图 6.9　实例 6-8 程序的运行结果

程序解析：在本程序中，指针变量 p 的值为变量 si 的地址(0x12FF7C)，&p 则为指针变量 p 的地址(0x12FF74)。

提示：　若 p 为指针变量，则*p+n 与*(p+n)是不同的。前者先取值再加 n，后者先移动指针再取值。

2. 指针的自增与自减运算

指针的自增与自减运算可改变指针自身的值，从而实现指针的移动。设 p 为一个指针变量，则 p++、++p、p--、--p 都是允许的。

【实例 6-9】指针的自增与自减运算示例。

程序代码：

```
#include <stdio.h>
void main()
{
    short int si=100,si0=200,*p=&si;
    printf("%d\n",sizeof(short int));
    printf("%X\t%X\t%X\n",p,&si0,&p);
    p--;
    printf("%X\n",p);
    p++;
    printf("%X\n",p);
}
```

运行结果如图 6.10 所示。

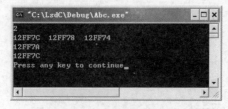

图 6.10　实例 6-9 程序的运行结果

程序解析：在本程序中，指针变量 p 的值为变量 si 的地址(0x12FF7C)。"p--;"相当于"p=p-1;"，"p++;"相当于"p=p+1;"。

提示：　对于指针变量 p 来说，p±1 与 p++(或++p)、p--(或--p)是不同的。前者 p 值未变，后者 p 值会改变(p 指向新地址)。

3. 指针之间的相减运算

两个指针可以相减，其结果的绝对值为二者之间存储单元所能存放的相应类型的数据的个数。特别地，当两个同类指针均指向相应类型的同一个数组的不同元素时，相减结果的绝对值就是二者之间所包含的数组元素的个数。

【实例 6-10】指针的相减运算示例。

程序代码：

```
#include <stdio.h>
void main()
{
    short int si[10],*p1,*p2;
    p1=&si[0],p2=&si[2];
    printf("%X\t%X\n",p1,p2);
    printf("%d\n",p2-p1);
}
```

运行结果如图 6.11 所示。

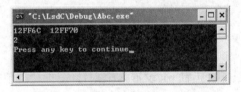

图 6.11　实例 6-10 程序的运行结果

程序解析：在本程序中，p1 为数组元素 si[0]的地址(0x12FF6C)，p2 为数组元素 si[2]的地址(0x12FF70)。由 p1 至 p2 共包含有 4 字节，可存放两个 short int 型的数组元素。

6.3.3　指针的比较运算

必要时，两个指针可以进行比较，并据此确定两个地址之间的前后关系。此外，指针也可以与 NULL、0 或'\0'进行比较，并据此判断该指针是否为空指针。

【实例 6-11】指针的比较运算示例。

程序代码：

```
#include <stdio.h>
void main()
{
    short int si1,si2,*p1,*p2;
    p1=&si1,p2=&si2;
    printf("%X\t%X\n",p1,p2);
```

```
    if (p1>p2)
        printf("p1>p2\n");
    else if (p1<p2)
        printf("p1<p2\n");
    else
        printf("p1=p2\n");
    p1=NULL;
    printf("%X\t%X\n",p1,p2);
    if (p1==NULL)
        printf("p1: NULL\n");
    if (p2!=NULL)
        printf("p2: not NULL\n");
}
```

运行结果如图 6.12 所示。

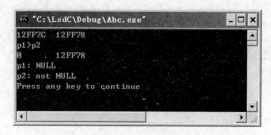

图 6.12 实例 6-11 程序的运行结果

程序解析：

(1) 在本程序中，p1 为变量 si1 的地址(0x12FF7C)，p2 为变量 si2 的地址(0x12FF78)，显示，p1 在 p2 之后，故 p1>p2。

(2) 语句 "p1=NULL;" 将指针 p1 设置为空指针(空指针的值为 0)。

6.3.4 指针的赋值运算

指针的赋值运算是指将地址量赋给相应的指针。其中，最为常见的情况是将变量、数组或数组元素等对象的地址赋给具有相同数据类型的指针。此外，具有相同数据类型的指针也可以互相赋值。

【实例 6-12】指针的赋值示例。

程序代码：

```
float x,*p1,*p2;
p1=&x;
p2=p1;
```

程序解析：执行以上语句序列后，指针 p1 与 p2 将指向相同的对象——变量 x，其示意图如图 6.13 所示。

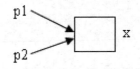

图 6.13　指针示意图

6.4　指针与数组

在 C 语言中，数组名代表数组所占内存空间的首地址，且数组各元素在内存中所占用的空间是连续的，因此可用指针访问数组及其所包含的各个元素。

6.4.1　指向一维数组的指针

将一维数组的首地址赋给指针，即可让指针指向一维数组。例如：

```
float x[10],*px; //定义数组和指针
px=x;   //指针 px 指向数组 x
px=&x[0];   //指针 px 指向数组 x(&x[0]为数组 x 首元素 x[0]的地址)
```

利用指针访问数组元素的方法主要有两种：

(1) 指针偏移法。该方法适用于指针与数组名。例如，*(px+i)、*(x+i)均表示 x[i]。

(2) 指针移动法。该方法只适用于指针，不适用于数组名(数组名为地址常量，其值是不能改变的)。例如，px++是允许的，而 x++则不允许。

【实例 6-13】一维数组元素的输入与输出。

程序代码：

```c
#include <stdio.h>
void main()
{
    int a[10];
    int i,*p=a;
    printf("Input:\n");
    for(i=0;i<10;i++)
        scanf("%d",&a[i]);
    printf("Output:\n");
    for(i=0;i<10;i++)
        printf("%d ",a[i]);
    printf("\n");
    for(i=0;i<10;i++)
        printf("%d ",*(a+i));
    printf("\n");
    for(i=0;i<10;i++)
        printf("%d ",*(p+i));
    printf("\n");
    for (p=a;p<(a+10);p++)
        printf("%d ",*p);
```

```
    printf("\n");
}
```

运行结果如图 6.14 所示。

图 6.14 实例 6-13 程序的运行结果

程序解析：在本程序中，分别用 4 种不同的方法输出一维数据 a 的各个元素。其中，第一种为常规的方法，即数组名加下标；第二种为先通过数据名计算出各元素的地址，然后再输出之；第三种为先通过指针计算出各元素的地址，然后再输出之；第四种为先移动指针指向各元素，然后再输出之。

【实例 6-14】通过指针变量输入并输出一维数组的元素。

程序代码：

```
#include <stdio.h>
void  main()
{
    int *p,i,a[10];
    p=a;
    for(i=0;i<10;i++)
        scanf("%d",p++);
    printf("\n");
    p=a;
    for(i=0;i<10;i++,p++)
        printf("%d ",*p);
    printf("\n");
    for(p=a+9;p>=a;p--)
        printf("%d ",*p);
    printf("\n");
}
```

运行结果如图 6.15 所示。

图 6.15 实例 6-14 程序的运行结果

程序解析：在本程序中，分别用两种不同的方式输出一维数据 a 的各个元素。其中，第一种为正序，第二种为逆序。

6.4.2　指向多维数组的指针

与一维数组一样，将多维数组的首地址赋给指针，即可让指针指向多维数组。例如：

```
int *px;
int x[2][3];
px=&x[0][0];  //指针 px 指向数组 x(&x[0][0]为数组 x 首元素 x[0][0]的地址)
```

在此，x 为 2 行 3 列的 int 型二维数组，共 6 个元素。实际上，x 是由两个分别具有 3 个元素的一维数组 x[0]、x[1]所构成的。其中，一维数组 x[0]对应于二维数组 x 的第 0 行(其所包含的元素为 x[0][0]、x[0][1]、x[0][2])，数组名 x[0]即为该行的首地址；一维数组 x[1]对应于二维数组 x 的第 1 行(其所包含的元素为 x[1][0]、x[1][1]、x[1][2])，数组名 x[1]即为该行的首地址。

对于二维数组 x[m][n]，则 x 为数组的首地址，&x[0][0]为数组首元素的地址，x+i 或 x[i]为数组第 i 行的首地址($0<=i<m$)，x[i]+j 或&x[i][j]为数组第 i 行第 j 列元素 x[i][j]的地址($0<=i<m,\ 0<=j<n$)，*(x[i]+j)为数组第 i 行第 j 列元素 x[i][j]的值($0<=i<m,\ 0<=j<n$)。若定义一个与二维数组 x[m][n]类型相同的指针 p 并让其指向该数组的首元素，则数组元素 x[i][j]可用*(p+n*i+j)访问($0<=i<m,\ 0<=j<n$)。

【实例 6-15】用指针变量输出二维数组元素的值。

程序代码：

```
#include <stdio.h>
void main()
{
  static int a[3][4]={{1,2,3,4},
          {5,6,7,8},{9,10,11,12}};
  int *p,n;
  n=sizeof(a)/sizeof(int);
  for(p=&a[0][0];p<&a[0][0]+n;p++)
    printf("%d ",*p);
  printf("\n");
}
```

运行结果如图 6.16 所示。

图 6.16　实例 6-15 程序的运行结果

程序解析：

(1) sizeof(a)/sizeof(int)的结果为 int 型二维数组 a 中元素的个数。

(2) p=&a[0][0]用于将二维数组 a 首元素的地址赋给指针 p。其中，&a[0][0]可用 a[0]代替。

(3) &a[0][0]+n 为二维数组 a 中最后一个元素之后的首个存储单元的地址。其中，&a[0][0]可用 a[0]代替。

6.5 字符指针与字符串

字符指针即类型为 char 的指针，常用于实现字符串的有关操作。

字符指针可以用字符串常量进行初始化或赋值(自动在字符串的末尾加'\0')。例如：

```
char *p1,*p2="string";  //初始化
p1="string";  //赋值
```

用字符串常量对字符指针进行初始化或赋值，实际上是将字符串的首地址赋给相应的指针。

此外，字符指针也可以用字符数组进行初始化或赋值。例如：

```
char str[20];
char *p1,*p2=str;
p1=str;
```

用字符数组对字符指针进行初始化或赋值，实际上是将字符数组的首地址赋给相应的指针。

【实例 6-16】程序分析。

程序代码：

```
#include <stdio.h>
void  main()
{
    char *string="I love China!";
    printf("%s\n",string);
}
```

运行结果如图 6.17 所示。

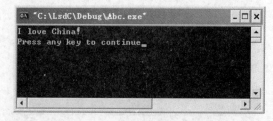

图 6.17 实例 6-16 程序的运行结果

程序解析：本程序首先定义一个字符指针 string，并让其指向字符串"I love

China!"。然后再使用字符指针 string 输出其指向的字符串,即"I love China!"。

【实例6-17】程序分析。

程序代码:

```
#include <stdio.h>
void main()
{
    char *p="I love China!";
    p=p+7;
    printf("%s\n",p);
}
```

运行结果如图 6.18 所示。

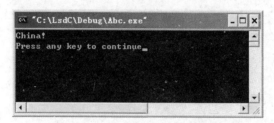

图6.18　实例6-17程序的运行结果

程序解析:在本程序中,执行"p=p+7;"语句后,字符指针 p 已指向字符串"I love China!"中的字符 C,因此最后输出字符串"China!"。

【实例6-18】有一个字符数组a,其中存放有字符串"I am a boy.",现要求将该字符串复制到字符数组 b 中。

编程思路:从第一个字符开始,将数组 a 中的字符逐个复制到数组 b 中,直到遇到数组 a 中的某个元素值为'\0'为止(此时表示数组 a 中的字符串已到此结束),然后在已复制到数组 b 中的字符的后面加上一个'\0'(表示字符串结束)。

程序代码:

```
#include <stdio.h>
void main()
{
    char a[]="I am a boy.",b[20];
    int i;
    for(i=0;*(a+i)!='\0';i++)
        *(b+i)=*(a+i);
    *(b+i)='\0';
    printf("string a is: %s\n",a);
    printf("string b is: ");
    for(i=0;b[i]!='\0';i++)
        printf("%c",b[i]);
    printf("\n");
}
```

运行结果如图 6.19 所示。

图 6.19　实例 6-18 程序的运行结果

程序解析：在本程序中，*(a+i)相当于 a[i]，*(b+i)相当于 b[i]。

💡 **注意：** 在 C 语言中，字符指针与字符数组均可用于对字符串进行相应的处理，但二者的使用是有区别的。

(1) 字符指针变量存放的是地址(如字符串的首地址)，而字符数组则是由其元素存放字符串的各个字符的。

(2) 字符指针变量可用字符串进行初始化或赋值，而字符数组则只能用字符串进行初始化，不能用字符串进行赋值。例如：

```
char *str1 = "china"; //正确
char str2[6] = "china"; //正确
str1 = "china"; //正确
str2 = "china"; //错误
```

(3) 字符指针变量的值是可以改变的，而数组名则代表数组的首地址，其值是不能改变的。

【实例 6-19】用函数调用实现字符串的复制。

程序代码：

```
#include <stdio.h>
void main()
{
    void copy_string(char *from, char *to);
    char *a="I am a teacher.";
    char b[]="you are a student.";
    char *p=b;
    printf("string a=%s\nstring b=%s\n",a,b);
    printf("\ncopy string a to string b:\n ");
    copy_string(a,p);
    printf("\nstring a=%s\nstring b=%s\n",a,b);
}
void copy_string(char *from, char *to)
{
    while(*from!='\0')
        {*to=*from;from++;to++;}
    *to='\0';
}
```

运行结果如图 6.20 所示。

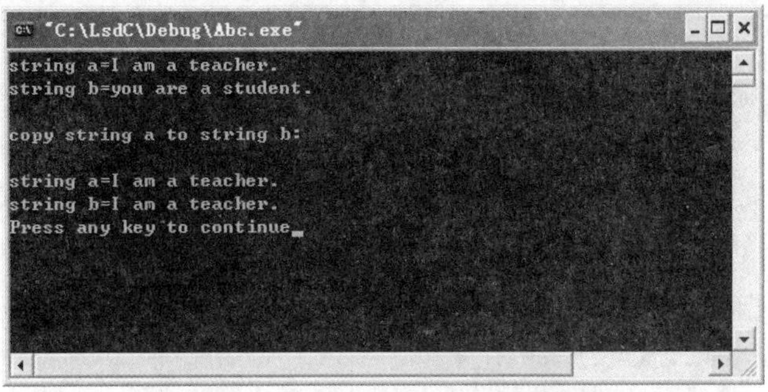

图 6.20　实例 6-19 程序的运行结果

程序解析：

(1) 本程序的功能是将字符串"I am a teacher."复制到数组 b 中。

(2) 在主函数 main()中，指针变量 a 指向字符串"I am a teacher."，其值为该字符串的首地址。指针变量 p 指向数组 b，其值为该数组的首地址。

(3) 在子函数 copy_string()中，参数 from、to 均为指针，用于接收对其进行调用时所传入的地址量，在本程序中分别为字符串"I am a teacher."与数组 b 的首地址。

(4) 本程序可用数组方式实现，程序代码为：

```c
#include <stdio.h>
void main()
{
    void copy_string(char from[], char to[]);
    char a[]="I am a teacher.";
    char b[]="you are a student.";
    printf("string a=%s\nstring b=%s\n",a,b);
    printf("\ncopy string a to string b:\n ");
copy_string(a,b);
    printf("\nstring a=%s\nstring b=%s\n",a,b);
}
void copy_string(char from[], char to[])
{
    int i=0;
    while(from[i]!='\0')
        {to[i]=from[i];i++;}
    to[i]='\0';
}
```

6.6　指　针　数　组

6.6.1　指针数组简介

所谓指针数组，其实就是类型相同的指针变量的集合。在指针数组中，每个元素都相当于一个指针变量。

【实例 6-20】指针数组的定义示例。

程序代码：

```
int *p1[10];
char *p2[20];
```

程序解析：p1 为 int 型的一维指针数组，共有 10 个元素；p2 为 char 型的一维指针数组，共有 20 个元素。

【实例 6-21】指针数组的初始化示例。

程序代码：

```
int m[2][5];
int *pm[2]={&m[0][0],&m[1][0]};
```

程序解析：pm 为 int 型的一维指针数组，共有 2 个元素。其中，pm[0]被初始化为 &m[0][0](即二维数组 m 的第 0 行的首地址)，pm[1]被初始化为&m[1][0](即二维数组 m 的第 1 行的首地址)。其示意图如图 6.21 所示。

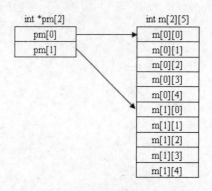

图 6.21　实例 6-21 指针数组示意图

6.6.2　指针数组的应用

指针数组的应用较为广泛，常用于处理多维数组。对于多个字符串的处理，也可使用指针数组。

【实例 6-22】程序分析。

程序代码：

```
#include <stdio.h>
void main()
{
    int m[3][5]={1,2,3,4,5,6,7,8,9,10,11,12,13,14,15};
    int *pm[3];
    pm[0]=m[0];
    pm[1]=m[1];
    pm[2]=m[2];
    printf("%d\n",m[2][2]);
    printf("%d\n",*(m[2]+2));
    printf("%d\n",*(pm[2]+2));
    printf("%d\n",*(*(pm+2)+2));
}
```

运行结果如图 6.22 所示。

图 6.22 实例 6-22 程序的运行结果

程序解析:

(1) 本程序中的各条 printf 语句的功能均为输出数组元素 m[2][2]的值(13)。

(2) pm[0]、pm[1]、pm[2]的值分别为二维数组 m 的第 0、1、2 行的首地址,故 pm[2]+2 为数组元素 m[2][2]的地址,因此*(pm[2]+2)相当于 m[2][2]。

(3) pm+2 为数组元素 pm[2]的地址,故*(pm+2)相当于 pm[2],因此*(*(pm+2)+2)与 *(pm[2]+2)是等价的。

【实例 6-23】多个字符串的输入与输出。

程序代码:

```c
#include <stdio.h>
void main()
{
  static char name[3][20];
  static char *p[3]={name[0],name[1],name[2]};
  int k;
  printf("Input:\n");
  for (k=0;k<3;k++)
    scanf("%s",p[k]);
  printf("Output:\n");
  for (k=0;k<3;k++)
    printf("%s\n",p[k]);
}
```

运行结果如图 6.23 所示。

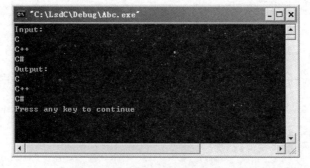

图 6.23 实例 6-23 程序的运行结果

程序解析:

(1) 在本程序中,先定义一个字符指针数组 p[3],并让其各元素分别指向字符型二维数组 name[3][20]的各行。然后,通过循环利用指针数组实现多个字符串的输入与输出。

(2) for 循环中的 p[k]也可用 name[k]代替。

【实例 6-24】输入星期号(从周日到周六的编号分别为 0 到 6),输出对应的英文名称。

程序代码:

```c
#include <stdio.h>
void main()
{
    char *p[7]={"Sun.","Mon.", "Tue.",
            "Wed.","Thur.","Fri.","Sat."};
    int code;
    scanf("%d",&code);
    printf("Today is %s\n",p[code]);
}
```

运行结果如图 6.24 所示。

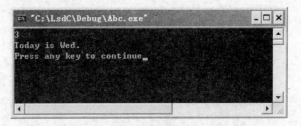

图 6.24 实例 6-24 程序的运行结果

程序解析:本程序在定义字符指针数组 p 时,同时用字符串常量对其进行初始化。

提示: 对字符指针数组进行初始化时,可直接使用多个字符串,其结果就是将各个字符串的首地址依次赋给指针数组的相应元素。

【实例 6-25】将若干字符串按字母顺序(由小到大)输出。

程序代码:

```c
#include <stdio.h>
#include <string.h>
void main()
{
    void sort(char *name[],int n);
    void print(char *name[],int n);
    char *name[]={"Follow me","BASIC","Great Wall","FORTRAN","Computer
design"};
    int n=5;
    sort(name,n);
    print(name,n);
}
void sort(char *name[],int n)
```

```
{
    char *temp;
    int i,j,k;
    for(i=0;i<n-1;i++)
    {
        k=i;
        for(j=i+1;j<n;j++)
          if (strcmp(name[k],name[j])>0)
            k=j;
        if (k!=i)
        {
            temp=name[i];
            name[i]=name[k];
            name[k]=temp;
        }
    }
}
void print(char *name[],int n)
{
    int i;
    for(i=0;i<n;i++)
        printf("%s\n",name[i]);
}
```

运行结果如图 6.25 所示。

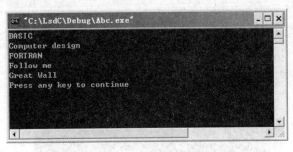

图 6.25 实例 6-25 程序的运行结果

程序解析：

(1) 在主函数中，定义字符指针数组 name，并用待排序的字符串常量对其进行初始化。

(2) 子函数 sort()用于实现字符串的排序，所使用的方法为选择排序法。

(3) 子函数 print()用于实现字符串的输出。

6.6.3 main()函数参数中的指针数组

在操作系统中执行命令时，通常要提供相应的参数，以灵活地实现预期的功能。例如：

```
del test.txt
copy test1.txt test2.txt
```

其中，第一条命令的功能是删除文件 test.txt，第二条命令的功能是将文件 test1.txt 复制为 test2.txt。

为实现类似的应用，在 C 语言中可利用带参数的 main()函数，其基本格式为：

```
main(int argc, char *argv[])
{
    …
}
```

其中，参数 argc 为 int 型，其值为命令行中命令名与各参数的总个数；argv 为 char 型指针数组，其元素分别指向命令名与各参数。

【实例 6-26】命令行参数的输出。

程序代码：

```
#include <stdio.h>
main(int argc,char *argv[])
{
  int i=0;
  while (argc>1)
  {
    i++;
    printf("%s\n",argv[i]);
    argc--;
  }
}
```

运行结果：假定该程序经编译、连接后所生成的可执行文件为 abc.exe，则在命令提示符窗口中输入并执行命令 abc hello world!的结果如图 6.26 所示。

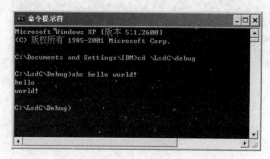

图 6.26　实例 6-26 程序的运行结果

程序解析：

(1) 本程序的功能是输出命令行的参数(不包括命令名)，故循环条件为 argc>1。每循环一次，就输出一个参数，同时令 argc 减少 1。

(2) 在循环体中，"printf("%s\n",argv[i]);"用于输出 argv[i]所指向的字符串(即相应的命令行参数)。

(3) 在本运行结果中，执行 abc hello world!命令时，main()函数的参数 argc 所接收的值为 3。相应地，指针数组 argv 共有 3 个元素，即 argv[0]、argv[1]与 argv[2]，分别指向abc、hello 与 world!。

> 提示：　本程序可改写为：

```
#include <stdio.h>
main(int argc,char *argv[])
{
    while (argc>1)
    {
        argv++;
        printf("%s\n",*argv);
        argc--;
    }
}
```

其中，"argv++;"用于实现指针的移动(首次循环时其作用相当于跳过命令名)，"printf("%s\n",*argv);"用于输出 argv 所指向的字符串(即相应的命令行参数)。

6.7　指针型函数

指针型函数就是返回值为地址量(指针)的函数，其定义的基本格式为：

```
[存储类型]　[数据类型]　*函数名([形式参数表])
[形式参数说明;]
{
  说明语句;
  执行语句;
}
```

在某些情况下，须对指针型函数进行声明，其基本格式为：

```
[存储类型]　[数据类型]　*函数名();
```

【实例 6-27】输入月份数 n，输出第 n 月的英文缩写。若输入错误，则输出"Error"。

程序代码：

```
#include "stdio.h"
char *month(int n)
{
    static char *name[]={"Error","Jan","Feb","Mar",
            "Apr","May","Jun","Jul","Agu","Sep","Oct",
            "Nov","Dec"};
    return ((n<1||n>12)?name[0]:name[n]);
}
main()
{
    int n;
    printf("Please enter n: ");
    scanf("%d",&n);
    printf("\nMonth No.%d -> %s\n",n,month(n));
}
```

运行结果如图 6.27 所示。

图 6.27　实例 6-27 程序的运行结果

程序解析：在本程序中，子函数 month 为指针型函数，其返回值为字符指针数组 name 的某个元素值，即相应字符串(错误信息或月份缩写)的首地址。

注意：　(1)　指针型函数的返回值为地址量(指针)，可以是变量的地址、数组的首地址、数组元素的地址或指针变量的地址等。

(2)　用于接收指针型函数返回值的变量必须与被调用的指针型函数的类型保持一致。此外，不能用数组名接收指针型函数的返回值(数组名是地址常量，不能进行赋值)。

6.8　函 数 指 针

6.8.1　函数指针简介

函数指针即指向函数的指针。在 C 语言中，函数名表示函数的首地址。函数指针所存储的数据，实际上就是相应函数的首地址。

函数指针的定义格式为：

[存储类型] [数据类型] (*指针名)();

定义函数指针时，存储类型为函数指针本身的存储类型，数据类型为函数指针所指向的函数的返回值的类型。

【实例 6-28】函数指针定义示例。

程序代码：

```
int (*fun1)();
double (*fun2)(float,float);
```

程序解析：在此，定义了两个函数指针 fun1 与 fun2。其中，fun1 可以指向一个返回 int 型值的函数，fun2 可以指向一个具有两个 float 型参数，且返回 double 型值的函数。

注意：　(1)　在定义函数指针 fp 时，(*fp)()不能写成*fp()，因为()优先级高于*。(*fp)()表示*先与 fp 结合(说明 fp 是指针变量)，然后*fp 再与()结合(说明该指针变量是指向函数的)。

(2)　函数指针与数据指针或指针型函数的定义格式是不同的，要注意区别。例如：

```
         int (*p)();  //函数指针
         int *p;  //数据指针
         int *p();  //指针型函数
```

对于一般的数据指针来说，进行访问运算"*"就是访问该数据指针所指向的数据。而对于有一定指向的函数指针来说，进行访问运算"*"则是执行该函数指针所指向的函数。

说明：　数据指针指向的是数据存储区，而函数指针指向的是代码存储区。

6.8.2　函数指针的应用

函数指针主要用于在函数之间实现函数的传递，而函数传递的实质其实就是地址传递。在调用函数时把一个函数传递给被调用函数，只需将函数名作为实际参数即可。相应地，被调用函数应定义一个函数指针作为形式参数，用于接收函数名所表示的函数入口地址。

【实例 6-29】设计一个函数 process()，每次调用时可实现不同的功能：第一次找出两个数中的大者；第二次找出两个数中的小者；第三次求两个数的和。

程序代码：

```
#include <stdio.h>
void main()
{
    int max(int,int);              /* 函数声明 */
    int min(int,int);              /* 函数声明 */
    int add(int,int);              /* 函数声明 */
    void process (int,int,int(*fun)());    /* 函数声明 */
    int a,b;
    printf("enter a and b: ");
    scanf("%d%d",&a,&b);
    printf("max=");
    process(a,b,max);
    printf("min=");
    process(a,b,min);
    printf("sum=");
    process(a,b,add);
}
int max(int x,int y)          /* 函数定义 */
{
    int z;
    if(x>y)
        z=x;
    else
        z=y;
    return(z);
}
int min(int x,int y)            /* 函数定义 */
{
    int z;
```

```
    if(x<y)
        z=x;
    else
        z=y;
    return(z);
}
int add(int x,int y)              /* 函数定义 */
{
    int z;
    z=x+y;
    return(z);
}
void process(int x,int y,int (*fun)(int,int))    /*用指向函数的指针作函数参数*/
{
    int result;
    result=(*fun)(x,y);
    printf("%d\n", result);
}
```

运行结果如图 6.28 所示。

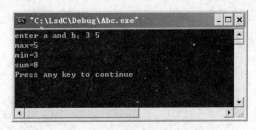

图 6.28　实例 6-29 程序的运行结果

程序解析:

(1) 在子函数 process()中,参数 fun 为一个函数指针。根据定义,该函数指针所指向的函数具有两个 int 型的参数,且返回值为 int 型。

(2) 在子函数 process()中,(*fun)(x,y)用于实现对函数指针 fun 所指向的函数的调用。

(3) 在执行 "process(a,b,max);" 语句时,子函数 max()的首地址被传递给子函数 process()的参数 fun(即函数指针)。

(4) 在执行 "process(a,b,min);" 语句时,子函数 min()的首地址被传递给子函数 process()的参数 fun(即函数指针)。

(5) 在执行 "process(a,b,add);" 语句时,子函数 add()的首地址被传递给子函数 process()的参数 fun(即函数指针)。

6.9　多级指针

多级指针即指向指针的指针,其定义的基本格式为:

[存储类型] 数据类型 **…*指针名;

在定义多级指针时，若指针名前有一个星号"*"，则称为一级指针，简称指针(也就是通常所使用的指向数据的普通指针)；若指针名前有两个星号"**"，则称为二级指针；若指针名前有三个星号"***"，则称为三级指针；其余的多级指针以此类推。

在多级指针中，最常用的是二级指针。

【实例6-30】二级指针定义示例1。

程序代码：

```
char **p1;
char *p2 = "China";
p1= &p2;
```

程序解析：p1 为 char 型二级指针，在此指向 char 型的指针变量 p2，而 p2 则指向字符串"China"。

【实例6-31】二级指针定义示例2。

程序代码：

```
char **p1;
static char *p2[3] = {"Math.","Phy.","Chem."};
p1 = p2;
```

程序解析：p1 为 char 型二级指针，在此指向 char 型的静态指针数组 p2，而 p2 的 3个元素分别又指向字符串"Math." "Phy." "Chem."。

【实例6-32】输入星期号，输出对应的英文名称。

程序代码：

```
#include <stdio.h>
void main()
{
  char *p[7]={"Sunday","Monday","Tuesday",
          "Wednesday","Thursday","Friday","Saturday"};
  char **pp=p; //pp指向p
  int data;
  printf("Input (0~6): ");
  scanf("%d",&data);
  printf("Today is %s.\n",*(pp+data));
}
```

运行结果如图 6.29 所示。

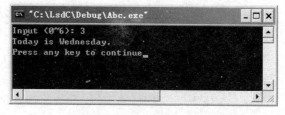

图 6.29　程序的运行结果

程序解析：在本程序中，pp 为二级指针，用于指向指针数组 p。

6.10　动　态　指　针

6.10.1　动态指针与动态内存分配

动态指针主要用于实现内存的动态分配。所谓动态内存分配，是指在程序执行的过程中动态地分配或者回收内存空间。动态内存分配与静态内存分配(如数组等)不同，无须预先分配固定大小的内存空间，而是由系统根据程序的需要即时进行分配。可见，动态内存分配具有极大的灵活性，可有效避免静态内存分配所存在的浪费内存空间或内存空间不足等问题。

6.10.2　动态内存分配函数

在 C 语言中，与动态内存分配相关的函数主要有 malloc()、calloc()、realloc()与 free()等。这些函数都是在头文件 stdlib.h 中进行声明的，用于在内存的动态存储区的堆中分配或释放空间。

1．malloc()函数

函数原型：

```
void *malloc (unsigned int size)
```

功能：在内存的动态存储区中分配一个大小为 size 字节的连续空间。

返回值：成功时返回一个指向所分配的内存空间的起始地址的指针，失败时(如因内存不足而未能成功分配内存空间)返回一个 NULL 指针(即空指针)。

典型用法：

```
Type *p;
p = (Type *)malloc(n*sizeof(Type));
```

在此，Type 表示某种数据类型，(Type *)表示把返回值强制转换为 Type 类型的指针。

【实例 6-33】malloc()函数使用示例。

程序代码：

```
int *pi = NULL;
double *pd = NULL:
pi = (int *)malloc(10*sizeof(int));
pd = (double *)malloc(10*sizeof(double));
```

程序解析：申请可存放 10 个 int 型数据的内存空间，并将其首地址赋给指针 pi；申请可存放 10 个 double 型数据的内存空间，并将其首地址赋给指针 pd；

提示：　在调用 malloc()函数时，应注意检测其返回值是否为 NULL，并据此执行相应的操作。

2．calloc()函数

函数原型：

```
void *calloc(unsigned int num, unsigned int size)
```

功能：根据指定的数据个数与每个数据所占用的字节数在内存的动态存储区中分配一片连续的空间。其中，num 为数据个数，size 为每个数据所占用的字节数，总空间为 size*num 字节。

返回值：成功时返回一个指向所分配的内存空间的起始地址的指针，失败时返回一个 NULL 指针。

【实例 6-34】calloc()函数使用示例。

程序代码：

```
int *pi = NULL;
pi = (int *)malloc(10,sizeof(int));
```

程序解析：申请可存放 10 个 int 型数据的内存空间，并将其首地址赋给指针 pi。

说明：　calloc()函数与 malloc()函数的用法类似，只是参数的个数与含义有所不同。

3．realloc()函数

函数原型：

```
void *realloc(void *ptr, unsigned int size)
```

功能：释放由指针 ptr 所指向的内存空间，并按指定的大小 size 重新分配内存空间，同时将 ptr 所指向的内存空间的数据复制到新分配的内存空间。

返回值：成功时返回一个指向新分配的内存空间的起始地址的指针，失败时返回一个 NULL 指针。

【实例 6-35】realloc()函数使用示例。

程序代码：

```
int *pi = NULL;
pi = (int *)malloc(10*sizeof(int));
pi = (int *)realloc(pi,20*sizeof(int));
```

程序解析：先申请可存放 10 个 int 型数据的内存空间，并将其首地址赋给指针 pi。然后再重新申请可存放 20 个 int 型数据的内存空间，并将其首地址赋给指针 pi。

说明：　realloc()函数返回的新内存空间的起始地址与原内存空间的起始地址可能是不同的。

4．free()函数

函数原型：

```
void free(void *ptr)
```

功能：释放由指针 ptr 所指向的内存空间。

返回值：无。

【实例 6-36】realloc()函数使用示例。

程序代码：

```
int *pi = NULL;
pi = (int *)malloc(10*sizeof(int));
free(ptr);
```

程序解析：申请可存放 10 个 int 型数据的内存空间，并将其首地址赋给指针 pi，然后再释放之。

> 提示： 对于动态申请的内存空间，使用完毕后要用 free()函数加以释放。

6.10.3　动态指针与动态内存分配函数的使用

关于动态指针与动态内存分配函数的使用，在此略举一例加以说明。

【实例 6-37】动态内存分配演示。

程序代码：

```
#include <stdio.h>
#include <stdlib.h>
void main()
{
 int n=3,i,*pn=NULL;
 pn =(int *) malloc(n*sizeof(int));    //分配内存空间
 for(i=0; i<n; i++)  //输入数据
     scanf("%d",pn+i);
 for(i=0; i<n; i++)   //输出数据
     printf("%d ",*(pn+i));
 free(pn);  //释放内存空间
 printf("\n");
 pn=(int *)calloc(n,sizeof(int));    //分配内存空间
 for(i=0; i<n; i++)  //输入数据
     scanf("%d",pn+i);
 for(i=0; i<n; i++)   //输出数据
     printf("%d ",*(pn+i));
 printf("\n");
 pn=(int *)realloc(pn,2*n*sizeof(int));  //重新分配内存空间
 for(i=n; i<2*n; i++)   //输入数据
     scanf("%d",pn+i);
 for(i=0; i<2*n; i++)   //输出数据
     printf("%d ",*(pn+i));
 free(pn);  //释放内存空间
 printf("\n");
}
```

运行结果如图 6.30 所示。

图 6.30 实例 6-37 程序的运行结果

程序解析：

(1) 首先调用 malloc()函数申请 3 个整数所需要的内存空间，并通过循环输入、输出 3 个整数(在此为 1、2、3)，然后释放该内存空间。

(2) 接着调用 calloc ()函数申请 3 个整数所需要的内存空间，并通过循环输入、输出 3 个整数(在此为 11、22、33)。然后调用 realloc ()函数重新申请 6 个整数所需要的内存空间，并通过循环输入后面的 3 个整数(在此为 111、222、333)，输出所有的 6 个整数(在此为 11、22、33、111、222、333)，最后再释放该内存空间。可见，在重新申请内存空间时，可保留原空间中所存放的数据。

6.11 指针的综合实例

使用指针，可通过传址方式实现函数之间数据的双向传递。使用传址方式时，实际参数可以是变量或数组元素的地址、地址常量(如数组名)、指针变量，而形式参数则通常为指针变量或数组名。实际上，在 C 语言中，形参数组名是作为指针变量来处理的。

【实例 6-38】输入 3 个整数，按从大到小的顺序输出之。

程序代码：

```c
#include <stdio.h>
void main()
{
    void exchange(int *q1, int *q2, int *q3);
    int a,b,c,*p1,*p2,*p3;
    scanf("%d,%d,%d",&a, &b, &c);
    p1=&a;p2=&b;p3=&c;
    exchange (p1,p2,p3);
    printf("\n%d,%d,%d\n",a,b,c);
}
void exchange(int *q1, int *q2, int *q3)
{
    void swap(int *pt1, int *pt2);
    if(*q1<*q2) swap(q1,q2);
    if(*q1<*q3) swap(q1,q3);
    if(*q2<*q3) swap(q2,q3);
```

```
}
void swap(int *pt1, int *pt2)
{
    int temp;
    temp=*pt1;
    *pt1=*pt2;
    *pt2=temp;
}
```

运行结果如图 6.31 所示。

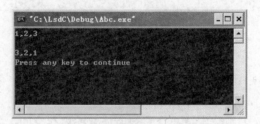

图 6.31　程序的运行结果

程序解析：

(1)　swap()函数的形式参数为两个 int 型指针，其功能为交换这两个指针所对应的内存单元的值。

(2)　exchange()函数的形式参数为 3 个 int 型指针，其功能为按从大到小的顺序调整这3 个指针所对应的内存单元的值。具体过程为：①若第 1 个指针所对应的内存单元的值小于第 2 个指针所对应的内存单元的值，则调用 swap 函数交换之；②若第 1 个指针所对应的内存单元的值小于第 3 个指针所对应的内存单元的值，则调用 swap 函数交换之；③若第 2 个指针所对应的内存单元的值小于第 3 个指针所对应的内存单元的值，则调用 swap函数交换之。

(3)　在主函数 main()中，先输入 3 个整数，分别赋给变量 a、b、c。然后让指针 p1、p2、p3 分别指向变量 a、b、c，并以这 3 个指针作为实际参数调用 exchange()函数，从而按从大到小的顺序调整这 3 个变量的值。最后按顺序输出变量 a、b、c 的值，即可按从大到小的顺序输出前面所输入的 3 个整数。

【实例 6-39】将数组 a 中 n 个整数按相反顺序存放。

编程思路：依次将前后对应的两个元素进行对换，即先将 a[0]与 a[n-1]对换，再将 a[1]与 a[n-2]对换……可用循环结构进行处理，先设两个"位置指示变量"i、j，其初值分别为 0、n-1。将 a[i]与 a[j]交换后，让 i 值加 1、j 值减 1，再将 a[i]与 a[j]交换，直到 i=(n-1)/2 为止。

程序代码：

```
#include <stdio.h>
void main()
{
    void inv(int *x,int n);
    int i,a[10]={3,7,9,11,0,6,7,5,4,2};
    printf("The original array:\n");
```

```
    for(i=0;i<10;i++)
        printf ("%d,",a[i]);
    printf("\n");
    inv(a,10);
    printf("The array has been in verted: \n");
    for(i=0;i<10;i++)
        printf ("%d,",a[i]);
    printf ("\n");
}
void inv(int *x,int n)
{
    int *p,temp,*i,*j,m=(n-1)/2;
    i=x;j=x+n-1;p=x+m;
    for(;i<=p;i++,j--)
        {temp=*i;*i=*j;*j=temp;}
    return;
}
```

运行结果如图 6.32 所示。

图 6.32　实例 6-39 程序的运行结果

程序解析：

(1) 在本程序中，子函数 inv() 用于实现数组元素的前后对换，其形式参数 x、n 分别用于接收相应数组的首地址与元素个数。

(2) 在子函数 inv() 内，指针变量 i、j 分别指向数组中须进行对换的前、后两个元素，而指针变量 p 则指向数组的"中间"元素。前、后相应元素的对换通过 for 循环实现，循环条件为"i<=p"（其含义为：若 i 所指向的元素未超过"中间"元素，则应继续进行对换）。

(3) 本程序也可用数组方式实现，程序代码为：

```
#include <stdio.h>
void main()
{
    void inv(int x[],int n);
    int i,a[10]={3,7,9,11,0,6,7,5,4,2};
    printf("The original array:\n");
    for(i=0;i<10;i++)
        printf ("%d,",a[i]);
    printf("\n");
    inv(a,10);
    printf("The array has been in verted: \n");
    for(i=0;i<10;i++)
```

```
            printf ("%d,",a[i]);
       printf ("\n");
}
void inv(int x[],int n)
{
       int temp,i,j,m=(n-1)/2;
       for(i=0;i<=m;i++)
       {
            j=n-1-i;
            temp=x[i];
            x[i]=x[j];
            x[j]=temp;
       }
       return;
}
```

【实例 6-40】用选择法对 10 个整数按由大到小顺序排序。

程序代码：

```
#include <stdio.h>
void main()
{
    void sort(int *x,int n);
    int *p,i,a[10];
    p=a;
    for(i=0;i<10;i++)
        scanf("%d",p++);
    p=a;
    sort(p,10);
    for(p=a,i=0;i<10;i++)
        {printf("%d ",*p);p++;}
    printf("\n");
}
void sort(int *x,int n)
{
    int i,j,k,t;
    for(i=0;i<n-1;i++)
    {
        k=i;
        for(j=i+1;j<n;j++)
            if(*(x+j)>*(x+k))
                k=j;
            if(k!=i)
            {
                t=*(x+i);
                *(x+i)=*(x+k);
            *(x+k)=t;
            }
    }
}
```

运行结果如图 6.33 所示。

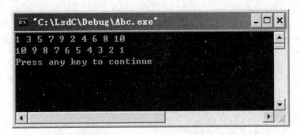

图 6.33 实例 6-40 程序的运行结果

程序解析：

(1) 在本程序中，子函数 sort()用于以选择法按降序方式实现数组元素的排序，其形式参数 x、n 分别用于接收相应数组的首地址与元素个数。

(2) 本程序可用数组方式实现，程序代码为：

```c
#include <stdio.h>
void main()
{
    void sort(int x[],int n);
    int *p,i,a[10];
    p=a;
    for(i=0;i<10;i++)
        scanf("%d",p++);
    p=a;
    sort(p,10);
    for(p=a,i=0;i<10;i++)
        {printf("%d ",*p);p++;}
    printf("\n");
}
void sort(int x[],int n)
{
    int i,j,k,t;
    for(i=0;i<n-1;i++)
    {
        k=i;
        for(j=i+1;j<n;j++)
            if(x[j]>x[k])
                k=j;
            if(k!=i)
            {
                t=x[i];
                x[i]=x[k];
                x[k]=t;
            }
    }
}
```

【**实例 6-41**】用函数调用实现字符串的连接。

程序代码：

```c
#include <stdio.h>
void main()
{
    void link_string(char *arr1, char *arr2);
    char a[40]="I am a teacher.";
    char b[]="you are a student.";
    char *p1=a,*p2=b;
    printf("string a=%s\nstring b=%s\n",p1,p2);
    link_string (p1,p2);
    printf("\nstring a=%s\nstring b=%s\n",a,b);
}
void link_string(char *arr1, char *arr2)
{
    for(;*arr1!='\0';)
        arr1++;
    for(;*arr2!='\0';arr1++,arr2++)
        *arr1=*arr2;
    *arr1='\0';
}
```

运行结果如图 6.34 所示。

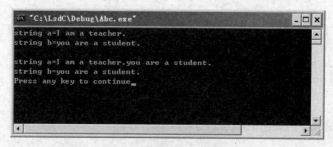

图 6.34　程序的运行结果

程序解析：

(1)　在本程序中，两个字符串的连接是通过调用子函数 link_string() 实现的。

(2)　子函数 link_string() 的两个形式参数 arr1、arr2 均为 char 型指针，分别用于接收要进行连接的两个字符串的首地址。

(3)　字符串的连接过程为：先确定第 1 个字符串的结束位置，然后从此开始逐个接收第 2 个字符串中的各个字符，最后再加上结束标志 0 字符('\0')。

本 章 小 结

本章简要地介绍了指针的基本概念，并通过具体实例讲解了 C 语言中指针的定义方法及其基本运算，利用指针访问一维数组与多维数组(特别是二维数组)的各种方法、字符指针在字符串处理中的应用方法，以及指针数组、指针型函数、函数指针、多级指针与动态内存分配函数的使用方法。通过本章的学习，应熟知指针的基本概念与主要应用，切实掌握 C 语言中指针的各种应用技术，能够灵活应用指针妥善解决有关的实际问题。

习　题

一、填空题

1. 一个变量的指针是指(　　　　)。

2. 一个指针类型的对象占用内存的(　　　　)字节的存储空间(VC)。

3. 要将 p 定义为字符型指针，语句为(　　　　)。

4. &后跟变量名，表示该变量的(　　　　)。

5. *后跟指针变量名，表示该指针变量所指向的内存单元的(　　　　)。

二、单选题

1. 一个指针类型的对象占用内存中(　　)字节的存储空间(VC)。

   A. 2　　　　　　B. 4　　　　　　C. 8　　　　　　D. 16

2. 下列定义不正确的是(　　)。

   A. int *p=&i, i;　　B. int *p, i;　　C. int i, *p=&i;　　D. int i,*p;

3. 假定 p 所指对象的值为 25，p+1 所指对象的值为 42，则 *p++ 的值为(　　)。

   A. 25　　　　　　B. 42　　　　　　C. 26　　　　　　D. 43

4. 若 p 指向 x，则(　　)与 x 的表示是等价的。

   A. p　　　　　　B. *p　　　　　　C. *x　　　　　　D. &x

5. 以下程序段的执行结果为(　　)。

```
int a,b,*p=&a,*q=&b;
*p=15;
*q=*p-5;
b=a+1-b;
printf("%d,%d\n",a,*q);
```

   A. 15，10　　B. 15，6　　C. 15，5　　D. 15，0

6. 以下程序段的执行结果为(　　)。

```
int a=5,b=10,*p=&a,*q=&b;
*q=*p+1+*q;
printf("%d,%d\n",*p,*q);
```

   A. 5，12　　B. 5，15　　C. 5，16　　D. 5，20

7. 若有变量定义："int i, j=7, *p=&i;"，则与"i=j;"语句等价的语句是(　　)。

   A. i=*p;　　B. *p=*&j;　　C. i=&j;　　D. i=&*p;

8. 假定 a 是一个数组名，则 a[i] 的指针访问方式为(　　)。

   A. sizeof (a[i])　　B. *a+i　　C. a+i　　D. *(a+i)

9. 若 int a[10]={0,1,2,3,0,8,9,10}，则 a[1]+*&a[9] 的值为(　　)。

   A. 0　　　　　　B. 1　　　　　　C. 10　　　　　　D. 11

10. 若"int a[2]={1,3}, *p=&a[0]+1;"，则 *p 的值是(　　)。

    A. 2　　　　　　B. 3　　　　　　C. 4　　　　　　D.&a[0]+1

11. 若要使 p 指向二维整型数组 a[10][20]，则 p 的类型为(　　)。

    A. int *　　　　　B. int **　　　　　C. int *[20]　　　　D. int(*)[20]

12. 若有说明语句"int a[5]={1,2,3,4,5}, *p=a;"，则 p[2]的值是(　　)。

    A. 2　　　　　　B. 3　　　　　　C. 4　　　　　　D. 5

13. 假定 p 指向的字符串为 "string"，则 printf("%s",p+3); 的输出结果为(　　)。

    A. string　　　　B. ring　　　　　C. ing　　　　　　D. i

14. 变量 s 的定义为"char *s= "Hello world!";"，要使变量 p 指向 s 所指向的同一个字符串，则应选取(　　)。

    A. char *p=s;　　B. char *p=&s;　　C. char *p;p=*s;　　D. char *p; p=&s;

15. 若有一个函数原型为"double *function()"，则其返回值类型为(　　)。

    A. 实数型　　　　B. 实数指针型　　C. 函数指针型　　D. 数组型

三、多选题

1. 若有以下程序段：

```
main( )
{
  char a[10],b[10];
  ...
  fun(a,b);
  ...
}
```

则在 fun 函数的头部中，对形参正确的定义是(　　)。

    A. fun(char a,char b)　　　　　　　　B. fun(char a1[],char a2[])

    C. fun(char p[10], char q[10])　　　　D. fun(char *s1,char *s2)

2. 若有说明语句

```
char a[]="It is mine";   char *p="It is mine"
```

则以下叙述中正确的是(　　)。

    A. a+1 表示的是字符 t 的地址

    B. p 指向另外的字符串时，字符串的长度不受限制

    C. p 变量中存放的地址值可以改变

    D. a 中存放的字符串最多只能有 10 个字符

四、判断题

1. 语句 "char *string="string";" 是将字符串 string 赋给指针变量 string。　　　　(　　)

2. 语句 "int *p;" 与 "printf("%d", *p);" 中的*p 的含义是相同的。　　　　　　(　　)

3. 若有定义 "int *p,a; p = &a;"，则*p 指的是变量 a 的地址。　　　　　　　　(　　)

4. 若有定义 "int a[5],*p=a;"，则 p+1 表示的是 a[1]的地址。　　　　　　　　(　　)

5. 在定义指针变量时，所指定的数据类型就是指针变量本身的数据类型。　　　(　　)

五、程序改错题

1. 调用 swap 函数实现两个数据的交换。

```c
#include <stdio.h>
void swap(int *p1,int *p2)
{
    int temp;
    temp=*p1;
    *p1=*p2;
    *p2=temp;
}
void main()
{
    int a,b;
    int *pointer_1,*pointer_2;
    scanf("%d,%d",&a,&b);
    pointer_1=&a;
    pointer_2=&b;
    swap(*pointer_1,*pointer_2);
    printf("%d,%d\n",a,b);
}
```

2. 利用指针为数组元素赋值，并按相反的顺序输出之。

```c
#include <stdio.h>
void main()
{
int i,a[10],*p=a;
for(i=0;i<10;i++)
    *a++=i;
p=a+9;
for(i=0;i<10;i++)
    printf("a[%d]=%d\n",9-i,*p--);
}
```

六、程序分析题

1.

```c
#include <stdio.h>
main()
{
int x=2,y=5,z=0,*p=&y;
y=*(p-1)**(p+1);
z=x+y;
printf("z=%d\n",z);
}
```

2.

```c
#include <stdio.h>
main()
```

```
{
int x=2,y=5,z;
int *p1=&x,*p2=&y;
*p1-=*p2;
z=x+*p1+*p2;
printf("z=%d\n",z);
}
```

3.

```
#include <stdio.h>
main()
{
int *p, *q, k=2, j=15 ;
p=&j; q=&k ; p=q ; (*p)++;
printf("%d\n",*q);
}
```

4.

```
#include <stdio.h>
main()
{
int a[]={1,2,3}, *p=&a[0]+1;
printf("%d\n",*p);
}
```

5.

```
#include<stdio.h>
void main()
{
    int a[3][3]={{3,5,7},{9,11,13},{6,8,20}};
    int i,*p=&a[0][0];
    for(i=0;i<9;i++) {
        if(*p>10) printf("%d ",*p);
        p++;
    }
    printf("\n");
}
```

6.

```
#include<stdio.h>
void main()
{
    int a[3][3]={{3,5,7},{9,11,13},{6,8,20}};
    int i,*p=&a[0][0];
    for(i=0;i<9;i++) {
        if(*p>10) printf("%d ",*(p-1));
        p++;
    }
    printf("\n");
}
```

7.

```c
#include <stdio.h>
char s[]="ABCD";
main()
{ char *p;
 for(p=s;p<s+4;p++)
   printf("%c  %s\n",*p, p);
}
```

8.

```c
#include<stdio.h>
void main()
{
    char *s[]={"one","two","three"},*p;
    p=s[1];
    printf("%c,%s\n",*(p+1),s[0]);
}
```

9.

```c
#include<stdio.h>
void LE(int *a, int *b)
{
    int *x=a;
    a=b;
    b=x;
    printf("%d %d\n",*a,*b);
}
void main()
{
    int x=15, y=26;
    int *p=&x,*q=&y;
    printf("%d %d\n",*p,*q);
    LE(p,q);
    printf("%d %d\n",*p,*q);
}
```

10.

```c
#include <stdio.h>
void main()
{
  char *a[4]={"Tokyo","Osaka","Sapporo","Nagoya"};
  char **pt;
  pt=a;
  printf("%s\n",*(pt+2));
}
```

七、程序填空题

1. select 函数在 M 行 N 列的二维数组中找出最大值作为函数值返回，并通过形参传回此最大值所在的行标与列标。

```c
#include <stdio.h>
#define M 3
#define N 3
int select(int a[M][N],int *m,int*n)
{
int i,j,row=1,column=1;
for(i=0;i<M;i++)
    for(j=0;j<N;j++)
        if(_____[1]_____)
        {
            row=i;
            column=j;
        }
*m=_____[2]_____;
_____[3]_____=column;
return a[row][column];
}
void main()
{
int a[M][N],i,j,max;
for (i=0;i<M;i++)
    for (j=0;j<N;j++)
        scanf("%d",_____[4]_____);
max=select(_____[5]_____);
printf("max=%d,i=%d,j=%d\n",max,i,j);
}
```

2. 比较两个字符串是否相等，若相等则输出"YES!"，否则输出"NO!"。

```c
#include<stdio.h>
void main()
{
int n=0;
int i=0;
char *s1="the",*s2="that";
while(_____[1]_____ && _____[2]_____)
{
    if(s1[i]!=s2[i])
    {
        n=1;
        _____[3]_____
    }
    _____[4]_____
}
if(_____[5]_____)
    printf("YES!\n");
else
    printf("NO!\n");
}
```

八、程序设计题

1. 输入 3 个整数赋值给 3 个变量，通过调用函数交换变量的值，确保 3 个整数按从小到大的顺序保存在 3 个变量中。

2. 输入一个字符串，通过调用自定义函数求出其长度，然后输出之。

3. 按顺序排号的 n 名学生围成一圈，从第 1 名学生开始由 1 至 3 报数，凡报到 3 的学生退出圈子，到最后只留下一名学生为止。试编程求最后留下来的学生的原始排号。

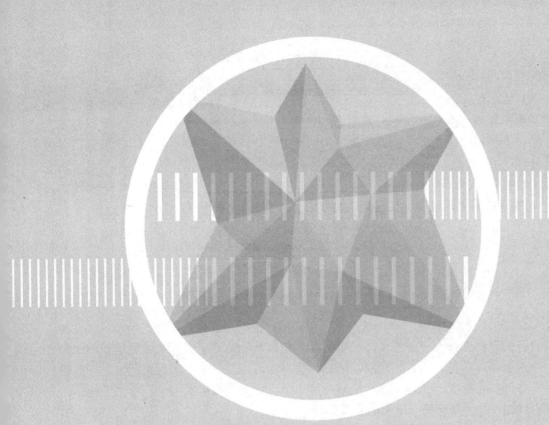

第 7 章

构 造 类 型

本章要点：

结构体；联合体；枚举；位段。

学习目标：

了解构造类型的基本概念；掌握结构体的各种用法；掌握联合体的基本用法；掌握枚举的基本用法；掌握位段的基本用法。

7.1　构造类型简介

除了基本类型、指针类型与空类型以外，C 语言还有一种数据类型——构造类型。构造类型通常又称为复合类型，可根据需要包含若干个成员，而每个成员的类型可以是基本类型、指针类型或构造类型。可见，使用构造类型，可有效地组织有关的各种数据，并进行灵活处理。

除了数组以外，C 语言中的构造类型还有结构体、联合体、枚举与位段(一种特殊的结构体)。在实际的应用开发中，这些构造类型也是相当重要、颇为常用的。

7.2　结　构　体

7.2.1　结构体简介

在 C 语言中，结构体是一种构造类型，可由用户根据需要自行创建，用于将类型相同或不同的有关数据组合为一个整体，以明确其内在联系，并便于进行高效处理。例如，一个学生通常要用其学号、姓名、性别、年龄、联系电话、家庭地址等数据项来进行描述，必要时可将这些数据项组合为一体，从而创建一个自定义的数据类型——学生结构体，并用该结构体类型统一处理每个学生的有关信息。

构成结构体的数据项称为结构体成员(或结构体元素)。对于一个结构体来说，其成员的名称必须各不相同，但各个成员的数据类型可以相同，也可以不同。结构体所包含的数据，实际上是通过其成员来存放的。

结构体为处理复杂的数据结构提供了一种强有力的手段，也为在函数间传递不同类型的参数提供了极大的便利。在开发各类应用系统时，为有效处理各类相关数据，通常要自行创建一系列的结构体类型。

💡 注意：　结构体与数组不同。数组由数组元素构成，各数组元素的数据类型是相同的。结构体则由结构体成员构成，各结构体成员的数据类型可以相同，也可以不同。此外，数组元素是通过其下标来引用的，而结构体成员是通过其名称来引用的。

7.2.2　结构体的声明

结构体遵循"先声明，后使用"的原则。在 C 语言中，结构体的声明须使用 struct 关键字，其语法格式为：

```
struct 结构体名
{
  数据类型 成员名1;
  数据类型 成员名2;
  ...
  数据类型 成员名n;
};
```

其中，结构体名与各成员名必须符合标识符的命名规则。

【实例7-1】结构体的声明示例。

程序代码：

```
struct date
{
  int year;
  int month;
  int day;
};
```

程序解析：声明一个结构体 date，共有 3 个成员，即 year、month 与 day，且均为 int 型。

提示： 结构体的成员可以是简单变量、数组、指针，也可以是结构体、联合体等。

7.2.3 结构体变量的定义

声明好结构体以后，即可用其定义相应的结构体变量，语法格式为：

struct 结构体名 变量名1，变量名2,...，变量名n；

在定义结构体变量时，可同时对其进行初始化，即为其成员赋以相应的初值。对结构体变量进行初始化的基本格式为：

struct 结构体名 结构体变量名={结构体成员初值列表}；

【实例7-2】结构体变量的定义示例。

程序代码：

```
struct person
{
 char *name;
 int age;
};
struct person gao,zhang;
```

程序解析：定义两个 struct person 类型的变量 gao、zhang。

提示： 结构体变量的定义也可采用以下两种方式。

(1) 结构体声明与结构体变量定义合二为一。例如：

```
struct person
{
 char *name;
 int age;
} gao,zhang;
```

(2) 结构体声明与联合体变量定义合二为一，但略去结构体名。例如：

```
struct
{
 char *name;
 int age;
} gao,zhang;
```

【实例 7-3】结构体变量的初始化示例。

程序代码：

```
struct date
{
 int year;
  int month;
  int day;
};
struct date mydate={1996,6,26};
```

程序解析：mydate 的成员 year、month、day 分别被初始化为 1996、6、26。

提示： 结构体变量各成员所占用的内存空间是连续的，其大小之和即为结构体变量所占用的内存空间的大小。必要时，可用 sizeof()运算求出某种结构体类型的大小。例如：

sizeof(struct person)

7.2.4　结构体成员的引用

为引用结构体变量的成员，须使用成员运算符 "."，其基本格式为：

结构体变量名.成员名

成员运算符 "." 属于初等运算符。在所有的运算符中，初等运算符具有最高的优先级，结合性为从左到右。

【实例 7-4】结构体成员的引用示例。

程序代码：

```
struct date
{
 int year;
  int month;
  int day;
} mydate;
mydate.year = 1996;
mydate.month = 6;
mydate.day = 26;
```

程序解析：引用 mydate 的成员 year、month、day，并分别为其赋值 1996、6、26。

【实例 7-5】把一个学生的信息放在一个结构体变量中，然后输出该学生的信息。

编程思路：先在程序中自己建立一个结构体类型，包括与学生信息相关的各个成员。同时定义结构体变量，并赋以相应的初值(一个学生的各项信息)。最后输出该结构体变量的各个成员(即该学生的有关信息)。

程序代码：

```
#include <stdio.h>
void main()
```

```
{
struct student
  {
int num;
   char name[20];
   char sex;
   char addr[20];
  }mystudent={10101,"Li Lin",'M',"123 Beijing Road"};
  printf("NO.:%d\nname:%s\nsex:%c\naddress:%s\n",
  mystudent.num, mystudent.name, mystudent.sex, mystudent.addr);
}
```

运行结果如图 7.1 所示。

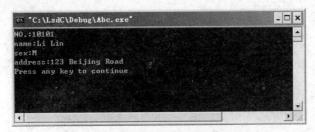

图 7.1　实例 7-5 程序的运行结果

程序解析：本程序在声明结构体 student 的同时定义结构体变量 mystudent，并对其进行初始化。在进行初始化时，各个初值应与结构体相应成员的数据类型相匹配。

【实例 7-6】输入两个学生的学号、姓名与成绩，然后输出成绩较高的学生的学号、姓名与成绩。

编程思路：

(1) 声明一个结构体 student，并定义两个结构体变量 student1 与 student2；

(2) 分别输入两个学生的学号、姓名与成绩，保存至结构体变量 student1 与 student2 的相应成员中；

(3) 比较两个学生的成绩，共有 3 种可能的结果：如果学生 1 的成绩高于学生 2 的成绩，就输出学生 1 的全部信息；如果学生 2 的成绩高于学生 1 的成绩，就输出学生 2 的全部信息；如果二者相等，就输出两个学生的全部信息。

程序代码：

```
#include <stdio.h>
void main()
{
  struct student  //声明结构体类型 struct student
  {
    int num;
    char name[20];
    float score;
  }student1,student2;  //定义两个结构体变量 student1 与 student2
  scanf("%d%s%f",&student1.num,student1.name, &student1.score);
//输入学生 1 的数据
```

```
scanf("%d%s%f",&student2.num,student2.name, &student2.score);
//输入学生2的数据
 printf("The higher score is:\n");
 if (student1.score>student2.score)
   printf("%d  %s  %6.2f\n",student1.num,student1.name, student1.score);
 else if (student1.score<student2.score)
   printf("%d  %s  %6.2f\n",student2.num,student2.name, student2.score);
 else {
   printf("%d  %s  %6.2f\n",student1.num,student1.name, student1.score);
   printf("%d  %s  %6.2f\n",student2.num,student2.name, student2.score);
 }
}
```

运行结果如图 7.2 所示。

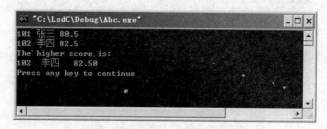

图 7.2　实例 7-6 程序的运行结果

程序解析：本程序在声明结构体 student 的同时定义了两个结构体变量 student1 与 student2。在输入或输出 student1 与 student2 的数据时，应注意其各个成员的数据类型。

7.2.5　结构体数组

所谓结构体数组，是指类型为某种结构体的数组。结构体数组的各个元素都相当于一个结构体变量，均可通过其成员存放一组相关联的数据。如果要同时处理多组相关联的数据，那么使用结构体数组是较为方便的。

结构体数组的定义与普通数组的定义是一致的，只是其类型为某种结构体类型，基本格式为：

[存储类型] struct 结构体名 结构体数组名[常量表达式1]...[常量表达式n];

在定义结构体数组时，可同时对其进行初始化，基本格式为：

[存储类型] struct 结构体名 结构体数组名[常量表达式1]...[常量表达式n]={初值列表};

【实例 7-7】结构体数组的定义与初始化示例。
程序代码：

```
struct person
{
 char name[10];
 int age;
};
struct person student[3]={ "Li",18,"Zhang",19,"Lu",18};
```

　　程序解析：首先声明一个结构体类型 person，然后用其定义一个一维数组 student(共有 3 个元素)，并对其进行初始化。

　　【实例 7-8】有 3 个候选人，每个选民只能投票选择其中之一。请编写一个选票统计程序，逐一输入被选人的姓名后，即可输出最终的投票结果。

　　编程思路：

　　(1) 定义一个结构体数组，数组中包含 3 个元素，每个元素的信息包括候选人的姓名与得票数，并对其进行初始化。

　　(2) 统计选票：循环输入各选民所选候选人的姓名，并将其与各数组元素的姓名成员进行比较，若相同，则令相应元素的得票数成员的值增加 1。

　　(3) 输出结果，即输出各数组元素的有关信息。

　　程序代码：

```
#include <string.h>
#include <stdio.h>
struct person  //声明结构体类型 struct person
{
  char name[20];  //候选人姓名
  int count;  //候选人得票数
} leader[3]={"Li",0,"Zhang",0,"Lu",0};  //定义结构体数组并进行初始化
void main()
{
  int i,j;
  char leader_name[20];  //候选人姓名
  for (i=1;i<=10;i++)
  {
    scanf("%s",leader_name);  //输入所选候选人的姓名
    //若输入的姓名与某一元素的 name 成员相同，则令该元素的 count 成员增加 1
    for(j=0;j<3;j++)
        if(strcmp(leader_name,leader[j].name)==0)
          leader[j].count++;
  }
  printf("\nResult:\n");
  //输出数组所有元素的信息
  for(i=0;i<3;i++)
    printf("%5s:%d\n",leader[i].name,leader[i].count);
}
```

　　程序解析：

　　(1) 本程序在声明结构体 person 的同时定义了一个包含 3 个元素的结构体数组 leader，并对其进行初始化。此时，各数组元素的得票数成员的值均应为 0。

　　(2) 在计票过程中，通过调用字符串比较函数 strcmp()来实现姓名的比较。为此，须在程序开始处包含头文件 string.h。

　　【实例 7-9】已有 N 个学生的信息(包括学号、姓名、成绩)，现要求按照成绩的高低顺序输出各学生的信息。

　　编程思路：用结构体数组存放 N 个学生的信息，然后采用选择法对各元素进行排序，最后再逐一输出各元素的信息。

程序代码：

```c
#include <stdio.h>
#define N 5
struct student   //声明结构体类型 struct student
{
    int num;
    char name[10];
    float score;
};
void main()
{
    struct student
stu[N]={{10101,"Zhang",78},{10103,"Wang",98.5},{10106,"Li",86},
        {10108,"Ling",73.5},{10110,"Fun",100}};  //定义结构体数组并进行初始化
    struct student temp;   //定义结构体临时变量 temp(交换元素时使用)
    int i,j,k;
    for(i=0;i<N-1;i++)
    {
        k=i;
        for(j=i+1;j<N;j++)
            if(stu[j].score>stu[k].score)  //进行成绩比较
                k=j;
            temp=stu[k];stu[k]=stu[i];stu[i]=temp;  //交换 stu[k]与 stu[i]元素
    }
    printf("The order is:\n");
        for(i=0;i<N;i++)
            printf("%6d %8s %6.2f\n",stu[i].num,stu[i].name,stu[i].score);
//输出结果
}
```

运行结果如图 7.3 所示。

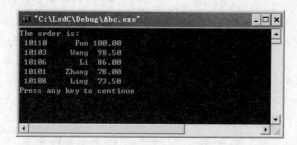

图 7.3　实例 7-9 程序的运行结果

程序解析：

(1) 本程序先声明一个全局结构体 student，然后在主函数内用此结构体定义一个包含 N 个元素的结构体数组 stu，并对其进行初始化。在本程序中，N 是值为 5 的符号常量。

(2) 本程序采用选择法对数组元素进行排序时，排序依据为各元素的成绩成员 score。

(3) "temp=stu[k];stu[k]=stu[i];stu[i]=temp;"用于实现数组元素 stu[k]与 stu[i]的交换。其中，temp 为 student 结构体变量。

7.2.6 结构体指针

所谓结构体指针,就是指向结构体对象的指针。对于结构体变量或结构体数组来说,必要时也可通过同种类型的结构体指针进行访问。结构体指针用于存放相应结构体对象(如结构体变量、结构体数组或结构体数组元素)的地址,并遵循与普通指针一样的运算规则。

结构体指针的定义与普通指针的定义是一致的,只是其类型为某种结构体类型,基本格式为:

```
[存储类型] struct 结构体名 *结构体指针名;
```

在定义结构体指针时,可同时对其进行初始化(即让其获取相应结构体对象的地址),基本格式为:

```
[存储类型] struct 结构体名 *结构体指针名=&结构体变量名;
[存储类型] struct 结构体名 *结构体指针名=结构体数组名;
[存储类型] struct 结构体名 *结构体指针名=&结构体数组名[下标1]...[下标n];
```

在使用过程中,也可随时将结构体对象的地址赋给相应的结构体指针,基本格式为:

```
结构体指针名=&结构体变量名;
结构体指针名=结构体数组名;
结构体指针名=&结构体数组名[下标1]...[下标n];
```

让结构体指针指向结构体对象后,即可用结构体指针访问该对象的有关成员,基本格式为:

```
(*结构体指针名).成员名
结构体指针名->成员名
```

其中,指向运算符"->"也是一种初等运算符,具有与成员运算符"."一样的优先级与结合性(从左到右)。

【**实例 7-10**】结构体指针使用示例。

程序代码:

```
struct date
{
 int year;
  int month;
  int day;
};
struct date mydate;
struct date *p;
p=&mydate;
(*p).year = 1996;
(*p).month = 6;
p->day = 26;
```

程序解析:定义结构体类型 date 的变量 mydate 与指针 p,并让 p 指向 mydate,然后通过 p 访问 mydate 的成员 year、month、day,分别为其赋值 1996、6、26。

【**实例 7-11**】程序分析。

程序代码：

```c
#include <stdio.h>
#include <string.h>
void main()
{
    struct student
    {
        long num;
        char name[20];
        char sex;
        float score;
    };
    struct student stu;   //定义 struct student 类型的变量 stu
    struct student *p;    //定义指向 struct student 类型对象的指针变量 p
    p=&stu;  //p 指向结构体变量 stu
    stu.num=10101;   //对结构体变量的 num 成员赋值
    strcpy(stu.name,"Li Lin");   //对结构体变量的 name 成员赋值
    stu.sex='M';   //对结构体变量的 sex 成员赋值
    stu.score=89.5;   //对结构体变量的 score 成员赋值
    printf("No.:%ld\nname:%s\nsex:%c\nscore:%5.1f\n",
        p->num,p->name,p->sex,p->score);   //输出各成员的值
    printf("\nNo.:%ld\nname:%s\nsex:%c\nscore:%5.1f\n",
        (*p).num, (*p).name, (*p).sex, (*p).score);   //输出各成员的值
}
```

运行结果如图 7.4 所示。

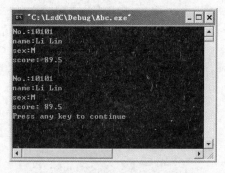

图 7.4   实例 7-11 程序的运行结果

程序解析：本程序通过指向结构体变量 stu 的指针变量 p 并采用两种不同的方式输出结构体变量中各成员的信息。

【**实例 7-12**】输出存放在结构体数组中有 3 个学生的各项信息。

编程思路：定义一个结构体指针变量；通过循环依次使之指向结构体数组中的各个元素，并输出其有关信息。

程序代码：

```c
#include <stdio.h>
#define N 3
```

```
struct student   //声明结构体类型 struct student
{
    int num;   //学号
    char name[20];   //姓名
    char sex;   //性别
    int age;   //年龄
};
struct student stu[N]={{10101,"Li Lin",'M',18},{10102,"Zhang
Ping",'M',19},
    {10104,"Wang Min",'F',20}};   //定义结构体数组并进行初始化
void main()
{
    struct student *p;   //定义指向 struct student 类型对象的指针变量
    printf(" No.  Name              sex age\n");
    for (p=stu;p<stu+N;p++)
        printf("%5d %-20s %2c %4d\n",p->num, p->name, p->sex, p->age);
//输出结果
}
```

运行结果如图 7.5 所示。

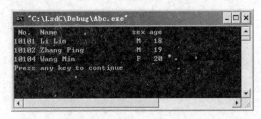

图 7.5　实例 7-12 程序的运行结果

程序解析：

(1) 本程序先声明一个全局结构体 student，然后用此结构体定义一个包含 N 个元素的全局结构体数组 stu，并对其进行初始化。在本程序中，N 是值为 3 的符号常量。

(2) 在主函数中，先定义一个 student 结构体指针变量 p，然后通过 for 循环利用 p 逐一输出各数组元素的有关信息。其中，"p=stu"用于让 p 指向数组的首元素，"p++"用于让 p 指向数组的下一个元素，"p<stu+N"为循环条件(stu+N 为数组 stu 末元素之后的那个存储单元的地址)。

7.2.7　结构体型函数

结构体型函数，是指返回值为结构体型数据的函数。结构体型函数的定义格式为：

```
struct 结构体名 函数名([形式参数列表])
[形式参数说明;]
{
  说明语句;
  执行语句;
}
```

如果对于结构体型函数的调用出现在其定义之前，那么必须先对其进行说明。结构体型函数的说明格式为：

```
struct 结构体名 函数名([形式参数列表]);
```

【**实例 7-13**】学生查询。假定已有一个学生表，现要求根据指定的学号(所有学生的学号均为非 0 值)输出相应学生的有关信息。

程序代码：

```c
#include <stdio.h>
#define N 3
#include <stdio.h>
struct student
{
    int num;  //学号
    char name[20];  //姓名
    char sex;  //性别
    int age;  //年龄
};
struct student stu[N]={{10101,"Li Lin",'M',18},{10102,"Zhang Ping",'M',19},
    {10103,"Wang Min",'F',20}};
void main()
{
    struct student find(int n);
    struct student stu_n;
    int n;
    printf("n=");
    scanf("%d",&n);
    stu_n=find(n);
    if (stu_n.num!=0)
    {
        printf(" No.  Name                sex age\n");
        printf("%5d %-20s %2c %4d\n",stu_n.num, stu_n.name, stu_n.sex,
stu_n.age);
    }
    else
        printf("Not Found!\n");
}
struct student find(int n)
{
    struct student stu_n;
    int  i;
    for(i=0;i<N;i++)
        if (stu[i].num==n)
        {
            stu_n=stu[i];
            break;
        }
    if (i==N)
        stu_n.num=0;
```

```
    return (stu_n);
}
```

运行结果如图 7.6 所示。

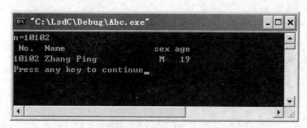

图 7.6　实例 7-13 程序的运行结果

程序解析：

(1)　在本程序中，子函数 find()用于实现学生的查询。该函数为结构体型函数，其返回值为 student 结构体变量 stu_n 的值。

(2)　对于学生的查询，共有两种结果，即找到或找不到。在子函数 find()中，若指定的学生并不存在，则令 stu_n 的学号成员 num 为 0。相应地，在主函数中，只需判断 find()函数返回值的学号成员 num 的取值情况，即可获知指定学生是否找到(若为 0，则表示没找到)。

📋 提示：　结构体型函数是返回值为结构体型数据的函数。对于一个函数来说，如果要同时返回多个数据(特别是类型不同的多个数据)，那么可将其定义为结构体型函数。

7.2.8　结构体指针型函数

所谓结构体指针型函数，是指返回值为结构体数据的地址的函数。结构体指针型函数的定义格式为：

```
struct 结构体名 *函数名([形式参数列表])
[形式参数说明;]
{
    说明语句;
    执行语句;
}
```

如果对于结构体指针型函数的调用出现在其定义之前，那么必须先对其进行说明。结构体指针型函数的说明格式为：

说明格式：

```
struct 结构体名 *函数名([形式参数列表]);
```

【实例 7-14】学生查询。假定已有一个学生表，现要求根据指定的学号输出相应学生的有关信息。

程序代码：

```
#include <stdio.h>
#define N 3
struct student
{
    int num;  //学号
    char name[20];  //姓名
    char sex;  //性别
    int age;  //年龄
};
struct student stu[N]={{10101,"Li Lin",'M',18},{10102,"Zhang
Ping",'M',19},
    {10103,"Wang Min",'F',20}};
void main()
{
    struct student *find(int n);
    struct student *p;
    int n;
    printf("n=");
    scanf("%d",&n);
    p=find(n);
    if (p!=NULL)
    {
        printf(" No.  Name               sex age\n");
        printf("%5d %-20s %2c %4d\n",p->num, p->name, p->sex, p->age);
    }
    else
        printf("Not Found!\n");
}
struct student *find(int n)
{
    struct student *p;
    int  i;
    for(i=0;i<N;i++)
    if (stu[i].num==n)
    {
        p=&stu[i];
        break;
    }
    if (i==N)
        p=NULL;
    return (p);
}
```

运行结果如图 7.7 所示。

图 7.7　实例 7-14 程序的运行结果

程序解析：

(1) 在本程序中，子函数 find()用于实现学生的查询。该函数为结构体指针型函数，其返回值为 student 结构体指针变量 p 的值。

(2) 在子函数 find()中，若指定的学生并不存在，则令 p 为空值(空指针)。相应地，在主函数中，只需判断 find()函数返回的指针是否为非空值，即可获知指定学生是否找到(若为空值，则表示没找到)。

提示： 结构体指针型函数是返回值为结构体数据的地址的函数。对于一个函数来说，如果要同时返回多个数据(特别是类型不同的多个数据)，那么也可将其定义为结构体指针型函数。

7.2.9　结构体的嵌套

所谓结构体的嵌套，是指结构体的某个成员的类型又是一个结构体(包括该结构体类型本身)。

对于嵌套结构体，只能对其最内层的成员进行赋值、存取或运算。为引用嵌套结构体的内层成员，只需按其嵌套顺序由外至内逐层指定即可。

【实例 7-15】结构体的嵌套示例。

程序代码：

```
struct date
{
    int year;
    int month;
    int day;
};
struct person
{
    char id[10];
    char name[30];
    char sex[2];
    struct date birthday;
    char email[20];
};
struct person student;
struct person *p=&student;
student.birthday.year=1996;
```

```
(*p).birthday.month=6;
p->birthday.day=26;
```

程序解析：结构体 person 的成员 birthday 的类型是另外一个结构体 date，具有 3 个成员，即 year、month 与 day。

若结构体的某个成员的类型又是该结构体本身，则称之为递归结构体。实际上，递归结构体是结构体嵌套的一种特殊情况。

【实例 7-16】递归结构体示例。

程序代码：

```
struct node
{
  int data;
  struct node *next;
};
```

程序解析：结构体 node 的成员 next 为一指针，其类型为结构体 node 本身。

7.2.10 结构体的综合实例

【实例 7-17】输入 N 个学生的学号、姓名与 3 门课程的成绩，输出平均成绩最高者的信息(学号、姓名与 3 门课程的成绩以及平均成绩)。

编程思路：按照模块化程序设计的思路，分别用 input 函数实现学生数据的输入与平均成绩的计算、用 max 函数实现平均成绩最高者的查找、用 print 函数实现指定学生信息的输出。在主函数中先后调用这 3 个函数，即可得到最终结果。

程序代码：

```
#include <stdio.h>
#define N 3
struct student  //声明结构体类型 struct student
{
    int num;  //学号
    char name[20];  //姓名
    float score[3];  //课程成绩(3 门)
    float aver;  //平均成绩
};
void main()
{
    void input(struct student stu[]);  //声明 input 函数
    struct student max(struct student stu[]);  //声明 max 函数
    void print(struct student stu);  //声明 print 函数
    struct student stu[N],*p=stu;  //定义结构体数组和指针
    input(p);  //调用 input 函数
    print(max(p));  //调用 print 函数(实参为 max 函数的返回值)
}
void input(struct student stu[])  //定义 input 函数
{
    int i;
```

```
    printf("学生信息(学号 姓名 成绩1 成绩2 成绩3:\n");
    for(i=0;i<N;i++)
    {
        scanf("%d %s %f %f %f",&stu[i].num,stu[i].name,
            &stu[i].score[0],&stu[i].score[1],&stu[i].score[2]);  //输入数据
        stu[i].aver=(stu[i].score[0]+stu[i].score[1]+stu[i].score[2])/3;
//求平均成绩
    }
}
struct student max(struct student stu[])  //定义max函数
{
    int i,m=0;  //用m存放平均成绩为最高的数组元素的下标
    for(i=0;i<N;i++)
        if (stu[i].aver>stu[m].aver)
            m=i;
    return stu[m];
}
void print(struct student astudent)  //定义print函数
{
    printf("\n平均成绩最高者:\n");
    printf("学号:%d\n 姓名:%s\n 课程成绩:%5.2f,%5.2f,%5.2f\n 平均成绩:%6.2f\n",
        astudent.num,astudent.name,

    astudent.score[0],astudent.score[1],astudent.score[2],astudent.aver);
}
```

运行结果如图 7.8 所示。

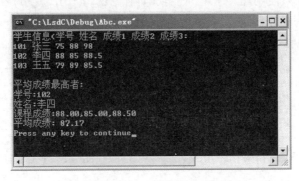

图 7.8　实例 7-17 程序的运行结果

程序解析：

(1) 本程序先声明一个全局结构体 student(其课程成绩成员为包含 3 个元素的数组 score)，然后在主函数内用此结构体定义一个包含 N 个元素的结构体数组 stu，并定义一个指针 p 指向该数组。

(2) 子函数 input 的参数为 student 结构体数组 stu(相当于一个指针变量)，用于接收主函数内数组 stu 的首地址。该函数无返回值。

(3) 子函数 max 的参数为 student 结构体数组 stu(相当于一个指针变量)，用于接收主函数内数组 stu 的首地址。该函数的类型为结构体 student，以数组中平均成绩最高的元素

为返回值。

(4) 子函数 print 的参数为 student 结构体变量 astudent，用于接收需加以输出的学生信息。该函数无返回值。

说明： 对于结构体变量，在函数间进行传递时，既可用传值方式(实参与形参均为相应的结构体变量)，也可用传址方式(实参为结构体变量的地址或结构体指针，形参为相应的结构体指针)。对于结构体数组，在函数间进行传递时则采用传址方式，通常实参为数组名(或指针)，形参为指针(或数组)。对于结构体数组元素，在函数间进行传递时，既可用传值方式(实参为结构体数组元素，形参为相应的结构体变量)，也可用传址方式(实参为结构体数组元素的地址或结构体指针，形参为相应的结构体指针)。

【实例 7-18】链表的创建与遍历。动态创建一个学生链表，然后再输出之。其中，学生的信息包括学号、姓名与成绩，而且学号不能为 0。

编程思路：链表是一种可以动态地进行内存空间分配的数据结构。在链表中，一个链表元素称为链表中的一个节点。每个节点均由两部分组成，分别为数据域与指针域(见图 7.9)。其中，数据域用于存储实际的数据，指针域则用于指向另外的节点。在 C 语言中，可通过结构体灵活定义链表节点的类型。

链表可分为单向链表、双向链表、循环链表等不同的类型，其中单向链表是最简单的一种链表，除尾节点指针域的值为 NULL(空)外，其余各节点的指针域均指向下一个节点。对于各种链表来说，通常设有一个头指针，用于指向链表的第一个节点。

通过分析，在此只需创建一个单向链表即可(见图 7.10)，其节点的结构可通过一个学生结构体 struct student 来实现。其中，数据域包括 3 个成员，即学号 number、姓名 name 与成绩；指针域则包括 1 个成员，即类型为该学生结构体 struct student 的指针 next。

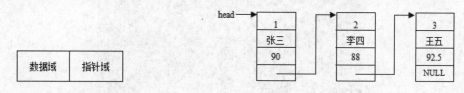

图 7.9　链表节点的结构　　　　　图 7.10　学生单向链表

定义一个 create()函数，用于创建一个学生链表，并返回其头指针。其基本算法为：定义 3 个类型为 struct student 的指针 head、curnode、newnode 与 1 个类型为 int 的变量 number，其中 head 为头指针，curnode 与 newnode 分别用于指向链表中的当前节点与新建的临时节点，number 用于存放学生的学号。先令 head 值为 NULL，表示链表为空(即链表中无节点)。然后输入一个学生的学号并赋给 number，若 number 为 0，则表示链表的创建到此结束，只需返回 head 即可。反之，若 number 不为 0，则为该学生创建一个临时节点，并让 newnode 指向之，同时令该节点的成员 next 值为 NULL，将 number 的值(即学号)赋给该节点的成员 number，输入该学生的姓名与成绩并保存至该节点的姓名成员 name 与成绩成员 score。若此时 head 值为 NULL，则令 head=newnode(表示该节点为链表的第一个

节点)，curnode = head(表示链表的当前节点为头节点)；否则，令 curnode->next=
newnode(表示将该节点连接到链表的末尾)，curnode=curnode->next(表示将链表的当前节点
设为下一个节点)。

定义一个 print(struct student *head)函数，用于根据头指针输出相应学生链表中各个节
点的有关信息。其基本算法为：定义一个类型为 struct student 的指针 curnode，用于指向链
表中的当前节点。若 head!=NULL(即链表为非空)，则令 curnode=head(即设当前节点为链
表的第一个节点)。输出当前节点的有关信息后，再令 curnode=curnode->next(即设当前节
点为链表的下一个节点)，直至 curnode 值为 NULL(表示已经没有下一个节点了)为止。

在主函数 main()中，先调用 create()函数创建一个学生链表，然后再调用 print()函数输
出之。

程序代码：

```c
#include <stdlib.h>
#include <stdio.h>
#define SIZE sizeof(struct student)
struct student
{
    int number;
    char name[11];
    float score;
    struct student *next;
};
struct student *create()
{
    struct student *head,*curnode,*newnode;
    int number;
    head=NULL;
    while (1)
    {
        printf("number(0-exit):");
        scanf("%d",&number);
        if (number==0)
            break;
        newnode=(struct student *)malloc(SIZE);
        if (newnode == NULL)
        {
            printf("Error!\n");
            exit(1);
        }
        newnode->next=NULL;
        newnode->number=number;
        printf("name:");
        scanf("%s",newnode->name);
        printf("score:");
        scanf("%f",&newnode->score);
        if (head==NULL)  //设置头节点
        {
```

```
            head=newnode;
            curnode=head;
            continue;
        }
        curnode->next=newnode;    //将新建节点连接到链表的末尾
        curnode=curnode->next;    //将链表的当前节点设为下一个节点
    }
    return(head);
}
void print(struct student *head)
{
    struct student *curnode;
    if( head!=NULL)
    {
        curnode=head;
        do
        {
            printf("%d %s %.2f\n",curnode->number,curnode->name,curnode->score);
            curnode=curnode->next;    //依次遍历链表
        }while(curnode!=NULL);
    }
}
void main()
{
    struct student *list;
    list=create();   //创建链表
    print(list);   //输出链表
}
```

运行结果如图 7.11 所示。

图 7.11　实例 7-18 程序的运行结果

程序解析：

在 create()函数中，新节点的内存空间是通过调用 malloc()函数来分配的。为使用该函数，须包含 stdlib.h 头文件。

提示：　在需要一组相同类型的结构体数据时，通常可将其定义为结构体数组。但使用数组方式时，就必须先定义数组的大小，以便为其分配内存空间。而在定义数组时，若定义得过小，则无法存储所有的数据；若定义过大，则又会浪费内存的空间。如何才能有效地解决此类问题呢？方法之一就是使用链表。

链表是一种十分灵活的数据结构，由于可以实现内存空间的动态分配，因此已被广泛地应用于各种程序的设计当中。链接的相关操作主要包括链接的建立、节点的插入与删除以及数据的查询等，在数据结构或算法设计方面的书籍中均有详细介绍。限于篇幅，在此仅通过一个具体的实例讲解了 C 语言中链表的基本应用技术。

在 C 语言中，链表节点的类型可通过结构体灵活定义。其实，各种链表的节点类型均属于嵌套结构体，其指针域均为指向结构体自身类型的指针，可以存放相同类型的结构体的地址。正是通过指针域中的指针，有关的同类结构体才能依次连接起来而成为链表。

7.3　联　合　体

7.3.1　联合体简介

联合体又称为共用体，是一种类似于结构体的构造型数据类型，允许不同类型与不同长度的数据共享同一段内存空间。

联合体实质上采用了覆盖技术，允许不同类型的数据互相覆盖。因此，在联合体中，任何时刻均只有一个数据是有效的。

7.3.2　联合体的声明

联合体与结构体一样，遵循"先声明，后使用"的原则。在 C 语言中，联合体的声明须使用 union 关键字，其语法格式为：

```
union 联合体名
{
  数据类型 成员名1;
  数据类型 成员名2;
  ...
  数据类型 成员名n;
};
```

其中，联合体名与各成员名必须符合标识符的命名规则。

【实例 7-19】联合体的声明示例。

程序代码：

```
union area
{
  char c_data;
  short s_data;
```

```
    long l_data;
};
```

程序解析：声明一个联合体 area，共有 3 个成员，即 char 型的 c_data、short int 型的 s_data 与 long int 型的 l_data。

提示： 联合体与结构体可以互相嵌套。例如：

```
union uniontype
{
  int i;
  float f;
};
struct structtype
{
  short s;
  long l;
};
struct sutype
{
  char c;
  union uniontype u;   //联合体
};
union ustype
{
  int i;
  struct structtype st;   //结构体
};
```

7.3.3 联合体变量的定义

声明好联合体以后，即可用其定义相应的联合体变量，语法格式为：

```
union 联合体名 变量名1，变量名2，…，变量名n;
```

【实例 7-20】联合体变量的定义示例。

程序代码：

```
union area
{
  char c_data;
  short s_data;
  long l_data;
};
union area my_data;
```

程序解析：定义一个 union area 类型的变量 my_data。

说明： 联合体变量的定义也可采用以下两种方式。

(1) 联合体声明与联合体变量定义合二为一。例如：

```
union area
{
  char c_data;
  short s_data;
  long l_data;
} my_data;
```

(2) 联合体声明与联合体变量定义合二为一,但略去联合体名。例如:

```
union
{
  char c_data;
  short s_data;
  long l_data;
} my_data;
```

💡 **注意:** 与结构体变量不同,联合体变量所占用的空间,由其占用空间最多的成员决定。此外,联合体变量在定义时是不能进行初始化的。

7.3.4 联合体成员的引用

与结构体变量类似,对于联合体变量来说,其成员的引用也是使用运算符"->"与"."的,基本格式为:

```
联合体变量名.成员名
(*联合体指针名).成员名
联合体指针名->成员名
```

【实例7-21】联合体成员的引用示例。
程序代码:

```
union area
{
  char c_data;
  short s_data;
  long l_data;
};
union area my_data,*my_pointer;
my_pointer=&my_data;
my_data.c_data='Y';
(*my_pointer).s_data=123;
my_pointer->l_data=123;
```

程序解析:先声明一个联合体 area,并用其定义一个变量 my_data 与一个指针 my_pointer。然后通过" my_pointer=&my_data;"语句让指针 my_pointer 指向变量 my_data。最后,依次对变量 my_data 的各个成员赋值。

💡 **注意:** (1) 在程序运行过程中,联合体变量可通过其成员存放不同类型、不同长度的数据。但在任何时刻,均只有一个成员是存在的,其值是有意义的。其实,这一点正是联合体与结构体的主要区别。对于结构体变量来说,所有成员在任何时刻都是存在的。

(2) 不能将联合体变量作为函数的参数或返回值。若要在函数间传递联合体，只能用指向联合体的指针来实现。

7.3.5 联合体的综合实例

【**实例 7-22**】建立一个教师与学生的登记表，有关栏目包括 ID 号、姓名、身份与职称。若身份为"student"，则职称栏填学生的年级；若身份为"teacher"，则职称栏填教师的职称。

程序代码：

```c
#include "stdio.h"
#include "string.h"
#define N 2
struct persontype
{
      int id;
      char name[30];
      char job[10];
      union
      {
       int grade;
       char position[10];
      } level;
} person[N];
void main()
{
    int i;
    printf("Personal Information (ID,姓名,身份,年级或职称): \n");
    for (i=0;i<N;i++)  //输入数据
    {
        scanf("%d%s%s",&person[i].id,person[i].name,person[i].job);
        if (strcmp(person[i].job,"student")==0)
            scanf("%d",&person[i].level.grade);
        else if (strcmp(person[i].job,"teacher")==0)
            scanf("%s",person[i].level.position);
        else
            printf("输入错误 !\n");
    }
    printf("ID name job grade/position \n");
    for (i=0;i<N;i++)   //输出数据
    {
        if (strcmp(person[i].job,"student")==0)
            printf("%d %s %s %d\n",person[i].id,person[i].name,
                person[i].job,person[i].level.grade);
        else if (strcmp(person[i].job,"teacher")==0)
            printf("%d %s %s %s\n",person[i].id,person[i].name,
                person[i].job,person[i].level.position);
```

```
    }
}
```

运行结果如图 7.12 所示。

图 7.12　实例 7-22 程序的运行结果

程序解析：

(1) 本程序先声明一个全局结构体 persontype，并用此结构体定义一个包含 N 个元素的结构体数组 person。结构体 persontype 的成员 level 的类型是一种联合体类型，该联合体类型又包含两个类型不同的成员(即 int 型的 grade 与 char 型的数组 position[10])。在进行数据的输入与输出时，应注意当前使用的是哪个子成员。

(2) 输入数据时，先判断当前人员的身份。若为学生，即"strcmp(person[i].job,"student") == 0"为真，则用"%d"控制输入一个整数(即年级)并将其存放至 person[i].level.grade(grade 子成员是一个变量，故在输入其值时应在 person[i].level.grade 前加上取址运算符"&")；若为教师，即"strcmp(person[i].job,"teacher") == 0"为真，则用"%s"控制输入一个字符串(即职称)并将其存放至 person[i].level.position(position 子成员是一个数组，数组名代表其首地址，故无须在 person[i].level.position 前再加取址运算符"&")；若既非学生又非教师，则提示"输入错误"。

(3) 输出数据时，同样先判断当前人员的身份，并分别按各自的格式控制输出相应的数据。

7.4　枚　　举

7.4.1　枚举简介

枚举是一种数据类型。对于那些取值有限的数据，可考虑将其类型定义为某种枚举类型。其实，"枚举"的意思就是把可能的取值逐一列举出来。

例如，人类的性别，或者为男，或者为女，正常情况下只有这两种可能的取值，因此可以定义一个表示性别的枚举类型，并限定其取值为男、女两种。

又如，一个星期只有 7 天，即星期一、星期二、星期三、星期四、星期五、星期六与星期日，因此必要时也可定义一个表示星期几的枚举类型，并指定其可能取值，即一个星期中各天的具体名称，如 Mon、Tue、Wed、Thu、Fri、Sat、Sun 等。

7.4.2 枚举类型的声明

对于各种具体的枚举类型，均应遵循"先声明，后使用"的原则。在 C 语言中，枚举类型的声明须使用 enum 关键字，其语法格式为：

```
enum 枚举类型名{元素 1,元素 2,...,元素 n};
```

其中，枚举类型名必须符合标识符的命名规则，花括号中的各个元素则是该枚举类型的可能取值(通常称之为枚举元素或枚举常量)。

【实例 7-23】枚举类型的声明示例。

程序代码：

```
enum weekday {Sun,Mon,Tue,Wed,Thu,Fri,Sat};
enum month {Jan,Feb,Mar,Apr,May,Jun,Jul,Aug,Sep,Oct,Nov,Dec};
```

程序解析：

(1) 声明两种枚举类型，即 weekday 与 month。

(2) 枚举类型 weekday 的取值共有 7 种，即：Sun、Mon、Tue、Wed、Thu、Fri、Sat。

(3) 枚举类型 month 的取值共有 12 种，即：Jan、Feb、Mar、Apr、May、Jun、Jul、Aug、Sep、Oct、Nov、Dec。

💡 **注意：**　(1)　枚举类型声明中的各个元素均作为常量名处理。按照其排列的先后次序，各元素的值分别为 0、1、…、$n-1$。例如，weekday 中各枚举元素的值分别为 0、1、2、3、4、5、6。

(2)　枚举元素的值可在声明时直接指定。未指定者，其值仍按排列顺序确定。例如：

```
enum weekday {Sun=7,Mon=1,Tue,Wed,Thu,Fri,Sat};
```

其中，Tue 的值为 2，Wed 的值为 3……Sat 的值为 6。

(3)　由于枚举元素是常量，而非变量，因此不能对其赋值。例如，若按以上方式声明了枚举类型 weekday，则以下用法是错误的。

```
Sun=0;
Mon=1;
```

7.4.3 枚举变量的定义

声明好枚举类型以后，即可用其定义相应的枚举变量，语法格式为：

```
enum 枚举类型名 变量名 1, 变量名 2, …, 变量名 n;
```

【实例 7-24】枚举变量的定义示例。

程序代码：

```
enum weekday {Sun,Mon,Tue,Wed,Thu,Fri,Sat};
enum weekday day;
```

程序解析：定义一个 enum weekday 类型的变量 day。

📖 **说明：** 枚举变量的定义也可采用以下两种方式。

(1) 枚举类型声明与枚举变量定义合二为一。例如：

```
enum weekday {Sun,Mon,Tue,Wed,Thu,Fri,Sat} day;
```

(2) 枚举类型声明与枚举变量定义合二为一，但略去枚举类型名。例如：

```
enum {Sun,Mon,Tue,Wed,Thu,Fri,Sat} day;
```

7.4.4　枚举变量的使用

作为枚举变量，其取值只能是相应枚举类型在声明时所指定的枚举元素之一。必要时，可将一个整数强制转换为相应的枚举类型，然后再赋给该枚举类型的变量。

【实例 7-25】枚举变量的使用示例。

程序代码：

```
enum weekday {Sun,Mon,Tue,Wed,Thu,Fri,Sat} day;
day = Sat;
day=(enum weekday)6;
```

程序解析：在此，"day = Sat;"与"day=(enum weekday)6;"是等价的。其中，后者将整数 6 强制转换为 enum weekday 类型，然后再赋给该类型的变量 day。

📑 **提示：** 在程序中，枚举变量也可用于进行判断或比较。例如：

```
enum flag {true,false} my_flag;
...
if (my_flag == true)
...
```

7.4.5　枚举的综合实例

【实例 7-26】在一个口袋中，装有红、黄、蓝、白、黑 5 种颜色的小球若干个。若每次均从口袋中先后取出 3 个小球，则得到 3 种不同颜色的小球的取法共有多少种？要求输出每种取法的排列情况。

程序代码：

```
#include <stdio.h>
main()
{
  enum color {red,yellow,blue,white,black};  //声明枚举类型 color
  enum color i,j,k,current;  //定义枚举变量
  int n,loop;
  n=0;
  for (i=red;i<=black;i++)
    for (j=i+1;j<=black;j++)
      for (k=j+1;k<=black;k++)
```

```
    {
      n=n+1;
      printf("%-4d",n);
      for (loop=1;loop<=3;loop++)
      {
        switch (loop)
        {
        case 1: current=i;break;
        case 2: current=j;break;
        case 3: current=k;break;
        default:break;
        }
        switch (current)
        {
        case red:printf("%-10s","red"); break;
        case yellow: printf("%-10s","yellow"); break;
        case blue: printf("%-10s","blue"); break;
        case white: printf("%-10s","white"); break;
        case black: printf("%-10s","black"); break;
        default :break;
        }
      }
      printf("\n");
    }
  printf("total:%5d\n",n);
}
```

运行结果如图 7.13 所示。

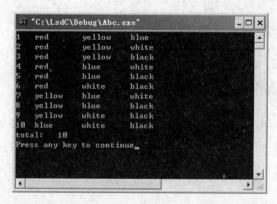

图 7.13　实例 7-26 程序的运行结果

程序解析：

(1) 本程序先声明一个枚举类型 color，其取值共有 5 种，即 red、yellow、blue、white 与 black，分别代表 5 种相应的颜色。然后用此枚举类型定义 4 个枚举变量 i、j、k 与 current，其中 i、j、k 分别表示第 1、2、3 个球的颜色，current 表示当前某个球的颜色。

(2) 本程序采用穷举法，通过三重循环将 3 种不同颜色的组合逐一列举出来，并利用整型变量 n 对组合种数进行计数。在此，暂不考虑不同颜色的排序顺序。

(3) 对于每一种颜色组合，通过循环"for (loop=1;loop<=3;loop++)"逐一对各个小球的颜色进行判断，并输出相应的颜色名称(实际上是相应的字符串)。

7.5 位 段

7.5.1 位段简介

位段类型是一种特殊的结构体类型，其有关成员均以二进制位为长度单位，称为位段(或位域)。如果数据的存储无须占用一个完整的字节，而只需 1 个或多个二进制位，那么就可以使用位段类型来解决。例如，对于一个只有 0 与 1 两种状态的开关量，只需 1 个二进制位即可。

实际上，位段是以二进制位为单位定义长度的结构体类型的成员。在 C 语言中，使用位段类型，可根据需要将一个字节的二进制位划分为几个不同的段，并分别表示不同的含义。此外，通过位段操作，也可方便地实现对一个变量的某些二进制位的高效处理。

7.5.2 位段类型的声明

位段类型的声明与结构体的声明类似，所不同的是要指定其中各个成员的长度。与结构体相比，使用位段类型可以达到节省存储空间的目的。

位段类型与结构体一样，遵循"先声明，后使用"的原则。在 C 语言中，位段类型的声明须使用 struct 关键字，其语法格式为：

```
struct 位段类型名
{
  数据类型 成员名1: 长度1;
  数据类型 成员名2: 长度2;
  ...
  数据类型 成员名n: 长度n;
};
```

其中，位段类型名与各成员名必须符合标识符的命名规则，各位段的数据类型一般应定义为 unsigned int。

【实例 7-27】位段类型的声明示例。

程序代码：

```
struct bitstype
    {
        unsigned x: 1;
        unsigned y: 1;
        unsigned z: 3;
    };
```

程序解析：声明位段类型 bitstype，该位段类型共有 3 个名为 x、y、z 的位段，其长度分别为 1、1、3 个二进制位。

注意： (1) 一个位段的长度不能大于一个字节的长度(8位)。

(2) 一个位段必须存储在同一个字节中，不能跨越两个字节。若当前字节的剩余空间无法容纳相应的位段，则自动从下一个字节开始。

(3) 位段可以没有位段名。无名位段只用于填充空间或调整位置，是不能使用的。若将无名位段的长度设置为 0，则可强制下一个位段使用新的字节空间，而不再使用当前字节的剩余空间。

(4) 在位段类型中，可以包含非位段成员。

(5) 位段的存放位置由编译系统分配，不同编译系统的分配方式可能会有所不同，有的从左到右分配，有的从右到左分配。编程时不必考虑具体的分配方式，只需直接利用位段名对位段进行操作即可。

7.5.3 位段变量的定义

声明好位段类型以后，即可用其定义相应的位段类型变量，语法格式为：

```
struct 位段类型名 变量名1，变量名2，...，变量名n;
```

【实例 7-28】位段变量的定义示例。

程序代码：

```
struct bitstype
    {
        unsigned x: 1;
        unsigned y: 1;
        unsigned z: 3;
    };
    struct bitstype mybit;
```

程序解析：定义 bitstype 位段类型变量 mybit。

说明： 位段变量的定义也可采用以下两种方式。

(1) 位段类型声明与位段变量定义合二为一。例如：

```
struct bitstype
{
    unsigned x: 1;
    unsigned y: 1;
    unsigned z: 3;
} mybit;
```

(2) 位段类型声明与位段变量定义合二为一，但略去位段类型名。例如：

```
struct
{
    unsigned x: 1;
    unsigned y: 1;
    unsigned z: 3;
} mybit;
```

7.5.4　位段变量的使用

与结构体变量类似，对于位段类型变量来说，其成员的引用也是使用运算符"->"与"."的，基本格式为：

```
位段类型变量名.成员名
(*位段类型指针名).成员名
位段类型指针名->成员名
```

说明： (1)　位段在数值表达式中进行计算时，系统会自动将其转换为整型数据进行运算。对于位段，可使用格式符 "%d" "%x" "%o" 或 "%u" 以整数形式加以输出。

(2)　对位段进行赋值时要避免溢出。通常，长度为 n 的位段，其取值范围为 $0 \sim 2^n - 1$。若所赋的值超过了位段所允许的最大范围，系统将自动取该值的低位部分。

(3)　不能用位段定义数组，也不能用指针指向某个位段。

【实例 7-29】 位段变量的使用示例。

程序代码：

```c
#include <stdio.h>
main()
{
    struct bits
    {
        unsigned a: 1;
        unsigned b: 3;
        unsigned c: 4;
        int d;
        float e;
    };
    struct bits bit,*pbit;
    pbit=&bit;
    bit.a=0;
    bit.b=6;
    bit.c=12;
    bit.d=-100;
    bit.e=1.5;
    printf("%d,%d,%d,%d,%f\n",bit.a,bit.b,bit.c,bit.d,bit.e);
    pbit->a=1;
    pbit->b&=3;
    pbit->c|=3;
    bit.d=100;
    bit.e=-1.5;
    printf("%u,%u,%u,%d,%f\n",(*pbit).a,(*pbit).b,(*pbit).c,(*pbit).d,
(*pbit).e);
}
```

运行结果如图 7.14 所示。

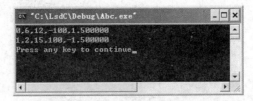

图 7.14　实例 7-29 程序的运行结果

程序解析：

(1)　本程序先声明位段类型 bits(包含 3 个位段成员 a、b、c 与两个非位段成员 d、e)，并用此位段类型定义变量 bit 与指针 pbit，然后让 pbit 指向 bit。

(2)　"pbit->b&=3;"相当于"pbit->b=pbit->b&3;"。在此，"&"为按位与运算符。

(3)　"pbit->c|=3;"相当于"pbit->c=pbit->c|3;"。在此，"|"为按位或运算符。

7.5.5　位段的综合实例

【实例 7-30】课程选修。分别输入各学生的学号及其程序设计、数据库、图像处理、高等数学、大学英语 5 门课程的选课情况(以 1 表示选修，以 0 表示未选)，然后用列表方式加以输出。

程序代码：

```c
#include <stdio.h>
#define N 3
struct choice
{
    unsigned xh;
    struct
    {
        unsigned cxsj:      1;
        unsigned sjk:       1;
        unsigned txcl:      1;
        unsigned gdsx: 1;
        unsigned dxyy: 1;
    } kc;
};
main()
{
    struct choice stu[N];
    int i;
    unsigned n;
    printf("课程选修\n");
    for(i=0;i<N;i++)
    {
        printf("学号: ");
        scanf("%u",&stu[i].xh);
        printf("程序设计(0/1):");
```

```
        scanf("%u",&n);
        stu[i].kc.cxsj=n;
        printf("数据库(0/1):");
        scanf("%u",&n);
        stu[i].kc.sjk=n;
        printf("图像处理(0/1):");
        scanf("%u",&n);
        stu[i].kc.txcl=n;
        printf("高等数学(0/1):");
        scanf("%u",&n);
        stu[i].kc.gdsx=n;
        printf("大学英语(0/1):");
        scanf("%u",&n);
        stu[i].kc.dxyy=n;
    }
    printf("学号   程序设计 数据库 图像处理 高等数学 大学英语\n");
    for(i=0;i<N;i++)
        printf("%-6u%-9u%-7u%-9u%-9u%-9u\n",
            stu[i].xh,stu[i].kc.cxsj,stu[i].kc.sjk,
            stu[i].kc.txcl,stu[i].kc.gdsx,stu[i].kc.dxyy);
}
```

运行结果如图 7.15 所示。

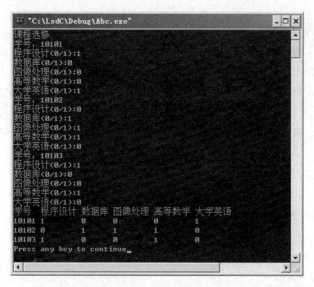

图 7.15 实例 7-30 程序的运行结果

程序解析:

(1) 本程序先声明一个全局结构体 choice(用以表示学生的选课信息),然后在主函数中用此结构体定义一个包含有 *N* 个元素的数组 stu(用以存放各个学生的选课信息)。在此,choice 结构体包含两个成员,即 xh(学号)与 kc(课程)。其中,kc 为位段类型,共包含 5 个长度均为 1 个二进制位的位段成员,即 cxsj(程序设计)、sjk(数据库)、txcl(图像处理)、gdsx(高等数学)与 dxyy(大学英语)。

（2）　输入各门课程的选课情况时，先以无符号整数方式输入 1 或 0 至变量 n 中，然后再将其值赋给当前元素 kc 成员的相应位段。

（3）　输出选课列表时，各数据项采用左对齐方式。

本 章 小 结

　　本章简要地介绍了构造类型的基本概念，并通过具体实例讲解了 C 语言中结构体的各种用法以及联合体、枚举与位段的基本用法。通过本章的学习，应熟知构造类型的基本概念与主要应用，切实掌握 C 语言中结构体、联合体、枚举与位段的应用技术，并将其运用到实际应用的开发当中。

习　　题

一、填空题

1.　若有定义"struct AA {int a; char b; double c;} x;"，则 x 占用空间大小为（　　　　　）字节(VC)。

2.　当定义一个结构体变量时，系统分配给该变量的内存大小等于各成员所需内存大小的（　　　　）。

3.　与结构成员访问表达式 p->name 等价的表达式是（　　　　）。

4.　与结构成员访问表达式 (*fp).score 等价的表达式是（　　　　）。

5.　构成结构体的成员的数据类型（　　　　）。

6.　在 VC 中，假定一个结构类型的定义为"struct B{int a[5]; char *b;};"，则该类型的理论长度为（　　　　）。

7.　在 VC 中，若一个结构类型的定义为"struct B{int a[5]; int b;};"，则该类型的理论长度为（　　　　）。

8.　设已经定义了结构体类型 data，若有语句"struct data emp;"，则变量 emp 称为（　　　　）变量。

9.　以下函数的功能是（　　　　）。

```
int Count(struct Person a[],int n)
{
    int i,c=0;
    for(i=0;i<n;i++)
        if(a[i].sex= ='m')c++;
    return c;
}
```

10.　假定一个枚举类型的定义为"enum RA{ab,ac,ad,ae};"，则 ac 值为（　　　　）。

11.　位段类型是一种特殊的结构体类型，其有关成员均以（　　　　）为长度单位。

12.　在 C 语言中，位段类型的声明须使用（　　　　）关键字。

二、单选题

1. 设有如下定义，则对 data 中的 a 成员的正确引用是(   )。

```
struct  sk {int a; float b; } data;
```

A. data.a   B. data->a   C. a   D. data=a

2. 存放 10 个学生的数据，包括学号、姓名、成绩。在如下的结构体数组定义中，不正确的是(   )。

A. struct student { int sno; char name[20]; float score;} stu[10];

B. struct student stu[10] { int sno; char name[20]; float score; } ;

C. struct { int sno; char name[20]; float score; } stu[10];

D. struct student { int sno; char name[20]; float score;}; struct student   stu[10];

3. 枚举类型中的每个枚举常量的值都是一个(   )。

A. 整数   B. 浮点数   C. 字符   D. 逻辑值

4. 以下程序段的执行结果为(   )。

```
union U
{
char name[10];
int age,income;
} e;
strcpy(e.name,"Lu jun");
e.age=26;
e.income=1500;
printf("%d,%d\n",e.age,e.income);
```

A. 26,26   B. 26,1500   C. 1500,26   D. 1500,1500

5. 以下程序段的执行结果为(   )。

```
enum em {em1=3,em2=1,em3,em0};
char *s[]={"AAA","BBB","CCC","DDD"};
printf("%s,%s\n",s[em3],s[em0]);
```

A. AAA,BBB   B. BBB,CCC   C. CCC,DDD   D. DDD,AAA

三、多选题

1. 若有以下定义:

```
struct person
{
char name[20];
int age;
char sex;
};
struct person a={"lu ming",20,'m'},*p=&a;
```

则对字符串"lu ming"的正确引用方式是(   )。

A. (*p).name   B. p.name   C. a.name   D. p->name

2. 执行语句 "enum em {em5,em1=3,em3,em2=1,em0,em4};" 后，值为 3 的枚举元素为(   )。

    A. em1   B. em2   C. em3   D. em4

四、判断题

1. 结构体中各成员的类型必须各不相同。   (   )
2. 联合体与结构体一样，其所占用的空间为各成员所占空间的总和。   (   )
3. 若 "enum em {em1=3,em2,em3=1};"，则 em2 的值为 4。   (   )
4. 结构体中的成员可以是联合体类型，联合体中的成员也可以是结构体类型。(   )
5. 结构体声明 "struct example { int data; struct example *next;};" 是不正确的。(   )
6. 位段类型的声明与结构体的声明类似，所不同的是要指定其中各个成员的长度。

    (   )
7. 一个位段的长度不能大于一个字节的长度(8 位)。   (   )
8. 在位段类型中，可以包含非位段成员。   (   )

五、程序改错题

1.

```
#include <stdio.h>
struct
{
    int year;
    int month;
    int day;
}date
main()
{
    printf("Input(yyyy-mm-dd): ");
    scanf("%d-%d-%d",&date.year,&date.month,&date.day);
    printf("%d-%d-%d\n",date.year,date.month,date.day);
}
```

2.

```
#include <stdio.h>
struct STUDENT
{
    int id;
    char name[10];
}
main()
{
    struct STUDENT stu;
    printf("Input(id,name): ");
    scanf("%d,%s",&stu.id,&stu.name);
    printf("Output(id,name): ");
    printf("%d,%s\n",stu.id,stu.name);
}
```

六、程序分析题

1.

```c
#include <stdio.h>
struct student
{
char name[11];
float score1;
float score2;
};
void output(struct student *p)
{
printf("Name:%s Total:%f\n",(*p).name,p->score1+p->score2);
}
main()
{
struct student s[2]={"aaa",80,90,"bbb",85,95},*p=s;
printf("Name:%s Total:%f\n",s[0].name,s[0].score1+s[0].score2);
output(++p);
}
```

2.

```c
#include <stdio.h>
struct student
{
char name[11];
int score;
};
void output(struct student *p)
{
printf("%s %d\n",(*p).name,p->score);
}
main()
{
struct student s[3]={"aaa",80,"bbb",85,"ccc",90};
output(s+1);
}
```

3.

```c
#include <stdio.h>
#include <string.h>
struct student
{
    long id;
    char name[10];
    float score;
};
void main()
{
```

```
    struct student
a={2001,"zhangsan",95},b={2002,"LiSi",90},c={2003,"Wangwu",95};
    struct student s,*p=&s;
    s=a;
    if(strcmp(a.name,b.name)>0)
        s=b;
    if(strcmp(s.name,c.name)>0)
        s=c;
    printf("%ld,%s,%.2f\n",s.id,p->name,(*p).score);
}
```

4.

```
#include <stdio.h>
struct st
{
    int x;
    int *y;
}*p;
int aa[4]={10,20,30,40};
struct st bb[4]={50,&aa[0],60,&aa[1],70,&aa[2],80,&aa[3]};
void main()
{
    p=bb;
    printf("%d\n",++(p->x));
    printf("%d\n",*(++p->y));
}
```

5.

```
#include <stdio.h>
#include <string.h>
typedef union student
{
    long id;
    char name[10];
    char sex;
    float score[5];
}STU;
void main()
{
    STU a[5];
    strcpy(a[0].name,"LSD");
    printf("%d\n",sizeof(a));
    printf("%c\n",a[0].sex);
}
```

七、程序填空题

1. 采用结构体数组存放每个学生的姓名(name)、3 门课程的分数(s[3])和总分 (s_sum)，输入 10 个学生的成绩，计算并输出每个学生的姓名和总分。

```
#include<stdio.h>
struct student
{
    char name[20];
    int s[3];
    int s_sum;
}
main()
{
    struct student stud[10];
    int i;
    for (i=0;_____[1]_____;i++) {
        printf("输入姓名: ");
        scanf("%s",_____[2]_____);
        printf("输入3门课程的分数(用逗号分开):");
        scanf("_____[3]_____",&stud[i].s[0],&stud[i].s[1],&stud[i].s[2]);
        stud[i].s_sum=_____[4]_____;
    }
    for (i=0;i<10;i++) {
        printf("姓名          总分\n");
        printf("%s  %6d\n",_____[5]_____);
    }
}
```

2. 用结构体数组处理通讯录。

```
#include <stdio.h>
#include <stdlib.h>
#define MAXIMUM  2
struct stud
{
    char name[30];
    int age;
    char sex;
    char tel[8];
    char add[100];
};
main()
{
    _____[1]_____ stu[MAXIMUM];
    char str[10];
    int i;
    for (i=0;_____[2]_____;i++)
    {
        printf("name: "); gets(_____[3]_____);
        printf("sex: "); gets(str); stu[i].sex=_____[4]_____;
        printf("age: "); gets(str); stu[i].age=atoi(str);
        printf("tel: "); gets(stu[i].tel);
        printf("add: "); gets(stu[i].add);
    }
    printf("name          age   sex   tel      add\n");
```

```
printf("------------------------------------------------------\n");
for (i=0;i<MAXIMUM;i++)
{
printf("%-14s%-7d",stu[i].name,_____[5]_____);
printf("%-7c%-10s%-25s\n",stu[i].sex,stu[i].tel,stu[i].add);
}
}
```

八、程序设计题

1. 输入一个日期至一个结构体变量中，计算并输出该日期是该年的第几天。

2. 在主函数中输入若干个学生成绩记录(包括学号 num、姓名 name 与成绩 score[3])至一个数组中，然后再调用自定义函数 print()输出之。其中， print()函数的功能是输出指定的学生成绩数组。

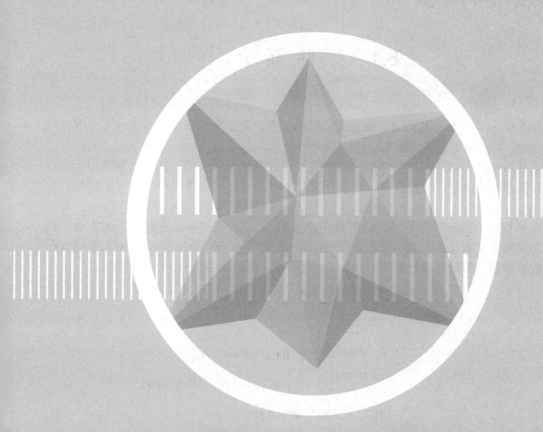

第 8 章

文 件 操 作

本章要点：

文件的有关概念；文件的基本操作；文件的管理操作；文件的读写操作；文件的定位操作；文件的错误处理。

学习目标：

了解文件的有关概念；掌握文件的基本操作、管理操作、读写操作、定位操作与错误处理方法。

8.1 文件简介

1. 文件

文件(File)是存放在外部存储介质上的数据的集合。对于文件来说，其优点之一就是可以重复使用，即使断电也不会丢失。

根据其作用的不同，可将文件分为程序文件与数据文件两大类。其中，前者用于存放程序，包括源程序文件、目标文件、可执行文件等；后者则只包含供程序处理的数据，如VCD 文件、MP3 文件、数据库文件等。

根据其数据组织形式的不同，则可将文件分为 ASCII 文件与二进制文件两大类。其中，前者又称为文本文件，每字节存放一个 ASCII 代码(代表一个字符)；后者则是将数据按其在内存中的存储形式存放到外部介质上。如图 8.1 所示，为整数 11 的存储形式。

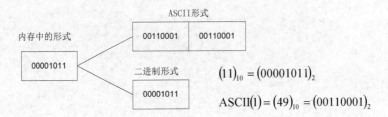

$$(11)_{10} = (00001011)_2$$
$$ASCII(1) = (49)_{10} = (00110001)_2$$

图 8.1　整数 11 的存储形式

> **提示：** ASCII 文件需要保存每个字符的信息，因此文件一般比较大，通常用于存放纯文本内容，如程序源文件等。对于需要直接进行处理的整数、浮点数等数据，最好以二进制文件形式保存，以提高数据的处理效率。

C 语言中的文件是对存储在外部介质上的数据集合的一种抽象。通过 C 语言标准输入输出函数库所提供的文件操作函数(在头文件 stdio.h 中进行声明)，可以简单、高效、安全地访问外部数据。另外，在 C 语言中，所有的外部设备均作为特殊文件对待，并称之为设备文件。这样，对外部设备的输入输出处理其实就是读写设备文件的过程。

2. 字节流与文件指针

C 语言将文件看作一个字节的序列，称之为字节流。因此，打开、操作或关闭一个文件其实就是打开、操作或关闭一个字节流。

在打开一个文件时，将返回一个文件指针，即 FILE 指针。文件被打开后，利用相应的文件指针，即可实现对文件的有关操作。

文件指针的定义格式为：

```
FILE *文件指针名1, *文件指针名2, ..., *文件指针名n;
```

【实例 8-1】文件指针的定义示例。

程序代码：

```
FILE *fp;
FILE *fp1,*fp2;
```

程序解析：定义 3 个文件指针，即 fp、fp1 与 fp2。

🏳 **说明：**　在 C 语言中，FILE 是一个结构体类型，由系统定义，相当于文件信息区，其格式在各编译系统中会略有差别。

8.2　文件的基本操作

对于文件来说，打开与关闭是其最为基本的两个操作。只有先打开文件，才能对其进行具体的操作。文件使用完毕后，也应及时地将其关闭，以免受到意外损坏。

8.2.1　文件的打开函数 fopen()

在 C 语言中，文件的打开是通过调用 fopen()函数实现的。
格式：

```
FILE *fp;
fp=fopen(filename,mode);
```

参数：filename 为文件名，　mode 为打开方式(见表 8.1)。
功能：以 mode 方式打开名称为 filename 的文件。
返回值：成功时返回指向文件的指针，失败时返回 NULL(即空指针)。

表 8.1　文件的打开方式

打开方式		说　明
ASCII 文件	二进制文件	
r，rt	rb	可读
w，wt	wb	可写。若文件不存在，则创建之；若文件已存在，则清空之
a，at	ab	添加。若文件不存在，则创建之；若文件已存在，则从末尾添加
r+，r+t，rt+	r+b，rb+	可读写
w+，w+t，wt+	w+b，wb+	可读写。若文件不存在，则创建之；若文件已存在，则清空之
a+，a+t，at+	a+b，ab+	可读与添加。若文件不存在，则创建之；若文件已存在，则从末尾添加

使用 fopen()函数打开文件时，一般要通过其返回值检查文件打开操作的正确性，以便确定能否继续执行后续的其他操作。

【实例 8-2】文件的打开示例。
程序代码：

```
FILE *fp;
if(fp=fopen("test.txt","r")==NULL)
{
  printf("This file can't be opened!\n");
```

```
    exit(1);
}
```

程序解析：

(1) 以只读方式打开文件 test.txt。若不成功，则显示 "This file can't be opened!(该文件无法打开！)" 的信息，并退出程序。

(2) "exit(1);" 语句的功能是停止程序的执行，并将控制返回给操作系统。

📑 **说明：** 函数 exit(n)的功能是停止程序的执行，并将控制交还给操作系统，同时返回 n 值。通常，参数 n 的值称为返回码，为 0 时表示正常返回，为非零时表示非正常返回。

📇 **提示：** (1) 程序启动时，系统会自动打开 3 个标准文件，即标准输入文件(表示键盘)、标准输出文件(表示显示器)与标准错误文件(表示显示器)，相应的文件指针为 stdin、stdout 与 stderr。必要时，可在程序中直接使用这些文件指针。

(2) 以 w、wt、wb、a、at、ab、w+、w+t、wt+、w+b、wb+、a+、a+t、at+、a+b、ab+ 等方式打开指定的文件时，若该文件并不存在，则会自动创建之。

(3) 必要时，可调用 tmpnam()函数产生一个在当前驱动器根目录下的唯一文件名(如\s5as.、\s5as.1、\s5as.2 等)。tmpnam()为临时文件名函数，其调用格式为 tmpnam(str)，参数 str 为字符数组或指向相应存储空间的字符指针(所产生的文件名就保存在该字符数组或字符指针所指向的存储空间中)，返回值为指向所产生的文件名的指针。如以下代码序列：

```
char ch,*fn,str[255];
fn=tmpnam(str);
printf("%s\n",str);
printf("%s\n",fn);
```

(4) 在程序的运行过程中，可能要创建一些用于保存某些数据的临时文件，并希望这些文件可在退出程序时能自动地加以删除。为此，可调用临时文件创建函数 tmpfile()。该函数的功能为创建一个临时文件(保存在当前驱动器的根目录下)，并按 wb+模式打开。tmpfile()函数没有参数，其调用格式为 tmpfile()，返回值为文件指针(若无法创建文件，则返回空指针)。如以下代码序列：

```
FILE *fp;
if((fp=tmpfile())==NULL)
{
    printf("Create temp file failed!\n");
    exit(1);
}
```

　与使用 tmpnam()函数所产生的临时文件名创建的"临时文件"不同，对于 tmpfile()函数所创建的临时文件，在被关闭或程序结束时系统会自动地将其删除掉。

8.2.2　文件的关闭函数 fclose()

在 C 语言中，文件的关闭是通过调用 fclose()函数实现的。

格式：

```
fclose(fp)
```

参数：fp 为文件指针。

功能：关闭 fp 所指向的文件。

返回值：成功时返回 0，失败时返回 EOF(即-1)。

📑 说明：　EOF 为符号常量(其值为-1)，在 stdio.h 中定义。

使用 fclose()函数关闭文件时，必要时也可通过其返回值检查文件关闭操作的正确性。

【实例 8-3】文件的关闭示例。

程序代码：

```
FILE *fp;
...
if (fclose(fp))
{
    printf("File close error!\n");
    exit(1);
}
```

程序解析：关闭文件指针 fp 所指向的文件。若不成功，则显示"File close error!(文件关闭错误！)"的信息，并退出程序。

📑 提示：　应养成在文件使用完毕时立即调用 fclose()函数关闭文件的良好编程习惯。这样，可确保缓存中的数据被写到文件中或者被丢弃掉，并让系统及时释放缓存空间。此外，程序在结束时，也会关闭所打开的文件。

8.3　文件的管理操作

文件的管理操作包括文件的复制、重命名、删除等，在程序中可通过调用相应的函数加以实现。

8.3.1　文件的重命名函数 rename()

在 C 语言中，可通过直接调用 rename()函数实现文件的重命名操作。

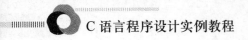

格式：

```
rename(oldfilename,newfilename)
```

参数：oldfilename 为原文件名，newfilename 为新文件名。

功能：将名称为 oldfilename 的文件重命名为 newfilename。

返回值：成功时返回 0，失败时返回非零值。

【实例 8-4】文件的重命名示例。

程序代码：

```
#include <stdio.h>
#include <stdlib.h>
void main()
{
    char oldfn[20],newfn[20];
    printf("Old Filename: ");
    scanf("%s",oldfn);
    printf("New Filename: ");
    scanf("%s",newfn);
    if (rename(oldfn,newfn))
    {
        printf("Rename file failed!\n");
        exit(1);
    }
    else
        printf("Rename file succeed!\n");
}
```

运行结果如图 8.2 所示。

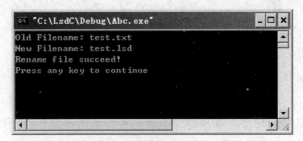

图 8.2　实例 8-4 程序的运行结果

程序解析：

(1) 在本程序中，原文件名及新文件名均由用户通过输入指定(在此分别为"test.txt"与"test.lsd")。

(2) if 语句直接使用 rename()函数的返回值作为条件。

8.3.2　文件的删除函数 remove()

在 C 语言中，可通过直接调用 remove()函数实现文件的删除操作。

格式：

```
remove(filename)
```

参数：filename 为文件名。

功能：删除名称为 filename 的文件。

返回值：成功时返回 0，失败时返回非零值。

【实例 8-5】文件的删除示例。

程序代码：

```
#include <stdio.h>
#include <stdlib.h>
void main()
{
    char filename[20];
    printf("Filename: ");
    scanf("%s",filename);
    if (remove(filename))
    {
        printf("Remove file failed!\n");
        exit(1);
    }
    else
        printf("Remove file succeed!\n");
}
```

运行结果如图 8.3 所示。

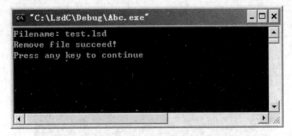

图 8.3　实例 8-5 程序的运行结果

程序解析：

(1) 在本程序中，文件名由用户通过输入指定(在此为 "test.lsd")。

(2) if 语句直接用 remove()函数的返回值作为条件。

8.3.3　系统命令的执行函数 system()

在 C 语言中，可通过调用 system()函数执行相应的操作系统命令，从而实现文件的复制、重命名、删除等有关管理操作。

格式：

```
system(command)
```

参数：command 为要执行的操作系统命令。

功能：执行操作系统命令 command。

返回值：通常情况下，成功时返回 0，失败时返回非零值。

【实例 8-6】文件的复制示例。

程序代码：

```c
#include <stdio.h>
#include <stdlib.h>
#include <string.h>
void main()
{
    char soufn[20],desfn[20],comstr[255];
    printf("Source Filename: ");
    scanf("%s",soufn);
    printf("Destination Filename: ");
    scanf("%s",desfn);
    strcpy(comstr,"copy ");
    strcat(comstr,soufn);
    strcat(comstr," ");
    strcat(comstr,desfn);
    printf("Copy Command: ");
    printf("%s\n",comstr);
    if (system(comstr))
    {
        printf("Copy file failed!\n");
        exit(1);
    }
    else
        printf("Copy file succeed!\n");
}
```

运行结果如图 8.4 所示。

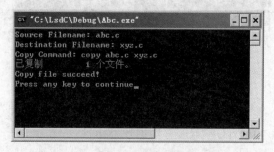

图 8.4　实例 8-6 程序的运行结果

程序解析：

(1) 本程序的功能是将某个文件(在此为"abc.c")复制为另外一个文件(在此为"xyz.c")。文件名由用户通过输入指定。

(2) 程序中，要执行的操作系统命令字符串(在此为"copy abc.c xyz.c")通过调用 strcpy()与 strcat()函数逐步构造。

(3) if 语句直接用 system()函数的返回值作为条件。

8.4　文件的读写操作

文件的读写操作用于实现文件内容的读取与写入。与文件的打开与关闭一样，文件的读写操作也是通过调用相应的文件读写函数来实现的。

C 语言的文件读写函数分为两大类，即文件的非格式化读写函数与文件的格式化读写函数。前者包括文件的字符读写函数 fgetc()与 fputc()、文件的字符串读写函数 fgets()与 fputs()、文件的数据块读写函数 fread()与 fwrite()，后者则包括类似于格式化输入输出函数 scanf()与 printf()的两个函数，即 fscanf()与 fprintf()。合理使用这些文件读写函数，即可灵活地实现各种文件读写操作。

8.4.1　文件的字符读函数 fgetc()

文件的字符读函数 fgetc()每次只从文件读取一个字符。
格式：

```
fgetc(fp)
```

参数：fp 为文件指针。
功能：从 fp 所指向的文件中读取一个字符。
返回值：成功时返回所读取的字符。若读到文件末尾或出错，则返回 EOF(即-1)。

📶 说明：　getchar()函数相当于 fgetc(stdin)。

8.4.2　文件的字符写函数 fputc()

文件的字符写函数 fputc()每次只向文件写入一个字符。
格式：

```
fputc(c,fp)
```

参数：c 为要写入的字符，fp 为相应的文件指针。
功能：向 fp 所指向的文件写入指定的字符 c。
返回值：成功时返回所写入的字符。若失败，则返回 EOF(即-1)。

📶 说明：　putchar(c)相当于 fputc(c,stdout)。

【实例 8-7】从键盘输入 N 个字符，写到文件 abc.txt 中。然后从文件中重新读取所写入的字符，并显示到屏幕上。
程序代码：

```
#include <stdio.h>
#include <stdlib.h>
#define N 10
void main()
```

```
{
    int i;
    char ch;
    FILE *fp;
    if((fp=fopen("abc.txt","w"))==NULL)
    {
        printf("File open error!\n");
        exit(1);
    }
    for (i=0;i<N;i++)
    {
        ch=getchar();
        fputc(ch,fp);
    }
    if (fclose(fp))
    {
        printf("File close error!\n");
        exit(1);
    }
    if((fp=fopen("abc.txt","r"))==NULL)
    {
        printf("File open error!\n");
        exit(1);
    }
    for (i=0;i<N;i++)
    {
        ch=fgetc(fp);
        putchar(ch);
    }
    if (fclose(fp))
    {
        printf("File close error!\n");
        exit(1);
    }
    printf("\n");
}
```

运行结果如图 8.5 所示。

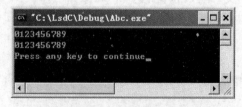

图 8.5　实例 8-7 程序的运行结果

程序解析：

(1)　在本程序中，N 为符号常量，代表 10。本程序共分为两个阶段，先完成 N 个字符的输入与写入操作，然后再完成 N 个字符的读取与显示操作。

(2)　在第一个阶段，先以只写方式打开文件 abc.txt(若该文件不存在，则会创建之；若该文件已存在，则会覆盖之)，然后通过 for 循环从键盘输入并向文件写入 N 个字符，最后再将文件关闭掉。

(3)　在第二个阶段，先以只读方式打开文件 abc.txt，然后通过 for 循环从文件读取并向屏幕输出 N 个字符，最后再将文件关闭。

【实例 8-8】从键盘输入一些字符，并逐个将其存入文件中，直到用户输入一个 "#" 为止。

程序代码：

```
#include <stdio.h>
#include <stdlib.h>
void main()
{
  FILE *fp;
  char ch,filename[10];
  printf("Filename: ");
  scanf("%s",filename);
  if((fp=fopen(filename,"w"))==NULL)
  {
      printf("Cannot open the file.\n");
      exit(1);
  }
  ch=getchar( );  //接收执行 scanf 语句输入文件名时最后所输入的回车符
  printf("String(#): ");
  ch=getchar( );  //接收从键盘输入的第一个字符
  while(ch!='#')  //若当前字符为 "#"，则结束输入
  {
      fputc(ch,fp);  //将当前字符写入文件中
      putchar(ch);  //将当前字符显示到屏幕上
      ch=getchar();  //再次接收从键盘输入的一个字符
  }
  fclose(fp);
  putchar(10);  //换行
}
```

运行结果如图 8.6 所示。

图 8.6　实例 8-8 程序的运行结果

程序解析：

(1)　本程序由用户输入文件名(在此为 "abc.txt")，然后以只写方式打开。

(2)　本程序所输入字符序列以 "#" 结束，其个数是不确定的。程序中，以 ch!='#'作为循环条件，只要当前所输入的字符不是 "#"，则可继续循环(输入)。

8.4.3　文件的字符串读函数 fgets()

文件的字符串读函数 fgets()每次可从文件读取一个字符串。
格式：

```
fgets(str,n,fp)
```

参数：str 为字符数组或指向相应存储空间的字符指针，n 为欲读取字符串的长度(包括
'\0')，fp 为文件指针。

功能：从 fp 所指向的文件中，读取一个长度为 n-1 的字符串(若遇到换行符或文件结
束符，则读取操作随即结束)，并自动加上一个'\0'，然后存入字符数组 str 或字符指针 str
所指向的存储空间。

返回值：成功时返回地址 str。若文件已经结束或读取过程出错，则返回 NULL。

8.4.4　文件的字符串写函数 fputs()

文件的字符串写函数 fputs()每次可向文件写入一个字符串。
格式：

```
fputs(str,fp)
```

参数：str 为要写入的字符串，fp 为文件指针。

功能：向 fp 所指向的文件写入指定的字符串 str。

返回值：成功时返回 0，否则返回 EOF(即-1)。

【实例 8-9】显示文本文件的内容并加上行号。

程序代码：

```
#include <stdio.h>
#include <stdlib.h>
#define N 256
main()
{
 char buffer[N], filename[30];
 int lcnt;
 FILE *fp;
 printf("Input a text file name:");
 scanf("%s",filename);
 if((fp=fopen(filename,"r"))==NULL)
 {
     printf("\nFile %s open error!\n",filename);
     exit(1);
 }
 lcnt=0;
 while(fgets(buffer,N,fp)!=NULL)
     printf("%3d:%s",++lcnt,buffer);
 fclose(fp);
}
```

运行结果如图 8.7 所示。

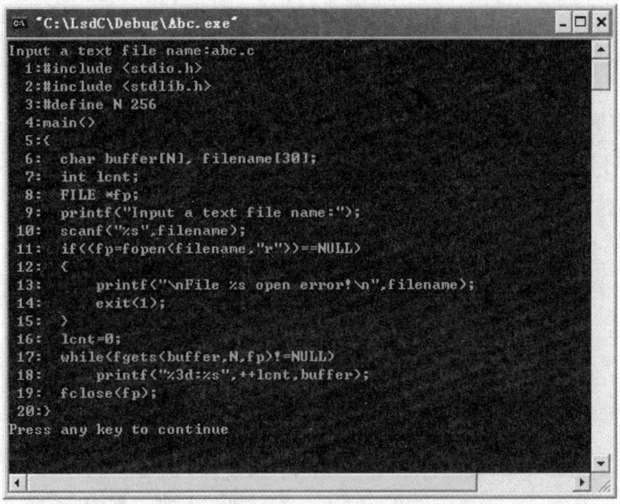

图 8.7　实例 8-9 程序的运行结果

程序解析：

(1)　本程序由用户输入文件名(在此为源程序文件"abc.c")，然后以只写方式打开。

(2)　程序通过 while 循环每次读取并显示文本文件的一行内容(即最大长度为 $N-1=255$ 个字符的一个字符串)。循环条件为"fgets(buffer,N,fp)!=NULL"，即只要文本文件的内容尚未读取完毕，则继续循环。

(3)　程序中的变量 lcnt 用于计算当前行的行号。

【实例 8-10】连接两个文本文件。

程序代码：

```
#include <stdio.h>
#include <stdlib.h>
#define BUFSIZE 256
main()
{
  FILE *fp1,*fp2;
  char buff[BUFSIZE],file1[15],file2[15];
  printf("Input two file names:");
  scanf("%s%s",file1,file2);
  if((fp1=fopen(file1,"a"))==NULL)
  {
      printf("file %s fail\n",file1);
      exit(1);
  }
  if ((fp2=fopen(file2,"r"))==NULL)
  {
      printf("file %s fail\n",file2);
      exit(1);
  }
```

```
    while(fgets(buff,BUFSIZE,fp2)!=NULL)
        fputs(buff,fp1);
    fclose(fp2);
    fclose(fp1);
}
```

运行结果如图 8.8 所示。

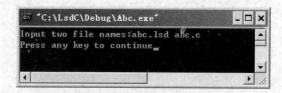

图 8.8　实例 8-10 程序的运行结果

程序解析：

(1)　本程序由用户输入两个文本文件的文件名(在此为"abc.lsd"与"abc.c")，并将第二个文件的内容连接到第一个文件的末尾。为达此目的，须以可添加方式打开第一个文件，并以只读方式打开第二个文件。

(2)　程序通过 while 循环每次从第二个文件中读取一行，并将其添加到第一个文件的末尾，从而完成连接过程。

8.4.5　文件的数据块读函数 fread()

文件的数据块读函数 fread()通常用于二进制文件的数据读取，每次从文件读取由若干个数据项所构成的一个数据块。

格式：

```
fread(buffer,size,n,fp)
```

参数：buffer 为数据存储空间的起始地址，size 为每个数据项的大小，n 为数据项的个数，fp 为文件指针。

功能：从 fp 所指向的文件中读取 n 个大小为 size 的数据项，并将其存入地址为 buffer 的存储空间中。

返回值：实际读取的数据项的数量。若发生错误或文件已结束，则此数小于 n。若 size 或 n 为 0，则返回 0。

8.4.6　文件的数据块写函数 fwrite()

文件的数据块写函数 fwrite()通常用于二进制文件的数据写入，每次向文件写入由若干个数据项所构成的一个数据块。

格式：

```
fwrite(buffer,size,n,fp)
```

参数：buffer 为数据存储空间的起始地址，size 为每个数据项的大小，n 为数据项的个数，fp 为文件指针。

功能：从地址为 buffer 的存储空间中把 n 个大小为 size 的数据项写入 fp 所指向的文件中。

返回值：实际写入的数据项的数量。若发生错误，则此数小于 n。

【实例 8-11】从键盘输入 N 个学生的学号、姓名、年龄与住址，然后将其保存到文件中。

程序代码：

```c
#include <stdio.h>
#define N 3
struct student
{
    int num;  //学号
    char name[10];  //姓名
    int age;  //年龄
    char addr[15];  //住址
}students[N];
void save()
{
    FILE *fp;
    int i;
    if((fp=fopen ("students.dat","wb"))==NULL)
    {
        printf("Cannot open file!\n");
        return;
    }
    for(i=0;i<N;i++)
        if(fwrite(&students[i],sizeof(struct student),1,fp)!=1)
            printf ("File write error!\n");
    fclose(fp);
}
void main()
{
    int i;
    printf("学生数据(学号 姓名 年龄 住址):\n");
    for(i=0;i<N;i++)
        scanf("%d%s%d%s",&students[i].num,students[i].name,
            &students[i].age,students[i].addr);
    save();
}
```

运行结果如图 8.9 所示。

图 8.9　实例 8-11 程序的运行结果

程序解析：

(1) 本程序在声明全局结构体 student 的同时定义一个全局结构体数组 students，数组的大小由符号常量 N 决定。

(2) 子函数 save()的功能是将数组 students 中的 N 个学生的数据写入二进制文件 students.dat 内。在 for 循环中，每调用一次 fwrite()函数就将一个学生的数据(students[i])写到文件中。

(3) 在主函数内，先通过 for 循环输入 N 个学生的数据，并依次存放在数组 students 的各个元素中。然后再调用 save()函数，从而将各个学生的数据写到文件中。

8.4.7 文件的格式化读函数 fscanf()

文件的格式化读函数 fscanf()可按指定的格式从文件中读取相应的数据。

格式：

```
fscanf(fp,format,inputlist)
```

参数：fp 为文件指针，format 为格式控制字符串，inputlist 为输入项目列表。

功能：按格式 format 从 fp 所指向的文件中读取数据，并存放到 inputlist 所指定的输入项目中。

返回值：成功时返回读取并存储的数据项的数量。若发生错误或文件已结束，则返回 EOF(即-1)。

说明： 格式化输入函数 scanf(format, inputlist)等价于 fscanf(stdin, format, inputlist)。

8.4.8 文件的格式化写函数 fprintf()

文件的格式化写函数 fprintf()可按指定的格式将有关的数据写入文件中。

格式：

```
fprintf(fp,format,outputlist)
```

参数：fp 为文件指针，format 为格式控制字符串，outputlist 为输出项目列表。

功能：按格式 format 将 outputlist 所指定的输出项目的值写入 fp 所指向的文件中。

返回值：成功时返回写入的字符的数量。若发生错误，则返回负值。

说明： 格式化输出函数 printf(format,outputlist)等价于 fprintf(stdout,format,outputlist)。

【实例 8-12】从键盘输入学生的学号、姓名、年龄与住址，写入指定的文件中，再从该文件读取这些数据，显示到屏幕上。

程序代码：

```
#include <stdio.h>
#include <stdlib.h>
void main()
{
  long num;
```

```
char name[10];
int age;
char addr[20];
FILE *fp;
if((fp=fopen("student.txt","w"))==NULL)
{
    puts("Cannot open file!\n");
    exit(1);
}
printf("学生数据(学号 姓名 年龄 住址):\n");
fscanf(stdin,"%ld%s%d%s",&num,name,&age,addr);
fprintf(fp,"%8ld %10s %3d %s",num,name,age,addr);
fclose(fp); //关闭文件
if((fp=fopen("student.txt","r"))==NULL)
{
    puts("Cannot open file!\n");
    exit(1);
}
fscanf(fp,"%ld%s%d%s",&num,name,&age,addr);
fprintf(stdout,"%8ld %10s %3d %s\n",num,name,age,addr);
fclose(fp); //关闭文件
}
```

运行结果如图 8.10 所示。

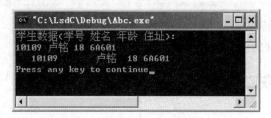

图 8.10 实例 8-12 程序的运行结果

程序解析:

(1) stdin 为标准输入文件指针, "fscanf(stdin,"%ld%s%d%s",&num,name,&age,addr);"
相当于 "scanf("%ld%s%d%s",&num,name,&age,addr);", 用于输入学生的有关数据。

(2) "fprintf(fp,"%8ld %10s %3d %s",num,name,age,addr);"用于按指定的格式向文件
写入有关数据。

(3) "fscanf(fp,"%ld%s%d%s",&num,name,&age,addr);"用于按指定的格式从文件读取
有关数据。

(4) stdout 为标准输出文件指针, "fprintf(stdout, "%8ld %10s %3d %s\n", num, name,
age, addr);"相当于 "printf("%8ld %10s %3d %s\n",num,name,age,addr);", 用于显示学生的
有关数据。

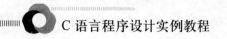

8.5　文件的定位操作

在对文件进行读写操作时，默认情况下使用的是顺序访问方式，即从文件的起始处开始，直至文件的末尾处结束。除顺序访问方式外，必要时还可采用随机访问方式，即从文件的任意位置处开始对文件进行读写操作。显然，相对于顺序访问方式，随机访问方式要灵活高效得多，可更好地满足实际应用的需要。

要实现对文件的随机访问，首先就要解决文件的定位问题，即根据需要正确设定文件的读写指针(或位置指针)。文件读写指针所指向的位置即为文件的当前位置。在首次打开文件时，文件的读写指针是指向文件的起始处的。在对文件进行读写操作的过程中，文件的读写指针也会随之自动后移。为实现对文件的随机访问，在进行具体的读写操作之前，必须先完成文件的定位操作，也就是将文件的读写指针向前或向后移动至适当位置。

在 C 语言中，与文件定位操作密切相关的函数主要有 rewind()、ftell()、fseek()、feof()等。正确使用这些函数，即可根据需要准确设定文件的当前位置。

8.5.1　读写指针的复位函数 rewind()

格式：

```
rewind(fp)
```

参数：fp 为文件指针。
功能：将 fp 所指向的文件的当前位置设定为文件的起始处。

8.5.2　读写指针的获取函数 ftell()

格式：

```
ftell(fp)
```

参数：fp 为文件指针。
功能：获取 fp 所指向的文件的当前位置。
返回值：若成功，则返回文件的当前位置(long int 型值)；否则，返回-1L。

8.5.3　读写指针的设置函数 fseek()

格式：

```
fseek(fp,offset,whence)
```

参数：
(1)　fp 为文件指针。
(2)　offset 为位置偏移量(以字节为单位)，可正可负。值为正时，表示向文件尾方向偏移；值为负时，表示向文件头方向偏移。

(3) whence 为位置偏移量的基点，可以是文件的起始处、末尾处或当前位置，其有效取值见表 8.2。

功能：将 fp 所指向的文件的当前位置设定为相对于 whence 的 offset 处。

表 8.2　位置偏移量基点(whence)的取值

取　值		说　明
数值常量	符号常量	
0	SEEK_SET	文件的起始处
1	SEEK_CUR	文件的当前位置
2	SEEK_END	文件的末尾处

说明：　rewind(fp)相当于 fseek(fp,0,SEEK_SET)或 fseek(fp,0,0)。

8.5.4　文件结束的检测函数 feof()

格式：

```
feof(fp)
```

参数：fp 为文件指针。

功能：判断 fp 所指向的文件是否已经结束。

返回值：若文件已经结束，则返回非零值(真)，否则返回 0(假)。

【实例 8-13】文件的定位示例。

程序代码：

```
#include <stdio.h>
#include <stdlib.h>
main()
{
    FILE *fp;
    char fn[10];
    printf("Filename:");
    scanf("%s",fn);
    if ((fp=fopen(fn,"r"))==NULL)
    {
        printf("Cannot open the file.\n");
        exit(1);
    }
    printf("%d\n",ftell(fp));
    fgetc(fp);
    printf("%d\n",ftell(fp));
    rewind(fp);
    printf("%d\n",ftell(fp));
    fseek(fp,10L,SEEK_SET);
    printf("%d\n",ftell(fp));
    fseek(fp,5L,SEEK_CUR);
```

```
    printf("%d\n",ftell(fp));
    fseek(fp,0,0);
    printf("%d\n",ftell(fp));
    fseek(fp,0,2);
    printf("%d\n",feof(fp));
    fgetc(fp);
    printf("%d\n",feof(fp));
    fclose(fp);
}
```

运行结果如图 8.11 所示。

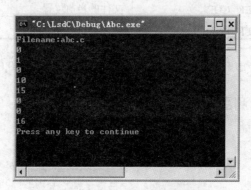

图 8.11 实例 8-13 程序的运行结果

程序解析：

(1) 本程序由用户输入文件名，然后以只读方式打开相应的文件。

(2) 刚打开文件时，文件的位置指针指向文件的起始处。此时，ftell(fp)的值为 0。

(3) 执行"fgetc(fp);"语句从文件中读取一个字符后，文件的位置指针指向后移动一个字节。此时，ftell(fp)的值为 1。

(4) 执行"rewind(fp);"语句后，文件的位置指针重新指向文件的起始处。此时，ftell(fp)的值为 0。

(5) 执行"fseek(fp,10L,SEEK_SET);"语句后，文件的位置指针移到距文件开头 10 字节的位置。此时，ftell(fp)的值为 10。

(6) 执行"fseek(fp,5L,SEEK_CUR);"语句后，文件的位置指针从当前位置起向后移动 5 字节。此时，ftell(fp)的值为 15。

(7) 执行"fseek(fp,0,0);"语句后，文件的位置指针重新指向文件的起始处。此时，ftell(fp)的值为 0。

(8) 执行"fseek(fp,0,2);"语句后，文件的位置指针指向文件的末尾处。此时，feof(fp)返回 0(表明文件尚未结束)。

(9) 继续执行"fgetc(fp);"语句试图从文件中再读取一个字符，随即遇到文件的结束符。此时，feof(fp)返回一个表明文件已经结束的非零值(在此为 16)。

【实例 8-14】在二进制数据文件 students.dat 中已存放 N 个学生的数据(包括学号、姓名、年龄与住址)。现要求从文件中读取序号为奇数的学生的数据，并在屏幕上将其显示出来。

程序代码：

```
#include <stdlib.h>
#include<stdio.h>
#define N 3
struct student
{
    int num;  //学号
    char name[10];  //姓名
    int age;  //年龄
    char addr[15];  //住址
}students[N];
void main()
{
    int i;
    FILE *fp;
    //以只读方式打开二进制文件
    if((fp=fopen("students.dat","rb"))==NULL)
    {
        printf("Cannot open file!\n");
        exit(1);
    }
    for(i=0;i<N;i+=2)
    {
        fseek(fp,i*sizeof(struct student),0);
        fread(&students[i], sizeof(struct student),1,fp);
        printf("%d %s %d %s\n",students[i].num,students[i].name,
            students[i].age,students[i].addr);
    }
    fclose(fp);
}
```

运行结果如图 8.12 所示。

图 8.12 实例 8-14 程序的运行结果

程序解析：

(1) 本程序以二进制只读方式打开数据文件 students.dat。

(2) 程序通过 for 循环依次读取并显示序号为奇数的学生的数据。在各次循环中，先通过 " fseek(fp,i*sizeof(struct student),0);" 语句设置文件的位置指针，然后通过 "fread(&students[i], sizeof(struct student),1,fp);" 语句读取当前学生的数据块并存入相应的数组元素 students[i]中。

8.6　文件的错误处理

在对文件进行操作的过程中，可能会出现某些错误。为便于对文件操作过程中所出现的错误进行有效的处理，C 语言提供了相应的错误处理函数，常用的有 ferror()、clearerr()等。

8.6.1　操作错误的检测函数 ferror()

格式：

```
ferror(fp)
```

参数：fp 为文件指针。

功能：判断 fp 所指向的文件是否存在操作错误。

返回值：未出错时返回 0，否则返回非零值。

📵 **说明**：　若在调用文件的读写函数时出错，则 ferror(fp) 将返回非零值。

8.6.2　错误状态的清除函数 clearerr()

格式：

```
clearerr(fp)
```

参数：fp 为文件指针。

功能：清除 fp 所指向的文件的错误状态。

返回值：无。

📵 **说明**：　调用 clearerr(fp)后，ferror(fp)将返回 0。

【实例 8-15】文件的错误处理示例。

程序代码：

```c
#include <stdio.h>
#include <stdlib.h>
main()
{
    FILE *fp;
    char fn[10];
    printf("Filename:");
    scanf("%s",fn);
    if ((fp=fopen(fn,"r"))==NULL)
    {
        printf("Cannot open the file.\n");
        exit(1);
    }
    printf("%d\n",ferror(fp));
    if (fputc('A',fp)==-1)
        printf("Fail!\n");
```

```
    printf("%d\n",ferror(fp));
    clearerr(fp);
    printf("%d\n",ferror(fp));
    fclose(fp);
}
```

运行结果如图 8.13 所示。

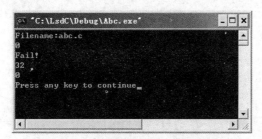

图 8.13　实例 8-15 程序的运行结果

程序解析：

(1)　本程序以只读方式打开指定的某个文件(在此为"abc.c")。成功打开文件时，
ferror()函数的返回值为 0。

(2)　以只读方式打开文件后，"fputc('A',fp)"试图向文件写入字符'A'导致错误。此
时，ferror()函数的返回值为非零值(在此为 32)。若将"if (fputc('A',fp)==-1)"改为"if
(fgetc(fp)==-1)"，也就是将写入字符'A'的操作改为读取一个字符的操作，则无错误发生。
此时，ferror()函数的返回值为 0。

(3)　调用 clearerr()函数后，ferror()函数的返回值为 0。

8.7　文件操作的综合实例

【实例 8-16】从键盘输入若干个字符串，按字母大小顺序进行排序后，再将其输出到
文件中加以保存。

编程思路：为解决此问题，可分为 3 个步骤：①从键盘输入 N 个字符串，存放在一个
二维字符数组中；②对字符数组中的 N 个字符串按字母顺序用选择法进行排序，排序结果
仍然存放在字符数组中；③将字符数组中的字符串按顺序输出到文件中。

程序代码：

```
#include <stdio.h>
#include <stdlib.h>
#include <string.h>
#define N 5
#define M 20
void main()
{
    FILE *fp;
    char fn[M],str[N][M],temp[M];
    int i,j,k;
```

```
    printf("Enter file name:\n");
        gets(fn);
    if ((fp=fopen(fn,"w"))==NULL)
    {
        printf("Can't open file!\n");
        exit(1);
    }
    printf("Enter strings:\n");
    for(i=0;i<N;i++)
        gets(str[i]);
    for(i=0;i<N-1;i++)
    {
        k=i;
        for(j=i+1;j<N;j++)
            if(strcmp(str[k],str[j])>0)
                k=j;
            if (k!=i)
            {
                strcpy(temp,str[i]);
                strcpy(str[i],str[k]);
                strcpy(str[k],temp);
            }
    }
    printf("\nThe new sequence:\n");
    for(i=0;i<N;i++)
    {
        fputs(str[i],fp);
        fputs("\n",fp);
        printf("%s\n",str[i]);
    }
    fclose(fp);
}
```

运行结果如图 8.14 所示。

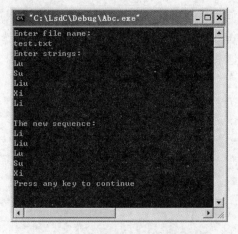

图 8.14　实例 8-16 程序的运行结果

程序解析：

(1)　本程序通过符号常量定义字符数组的大小，并由这些确定字符串的个数及最大长度。

(2)　文件名由用户通过输入指定，然后以只写方式打开相应的文件。

(3)　字符串的排序采用选择法，字符串的大小比较通过调用 strcmp()函数实现，字符串的复制(或拷贝)通过调用 strcpy() 函数实现。复合语句"{strcpy(temp,str[i]); strcpy(str[i],str[k]); strcpy(str[k],temp);}"的作用是交换 str[i]与 str[k]的值(即交换字符串)。

(4)　在将字符串写入文件时，每个字符串独占一行。"fputs("\n",fp);"语句的作用是向文件输出换行符(即在文件中换行)。

(5)　本程序在写文件的同时将相应的字符串显示到屏幕上。

【实例8-17】先显示指定文本文件的内容，然后再将其复制到另一个文件中。

程序代码：

```c
#include <stdio.h>
#include <stdlib.h>
void main()
{
    FILE *fp1,*fp2;
    char fn1[30],fn2[30];
    printf("File name:");
        gets(fn1);
    printf("Copy to:");
        gets(fn2);
    if ((fp1=fopen(fn1,"r"))==NULL)
    {
        printf("Can't open file %s!\n",fn1);
        exit(1);
    }
    if ((fp2=fopen(fn2,"w"))==NULL)
    {
        printf("Can't open file %s!\n",fn2);
        exit(1);
    }
    while(!feof(fp1))
        putchar(fgetc(fp1));
    putchar('\n');
    rewind(fp1);
    while(!feof(fp1))
        fputc(fgetc(fp1),fp2);
    fclose(fp1);
    fclose(fp2);
}
```

运行结果如图 8.15 所示。

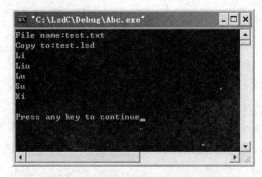

图 8.15 实例 8-17 程序的运行结果

程序解析：

(1) 本程序可由用户任意指定两个文件，然后分别以只读与只写方式打开。

(2) 第一个 while 循环用于逐个读取第一个文件中的各个字符，并将其显示到屏幕上。循环条件为"!feof(fp1)"，只要文件尚未结束，则应继续执行相应的操作。

(3) 文件内容读取完毕，其位置指针将指向文件尾。为重新从头读取其内容，须将其位置指针重新指向文件头。"rewind(fp1);"语句的作用就是使第一个文件的位置指针返回到文件头。

(4) 第二个 while 循环用于逐个读取第一个文件中的各个字符，并将其写入到第二个文件中。

本 章 小 结

本章简要地介绍了文件的有关概念，并通过具体实例讲解了 C 语言中文件的基本操作、管理操作以及各种读写操作、定位操作与错误处理方法。通过本章的学习，应熟知文件的有关概念与主要应用，切实掌握 C 语言中文件的各种应用技术，并将其灵活地运用到实际应用的开发当中。

习　　题

一、填空题

1. 在 C 语言程序中，对文件进行操作首先要(　　　　)。

2. 在 C 语言程序中对文件进行操作时，最后要对文件实行(　　　　)操作，以防止文件中信息的丢失。

3. 标准输入文件指针为(　　　　)。

4. 标准输出文件指针为(　　　　)。

5. 标准错误文件指针为(　　　　)。

6. 表示文件结束符的符号常量为(　　　　)。

7. C 语言中的系统函数 fopen()是(　　　　)一个数据文件的函数。

8. 从一个数据文件中读入以换行符结束的一行字符串的函数为(　　　　)。

9. 以下函数的功能是( )。

```
int FL(FILE *fptr)
{
    char ch;
    int c=0;
    fseek(fptr,0,SEEK_SET);
    while(1) {
        ch=fgetc(fptr);
        if(ch!=EOF) c++;
        else break;
    }
    return c;
}
```

10. 在 C 语言中，数据文件的格式分为两种，即文本文件(或 ASCII 文件)与( )。

二、单选题

1. 在下列语句中，将 fp 定义为文件型指针的是( )。
   A. FILE fp;　　　　B. FILE *fp;　　　　C. file fp;　　　　D. file *fp;

2. 在进行文件操作时，写文件的一般含义是( )。
   A. 将计算机内存中的信息存入磁盘　　B. 将计算机 CPU 中的信息存入磁盘
   C. 将磁盘中的信息存入计算机　　　　D. 将磁盘中的信息存入计算机 CPU

3. 系统的标准输出文件 stdout 是指( )。
   A. 键盘　　　　B. 显示器　　　　C. 打印机　　　　D. 硬盘

4. 可作为函数 fopen 的第一个参数的是( )。
   A. c:abc\tset .txt　　　　　　　　B. c:\abc\test.txt
   C. "c:\abc\test.txt"　　　　　　　D. "c:\\abc\\test.txt"

5. 若 fputc 函数调用成功，则其返回其值为( )。
   A. TRUE　　　　B. EOF　　　　C. NULL　　　　D. 所输出的字符

三、多选题

1. 在 C 语言中，显示器是( )。
   A. 标准输入文件　　　　　　　　B. 标准输出文件
   C. 标准错误文件　　　　　　　　D. 标准空文件

2. 执行成功时返回值为 0 的函数是( )。
   A. fopen　　　　B. fclose　　　　C. fgets　　　　D. fputs

四、判断题

1. 以方式 "r" 打开文件后，只能读取其中的内容。　　　　　　　　( )
2. 以方式 "w" 打开文件时，若指定的文件不存在，则打开不成功。　( )
3. 以方式 "a" 打开文件后，可在文件的末尾添加新的内容。　　　　( )

五、程序改错题

1.

```c
#include <stdio.h>
#include <stdlib.h>
main()
{
    FILE *fp;
    char filename[10];
    scanf("%s",filename);
    if ((fp=fopen("filename","r"))==NULL)
    {
        printf("Cannot open the file.\n");
        exit(1);
    }
    fclose(fp);
}
```

2.

```c
#include <stdio.h>
#include <stdlib.h>
main()
{
    FILE *fp;
    int i,n;
    if ((fp=fopen("test.dat","wb"))==NULL)
        exit(1);
    for (i=0;i<5;i++)
    {
        scanf("%d",&n);
        fwrite(n,sizeof(int),1,fp);
    }
    fclose(fp);
}
```

六、程序分析题

1.

```c
#include <stdio.h>
#include <stdlib.h>
main()
{
    FILE *fp;
    if ((fp=fopen("test.txt","a"))==NULL)
    {
        printf("Cannot open the file.\n");
        exit(1);
    }
    printf("%d",ferror(fp));
```

```
    fputc(fputc('I',fp),stdout);
    printf("%d\n",ferror(fp));
    fclose(fp);
}
```

2.

```
#include <stdio.h>
#include <stdlib.h>
main()
{
    FILE *fp;
    int n=0;
    char c;
    fp=fopen("test.txt","w+");
    fputs("12345",fp);
    rewind(fp);
    c=fgetc(fp);
    while(!feof(fp))
    {
        n++;
        if (n%2)
            putchar(c);
        c=fgetc(fp);
    }
    printf("\nn=%d\n",n);
    fclose(fp);
}
```

七、程序填空题

1. 显示文本文件的内容。

```
#include <stdio.h>
#include <stdlib.h>
main()
{
    _____[1]_____
  char filename[15];
  printf("filename:");
  scanf("%s",filename);
  if((fp=_____[2]_____)==NULL)
  {
  printf("Cannot open the file %s.\n",filename);
  exit(1);
  }
  while(_____[3]_____)
      putchar(_____[4]_____);
  putchar('\n');
    _____[5]_____
}
```

2.　连接两个文本文件。

```
#include <stdio.h>
#include <stdlib.h>
main()
{
  FILE *fp1,*fp2;
  char _____[1]_____;
  char c;
  printf("filename1:");
  scanf("%s",file1);
  printf("filename2:");
  scanf("%s",file2);
  if((fp1=_____[2]_____)==NULL)
  {
  printf("File %s fail.\n",file1);
  exit(1);
  }
  if ((fp2=_____[3]_____)==NULL)
  {
  printf("File %s fial.\n",file2);
  exit(1);
  }
  c=fgetc(fp2);
  while(!feof(fp2))
  {
  _____[4]_____;
    c=_____[5]_____;
  }
  fclose(fp2);
  fclose(fp1);
}
```

八、程序设计题

1.　从键盘输入若干个浮点数，并以二进制方式写到文件 bin.dat 中。

2.　从二进制文件 bin.dat 中读取若干个浮点数，并将其保存到一个数组中，然后再显示出来。

3.　输入若干个学生的学号、姓名与 3 门课程的成绩(并计算其平均成绩)至一个数组中，然后将数组中的数据写入磁盘文件中，最后再从该文件读取所写入的数据，并显示到屏幕中。

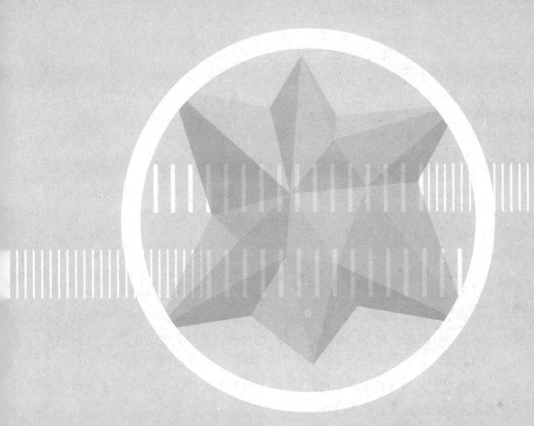

第 9 章

类型定义与编译预处理

本章要点：

类型定义；编译预处理。

学习目标：

了解类型定义的基本概念；掌握类型定义的基本方法；了解编译预处理的基本概念；掌握编译预处理(包括宏定义、文件包含与条件编译)的使用方法。

9.1 类型定义

在 C 语言中,类型定义用于给已存在的数据类型指定别名(或重新命名),相当于自定义相应的数据类型。合理使用类型定义,可增强程序的可读性与可移植性。

为进行类型定义,须使用关键字 typedef,其基本格式为:

```
typedef old_type new_type_list;
```

其中,old_type 为已存在的数据类型,new_type_list 为自定义的数据类型列表(若包含多个数据类型,则以逗号分隔开)。

【实例 9-1】类型定义示例 1。

程序代码:

```
typedef int INTEGER,NUMBER;
INTEGER a;
NUMBER b;
```

程序解析:定义 INTEGER 与 NUMBER 为 int 的别名,并用其定义变量 a 与 b(均为 int 型变量)。"INTEGER a;"相当于"int a;","NUMBER b;"相当于"int b;"。

📖 说明: 通过类型定义所指定的新类型(通常以大写形式表示)与其对应的原类型的作用是等价的,只是名称不同而已。

💡 注意: 类型定义并非定义新的数据类型,而是为已有的数据类型指定新的名称(相当于将新的数据类型定义为已有的数据类型),以便于程序的编写与阅读。

【实例 9-2】类型定义示例 2。

程序代码:

```
typedef char * STRING;
STRING p, s[10];
```

程序解析:定义 STRING 为 char *(即字符指针类型)的别名,并用其定义字符指针变量 p 与字符指针数组 s。"STRING p, s[10];"相当于"char *p, *s[10];"。

【实例 9-3】类型定义示例 3。

程序代码:

```
typedef struct student
{
char *name;
int number;
} STUDENT;
STUDENT stu,*pstu;
```

程序解析:定义 STUDENT 为 struct student 结构体类型的别名,并用其定义 struct student 结构体类型的变量 stu 与指针 pstu。"STUDENT stu,*pstu;"相当于"struct student stu,*pstu;"。

【实例 9-4】类型定义示例 4。

程序代码：

```
typedef int NUM[10];
NUM n;
```

程序解析：定义 NUM 为 int 型一维数组(共有 10 个元素)，并用其定义数组 n(n 为包含有 10 个元素的 int 型一维数组)。"NUM n;"相当于"int n[10];"。

【实例 9-5】类型定义示例 5。

程序代码：

```
typedef int (*POINTER)();
POINTER p1, p2;
```

程序解析：定义 POINTER 为 int 型函数指针，并用其定义指针变量 p1 与 p2。"POINTER p1, p2;"相当于"int (*p1)(),(*p2)();"。

9.2　编译预处理

编译预处理是指在编译系统对源程序文件进行编译(包括词法分析、语法分析、代码生成及优化等)前针对一些特殊的编译语句所进行的预先处理。在编译预处理完成后，其结果将与源程序代码一起进行编译，以生成相应的目标文件。

与一般的程序语句不同，编译预处理语句都是以"#"开头的，且其末尾不带";"。编译预处理语句常用于程序设计的模块化以及程序的移植与调试等方面，主要分为 3 类，即宏定义、文件包含与条件编译。

在进行程序设计时，灵活使用编译预处理技术，可有效提高程序的可移植性以及代码的可重用性，并进一步实现程序的模块化设计。

9.2.1　宏定义

宏定义分为两种，即不带参数的宏定义与带参数的宏定义。

1．不带参数的宏定义

不带参数的宏定义通常用于定义符号常量，其语法格式为：

```
#define 宏名 表达式
```

其中，宏名可以是任意合法的标识符(通常以大写形式表示)，而表达式则可以是任意的常量。

【实例 9-6】不带参数的宏定义示例。

程序代码：

```
#define NULL 0
#define EOF (-1)
#define TRUE 1
#define FALSE 0
```

```
#define PI 3.14159
#define TEXT unsigned char
```

程序解析：定义宏(或符号常量)NULL、EOF、TRUE、FALSE、PI 与 TEXT。其中，EOF 表示-1(在定义时-1 应以圆括号括起来)，TEXT 表示 unsigned char。

💡 **注意：** 在进行宏定义时，宏名不能出现重复。

进行了宏定义后，在对程序进行编译时，程序中的宏名都会被相应表达式所指定的常量所替换。在编译预处理完成后，再进行程序的编译。例如，若已有宏定义"#define NULL 0"，则在编译预处理时，语句"if (i==NULL) …"中的"NULL"会被替换为"0"，从而变为"if (i==0) …"。

由于编译预处理时对宏名只是进行简单的替换，因此在进行宏定义时所指定的表达式通常要加上圆括号"()"，以避免在替换后出现错误。

【**实例 9-7**】程序分析。

程序代码：

```
#include <stdio.h>
#define N 10
#define NN (10+N)
main()
{
    int s;
    s=5*NN;
    printf("%d\n",s);
}
```

运行结果如图 9.1 所示。

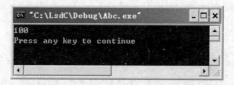

图 9.1 实例 9-7 程序的运行结果

程序解析：

(1) 程序中定义了 N 与 NN 两个宏(即符号常量)，其中 N 表示 10，NN 表示(10+N)，也就是(10+10)。因此，"s=5*NN;"语句在编译预处理后将变为"s=5*(10+10);"，变量 s 的值为 100。

(2) 若将"#define NN (10+N)"改为"#define NN 10+N"，则"s=5*NN;"语句的替换结果为"s=5*10+10;"，变量 s 的值为 60。由此可见，编译预处理只是对宏名进行简单替换，而不对其内容进行解析。

2．带参数的宏定义

带参数的宏定义须在宏名后的圆括号内指定相应的形式参数，并在其后的表达式中加以应用。其语法格式为：

```
#define 宏名(形式参数表) 表达式
```

在编译预处理时，程序中出现宏名与实际参数表的地方都会被应用了所指定的实际参数的相应表达式所替换。在编译预处理完成后，再进行程序的编译。

【**实例 9-8**】带参数的宏定义示例。

程序代码：

```
#define MAX(x,y)  ((x)>(y)?(x):(y))
    #define MIN(x,y)  ((x)<(y)?(x):(y))
```

程序解析：定义带有两个形式参数 x 与 y 的宏 MAX、MIN，其功能为求 x 与 y 的大者、小者。

对于带参数的宏定义，表达式中的形式参数均应加上圆括号"()"，以避免在替换后出现错误。例如，若已有宏定义"#define MAX(x,y) ((x)>(y)?(x):(y))"，则在编译预处理时，语句"x=MAX(m+n,p+q);"将会被替换为"x=((m+n)>(p+q)?(m+n):(p+q));"。若宏定义表达式中的形式参数不加圆括号，则会被替换为"x=(m+n>p+q?m+n:p+q);"，从而出现错误。

【**实例 9-9**】字符分类统计。使用带参数的宏定义，对从键盘输入的字符按大写字母、小写字母与数字字符进行分类，并统计出各类字符的个数。

程序代码：

```
#include <stdio.h>
#define isupper(c)  ('A'<=(c)&&(c)<='Z')
#define islower(c)  ('a'<=(c)&&(c)<='z')
#define isdigit(c)  ('0'<=(c)&&(c)<='9')
main()
{
    char ch;
    int a,b,c,d;
    a=0;b=0;c=0;d=0;
    printf("字符分类统计\n");
    printf("(按<Ctrl+Z>键后再按回车键结束字符输入)\n");
    while((ch=getchar())!=EOF)
    {
        if (isupper(ch))
            a++;
        else if (islower(ch))
            b++;
        else if (isdigit(ch))
            c++;
        else
            d++;
    }
    printf("分类统计结果\n");
    printf("大写字母：%d 个\n",a);
    printf("小写字母：%d 个\n",b);
    printf("数字字符：%d 个\n",c);
    printf("其他字符：%d 个\n",d);
}
```

运行结果如图 9.2 所示。

图 9.2　实例 9-9 程序的运行结果

程序解析：

(1)　本程序定义了 3 个带有形式参数 c 的宏 isupper、islower、isdigit，其功能分别为判断 c 是否为大写字母、小写字母、数字字符。

(2)　在编译预处理时，程序中的 if…else if…else…语句被替换为：

```
if (('A'<=(ch)&&(ch)<='Z'))
    a++;
else if (('a'<=(ch)&&(ch)<='z'))
    b++;
else if (('0'<=(ch)&&(ch)<='9'))
    c++;
else
    d++;
```

可见，在本程序中，其实是将宏定义作为 if 语句的条件进行判断的。

(3)　在程序运行过程中，所有输入的字符都逐个存放到 ch 中并逐一进行判断，直至按 Ctrl+Z 键(其作用是输入 EOF)后再按回车键结束循环为止。在按 Ctrl+Z 键前所输入的回车换行符也会被当作其他字符进行统计。

💡 **注意：**　带参数的宏定义与函数有些相似，但二者是不同的，区别如下：

(1)　宏定义只是对字符串进行简单替换，而函数调用则是按程序的含义来替换形式参数。

(2)　宏定义只能用于简单的单行语句替换，而函数则可用于复杂的运算。

(3)　宏定义只占用编译时间，不占用运行时间，执行速度快，而函数的调用、参数的传递等均要占用内存开销。

(4)　宏定义在编译时展开，多次使用会让源程序增大，而函数的调用与次数无关，总占用相同的源程序空间。

(5)　宏的作用域从定义点开始，到程序源文件的末尾或使用#undef 命令取消定义处终止。

总的来说，当语句较简单时，可考虑使用宏定义，其执行速度优于函数。

3．宏的作用域

与函数一样，宏也具有一定的作用域。在默认情况下，宏的作用域从其定义处开始，至源文件的末尾止。若要中途取消宏，可使用#undef命令，其语法格式为：

```
#undef 宏名
```

【实例 9-10】宏的作用域示例。

程序代码：

```
#include <stdio.h>
#define PI 3.14159
main()
{
    printf("%f\n",PI);
    #undef PI
    printf("%f\n",PI);
}
```

程序解析：本程序是错误的。执行"#undef PI"语句后，宏 PI 即被取消。在此之后所出现的 PI，系统将视之为未声明的标识符(undeclared identifier)，编译时将出现错误。

9.2.2　文件包含

在进行程序设计时，经常会使用一些相同的程序代码，如函数、宏定义等。而对于大型程序或软件的设计来说，通常会将其分为多个模块，待分别编写好各个模块的程序文件后，再将其汇集在一起进行编译。为便于程序代码的重用与程序文件的引用，C 语言提供了相应的文件包含方法。所谓文件包含，就是在一个源程序文件中包含另外一个源程序文件，其最终结果就是在一个源程序的指定位置嵌入另外一个源程序文件中的代码。实际上，C 语言程序中 stdio.h、stdlib.h、conio.h、math.h、string.h 等头文件的引用就是用文件包含预处理命令#include 来实现的。

文件包含语句的基本格式为：

```
#include <文件名>
#include "文件名"
```

若文件名用尖括号括起来，则只在系统目录中对其进行搜索；若文件名用双引号括起来，则先在源程序所在目录中对其进行搜索，若找不到再到系统目录中进行搜索。对于一般文件的包含来说，最好使用双引号将其文件名括起来。

C 编译系统提供了大量可供包含的头文件，其文件扩展名均为".h"，且通常被置于系统目录 include 中。实际上，这些头文件都是 C 语言的源程序文件，只是文件扩展名不同而已。

文件包含不仅用于标准的头文件，也可用于自编的源文件。在进行程序设计时，可将多个程序模块共用的函数、宏定义等集中到一个单独的源文件中，然后在各个模块的程序中将该文件包含进来，从而方便了代码的共享。

💡 **注意：** 文件包含为编译预处理操作，被包含文件与对其进行引用的源文件是作为一个整体进行编译的，只生成一个目标文件。当被包含文件改变时，源文件必须重新进行编译。

【实例 9-11】 计算圆的周长与面积。

程序代码：

(1) 源程序 Circle.c。

```
#define PI 3.14159  //圆周率
#define PERIMETER(r) (2*PI*(r))  //计算圆周长
#define AREA(r) (PI*(r)*(r))      //计算圆面积
typedef struct circle  //声明圆结构体
{
    double radius;        //半径
    double perimeter;     //周长
    double area;          //面积
} CIRCLE;
```

(2) 源程序 Abc.c。

```
#include <stdio.h>
#include "circle.c"
main()
{
    CIRCLE c;
    printf("半径:");
    scanf("%lf",&c.radius);
    c.perimeter=PERIMETER(c.radius);
    c.area=AREA(c.radius);
    printf("周长:%lf\n",c.perimeter);
    printf("面积:%lf\n",c.area);
}
```

运行结果如图 9.3 所示。

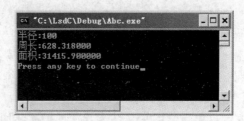

图 9.3　实例 9-11 程序的运行结果

程序解析：

(1) 本程序包含两个源程序文件，即 Abc.c 与 Circle.c。

(2) 在 Circle.c 中，定义了一个不带参数的宏 PI 与两个带有形式参数 r 的宏 PERIMETER、AREA。此外，还声明了圆的结构体类型 struct circle，并通过类型定义指定其别名为 CIRCLE。

（3）在 Abc.c 中，通过"#include "circle.c""语句包含 circle.c。因此，circle.c 应与 abc.c 位于同一个目录中。若将"#include "circle.c""改为"#include <circle.c>"，则会因为无法找到 circle.c 文件而出现编译错误。

9.2.3　条件编译

所谓条件编译，是指根据条件成立与否对源程序中的某些语句进行编译。条件编译为源程序的编译提供了一定的灵活性，常用于进行程序的移植。系统平台不同，其编译环境往往也会有所差异。因此，在对源程序进行编译时，可先对系统环境进行判断，然后再据此对相关语句进行编译。

为满足条件编译的各种需求，C 语言提供了相应的条件编译语句。使用条件编译语句，可让系统根据编译条件是否成立选择编译相应的程序段，从而生成不同的可执行文件。

1. #if 语句

#if 语句用于在编译时对指定的条件进行判断，以便选择适合条件的程序段进行编译。
#if 语句的用法与 if 语句基本相同，共有 4 种基本形式。

（1）#if…#endif。
语法格式：

```
#if 表达式
    程序段
#endif
```

功能：当表达式成立时，对#if 与#endif 之间的程序段进行编译。

（2）#if…#else…#endif。
语法格式：

```
#if 表达式
    程序段 1
#else
    程序段 2
#endif
```

功能：当表达式成立时，对程序段 1 进行编译；否则，对程序段 2 进行编译。

（3）#if…#elif…#endif。
语法格式：

```
#if 表达式 1
    程序段 1
#elif 表达式 2
    程序段 2
…
#elif 表达式 n
    程序段 n
#endif
```

功能：当表达式 1 成立时，对程序段 1 进行编译；当表达式 2 成立时，对程序段 2 进行编译；……当表达式 n 成立时，对程序段 n 进行编译。

(4) #if…#elif…#else…#endif。

语法格式：

```
#if 表达式 1
    程序段 1
#elif 表达式 2
    程序段 2
…
#elif 表达式 n
    程序段 n
#else
    程序段 n+1
#endif
```

功能：当表达式 1 成立时，对程序段 1 进行编译；当表达式 2 成立时，对程序段 2 进行编译；……当表达式 n 成立时，对程序段 n 进行编译；否则，对程序段 $n+1$ 进行编译。

【实例 9-12】程序分析。

程序代码：

```
#define N 5
#define YES 1
#define NO 0
#define DEBUG YES
#include <stdio.h>
void main()
{
    int a[N],m,*p=a;
    while(p<a+N)
        scanf("%d",p++);
    p=a;
#if DEBUG==YES
    m=*p;
    while(++p<a+N)
    {
        if(m<*p)
            m=*p;
    }
    printf("max=%d\n",m);
#else
    m=*p;
    while(++p<a+N)
    {
        if(m>*p)
            m=*p;
    }
    printf("min=%d\n",m);
#endif
}
```

运行结果如图 9.4 所示。

图 9.4　实例 9-12 程序的运行结果

程序解析：

(1)　程序中定义了 4 个宏(即符号常量)，即 N、YES、NO、DEBUG，其中 N 为 5，YES 为 1，NO 为 0，DEBUG 为 YES。

(2)　由于程序中#if 语句的条件"DEBUG==YES"成立，其下的程序段将被编译，因此程序的功能为先输入 5 个整数至数组 a 中，然后再找出其中的最大值并加以输出。

(3)　若将程序中的语句"#if DEBUG==YES"改为"#if DEBUG==N"，则条件"DEBUG==NO"不成立，因此#else 下的程序段将被编译，程序的功能将变为先输入 5 个整数至数组 a 中，然后再找出其中的最小值并加以输出，其运行结果如图 9.5 所示。

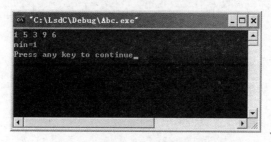

图 9.5　实例 9-12 程序的运行结果

2．#ifdef 语句

#ifdef 语句用于对宏进行判断，以便对相应的程序段进行编译。该语句共有两种基本形式。

(1)　#ifdef…#endif。

语法格式：

```
#ifdef 宏名
    程序段
#endif
```

功能：若指定的宏已定义，则对#ifdef 与#endif 之间的程序段进行编译。

(2)　#ifdef…#else…#endif。

语法格式：

```
#ifdef 宏名
    程序段 1
#else
    程序段 2
#endif
```

功能：若指定的宏已定义，则对程序段 1 进行编译；否则，对程序段 2 进行编译。

3．#ifndef 语句

#ifndef 语句与#ifdef 语句类似，用于对宏进行判断，以便对相应的程序段进行编译。该语句共有两种基本形式。

(1)　#ifndef…#endif。

语法格式：

```
    #ifndef 宏名
        程序段
#endif
```

功能：若指定的宏未定义，则对#ifdef 与#endif 之间的程序段进行编译。

(2)　#ifndef…#else…#endif。

语法格式：

```
    #ifndef 宏名
        程序段 1
    #else
        程序段 2
#endif
```

功能：若指定的宏未定义，则对程序段 1 进行编译；否则，对程序段 2 进行编译。

📑 **说明：**　#ifdef 语句与#ifndef 语句的功能刚好相反。

【实例 9-13】计算圆的周长或面积。

程序代码：

```
#include <stdio.h>
#define PI 3.14159  //圆周率
#define PERIMETER(r) (2*PI*(r))  //计算圆周长
#define AREA(r) (PI*(r)*(r))  //计算圆面积
typedef struct circle     //声明圆结构体
{
    double radius;       //半径
    double perimeter;    //周长
    double area;         //面积
} CIRCLE;
#define OS 1
main()
{
    CIRCLE c;
    printf("半径:");
    scanf("%lf",&c.radius);
#ifdef OS
    c.perimeter=PERIMETER(c.radius);
    printf("周长:%lf\n",c.perimeter);
#else
    c.area=AREA(c.radius);
```

```
    printf("面积:%lf\n",c.area);
#endif
}
```

运行结果如图 9.6 所示。

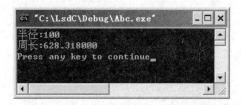

图 9.6　实例 9-13 程序的运行结果

程序解析：

(1) 本程序使用#ifdef…#else…#endif 语句，由系统根据宏名 OS 是否已定义选择编译相应的程序段，从而生成不同的可执行文件。

(2) 由于本程序已通过"#define OS 1"定义了宏 OS，因此选择编译#ifdef 与#else 之间的程序段，功能为计算并输出圆的周长。若删除"#define OS 1"语句(或将其注释掉)，则会选择编译#else 与#endif 之间的程序段，功能为计算并输出圆的面积(其运行结果如图 9.7 所示)。

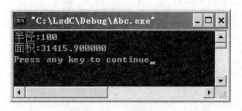

图 9.7　实例 9-13 程序的运行结果

本 章 小 结

本章简要地介绍了类型定义与编译预处理的基本概念，并通过具体实例讲解了 C 语言中类型定义的基本方法与编译预处理(包括宏定义、文件包含与条件编译)的使用方法。通过本章的学习，应熟知类型定义与编译预处理的基本概念与主要作用，切实掌握 C 语言中类型定义与编译预处理的应用技术，并能在具体的程序设计或系统开发中灵活地加以运用，以提高程序或系统的可读性与可移植性以及代码的可重用性，并进一步实现程序或系统的模块化设计。

习　　题

一、填空题

1. C 语言中进行类型定义的关键字是(　　　　　)。
2. C 语言中的编译预处理命令都是以符号(　　　　)开头的。

3. C 语言中的编译预处理语句主要分为 3 类，即宏定义、文件包含与(　　　　)。

4. 宏定义结束时(　　　　)分号。

5. 用于进行文件包含的预处理命令是(　　　　)。

6. 宏的作用范围从定义点开始，到程序源文件的末尾或使用(　　　　)命令取消定义之前。

7. (　　　　)用于对宏定义进行判断，当宏名已定义时，则编译其下的程序段。

8. (　　　　)用于对宏定义进行判断，当宏名未定义时，则编译其下的程序段。

二、单选题

1. 为 int 定义一个别名 INTEGER，正确的是(　　)。
   A. typedef int INTEGER;　　　　　　　B. typedef INTEGER int;
   C. define int INTEGER;　　　　　　　　D. define INTEGER int;

2. 在下列命令中，用来进行宏定义的是(　　)。
   A. define　　　　　B. #define　　　　C. include　　　　D. #include

3. 设有以下宏定义：

```
#define WIDTH 80
#define LENGTH WIDTH+40
```

执行赋值语句 "x=LENGTH*2;" (x 为 int 型变量)后，x 的值是(　　)。
   A. 120　　　　　B. 160　　　　　C.220　　　　　D. 240

三、多选题

1. 下列命令中，属于编译预处理命令的是(　　)。
   A. define　　　　　B. #define　　　　C. include　　　　D. #include

2. 下列类型定义中，正确的是(　　)。
   A. typedef int INTEGER;　　　　　　　B. typedef int INTEGER,NUMBER;
   C. define int INT[10];　　　　　　　　D. define int INT[10],NUM[10];

四、判断题

1. 在进行类型定义时，可同时定多个别名。　　　　　　　　　　　　　　　(　　)

2. 宏定义分为两种，即不带参数的宏定义与带参数的宏定义。　　　　　　(　　)

3. 使用双引号与尖括号进行文件包含是没有任何区别的。　　　　　　　　(　　)

4. 使用#include 命令可同时包含多个头文件。　　　　　　　　　　　　　(　　)

5. #ifdef 语句与#ifndef 语句的功能刚好相反。　　　　　　　　　　　　　(　　)

五、程序改错题

1.

```
#include <stdio.h>
typedef INTEGER int
main()
{
```

```
    INTEGER x;
    printf("x=");
    scanf("%d",&x);
    printf("2x=%d\n",2*x);
}
```

2.

```
#include <stdio.h>
#define PI 3.14159;
main()
{
    float r,s;
    printf("r=");
    scanf("%f",&r);
    s=pi*r*r;
    printf("s=%.2f\n",s);
}
```

六、程序分析题

1.

```
#include <stdio.h>
#define N 10
#define NN 10+N
main()
{
    int s;
    s=NN*NN;
    printf("%d\n",s);
}
```

2.

```
#include <stdio.h>
#define MUL(x,y)  (x)*y
main()
{
    int a=3,b=4,c;
    c=MUL(a++,b++);
    printf("%d\n",c);
}
```

3.

```
#include<stdio.h>
#define A(x)  x/2
int B(int x)
{
    return x/2;
}
main()
```

```
{
    printf("%d\n%d\n",A(7+3),B(7+3));
}
```

4.

```
#include<stdio.h>
#define FUN(x) 2.85+x
#define PRINT(x) printf("%d",(int)(x))
#define PRINTRESULT(x) PRINT(x);putchar('\n')
main()
{
    int x=2;
    PRINTRESULT(FUN(5)*x);
}
```

5.

```
#include <stdio.h>
#define PI 3.14159
#define PERIMETER(r) (2*PI*(r))
#define AREA(r) (PI*(r)*(r))
#define OS 0
#define R 10
main()
{
#ifndef OS
    printf("周长:%f\n",PERIMETER(R));
#else
    printf("面积:%lf\n",AREA(R));
#endif
}
```

七、程序填空题

1. 输入 10 个字符，然后输出其中所包含的大写字母序列、小写字母序列与数字字符序列。

```
#include <stdio.h>
#define isupper(c) ('A'<=(c)&&(c)<='Z')
#define islower(c) ('a'<=(c)&&(c)<='z')
#define isdigit(c) ('0'<=(c)&&(c)<='9')
main()
{
char ch,str1[11],str2[11],str3[11];
int n,i=0,j=0,k=0;
for (n=0;_____[1]_____;n++)
{
    ch=getche();
    if (isupper(ch))
        _____[2]_____
    else if (islower(ch))
```

```
                [3]
      else if (isdigit(ch))
                  [4]
      else
                  [5]
}
str1[i]='\0';
str2[j]='\0';
str3[k]='\0';
printf("\n");
printf("大写字母序列：%s\n",str1);
printf("小写字母序列：%s\n",str2);
printf("数字字符序列：%s\n",str3);
}
```

2. 输入矩形的长与宽，计算并输出其周长或面积。

```
#include <stdio.h>
#define PERIMETER(x,y) (2*((x)+(y)))
#define AREA(x,y) ((x)*(y))
typedef struct rectangle
{
float        [1]
float        [2]
float perimeter;
float area;
}        [3]        ;
#define FLAG 0
main()
{
RECTANGLE r;
printf("长:");
scanf("%f",&r.length);
printf("宽:");
scanf("%f",&r.width);
#ifdef FLAG
r.perimeter=        [4]
printf("周长:%lf\n",r.perimeter);
#else
r.area=        [5]
printf("面积:%lf\n",r.area);
#endif
}
```

八、程序设计题

1. 输入一个年份，判断其是否为闰年。要求定义一个进行闰年判断的宏，并加以利用。

2. 输入两个整数，求其相除后的余数。要求定义一求余数的宏，并加以利用。

3. 输入两个实数，求其和(当宏 OK 已定义时)与差(当宏 OK 未定义时)。

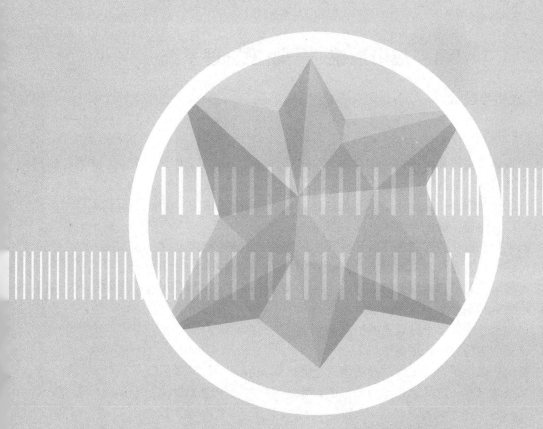

第 10 章

应用系统(程序)设计与实现

本章要点:

职工管理系统; "石头—剪刀—布" 游戏程序。

学习目标:

通过职工管理系统与 "石头—剪刀—布" 游戏程序的开发,掌握应用系统(程序)的分析、设计与实现的基本方法,提高综合运用所学知识解决实际问题、开发实际应用的能力。

10.1 应用系统——职工管理系统

10.1.1 分析与设计

1．需求分析

职工管理系统主要用于对职工的有关信息进行管理，包括职工信息的录入、修改、删除、查询与浏览等。其基本需求如下：

(1) 职工信息主要包括职工的编号、姓名、性别、出生日期、学历、学位、职称与工资等。其中，各位职工的编号是唯一的。

(2) 职工信息以文件形式保存，在显示时应遵循一定的规范格式。

(3) 可逐一录入各位职工的信息。

(4) 可按编号修改指定职工的信息。

(5) 可按编号删除指定职工的信息。

(6) 可按编号或姓名查询职工的信息。

(7) 可对职工信息进行浏览。

(8) 系统应以菜单方式工作，并提供清晰的操作提示。

(9) 系统应具有一定的容错能力，可适当处理用户的操作错误。

2．总体设计

(1) 功能模块。在分析用户需求的基础上，可将本职工管理系统划分为 5 个功能模块，即职工浏览、职工查询、职工增加、职工修改与职工删除(如图 10.1 所示)。其中，职工浏览模块用于以列表的方式显示所有职工的信息，职工查询模块用于按编号或姓名查询职工的信息，职工增加模块用于录入职工的信息，职工修改模块用于修改指定职工的信息，职工删除模块用于删除指定职工的信息。

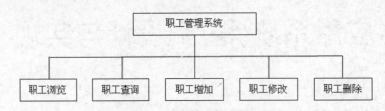

图 10.1 职工管理系统的功能框图

(2) 数据结构。职工管理系统的数据结构主要与职工的信息表示密切相关。由于职工的信息包含编号、姓名、性别、出生日期、学历、学位、职称与工资等为数众多的数据项，因此应通过相应的结构体类型来表示。在本系统中，有关结构体类型的声明如下：

```c
struct Date
{
    int year;
    int month;
```

```
    int day;
};
struct Empinfo
{
    char number[8];  //编号
    char name[11];  //姓名
    char sex[3];  //性别
    struct Date birthday;  //出生日期
    char education[11];  //学历
    char degree[5];  //学位
    char title[11];  //职称
    double wage;  //工资
};
```

其中，Date 为表示日期的结构体类型，Empinfo 为表示职工信息的结构体类型(其成员 birthday 的类型为结构体 Date)。

10.1.2　编码与实现

1. 程序代码

本职工管理系统的程序代码如下：

```
#include <stdio.h>
#include <string.h>
#include <stdlib.h>
#include <conio.h>
struct Date
{
    int year;
    int month;
    int day;
};
struct Empinfo
{
    char number[8];  //编号
    char name[11];  //姓名
    char sex[3];  //性别
    struct Date birthday;  //出生日期
    char education[11];  //学历
    char degree[5];  //学位
    char title[11];  //职称
    double wage;  //工资
};
char menu()
{
    char c;
    system("CLS");  //清屏
    puts("        职工管理系统        ");
    puts("==========主菜单==========");
```

```
            puts("        1.职工浏览        ");
            puts("        2.职工查询        ");
            puts("        3.职工增加        ");
            puts("        4.职工修改        ");
            puts("        5.职工删除        ");
            puts("        0.退出系统        ");
            puts("==========================");
            while (1)
            {
                printf("    请选择(0-5):[ ]\b\b");
                c=getche();
                if (c>='0'&&c<='5')
                    break;
                else
                    printf("\n");
            }
            return c;
}
void print1()
{
    printf("%-8s%-11s%-5s%-11s%-11s%-5s%-11s%-9s\n",\
        "编号","姓名","性别","出生日期","学历","学位","职称","        工资");
}
void print2(struct Empinfo empinfo)
{
    printf("%-8s%-11s%-5s%04d-%02d-%02d %-11s%-5s%-11s%9.2lf\n",\
        empinfo.number,empinfo.name,empinfo.sex,\

        empinfo.birthday.year,empinfo.birthday.month,empinfo.birthday.day,\
        empinfo.education,empinfo.degree,empinfo.title,empinfo.wage);
}
void display()
{
    FILE *fp;
    struct Empinfo empinfo;
    int count=0;

    system("CLS");
    puts("职工浏览");
    puts("========\n");
    if ((fp=fopen("Empinfo.dat","rb"))==NULL)
    {
        puts("未能打开文件 Empinfo.dat!");
        getch();
        exit(1);
    }
    while(fread(&empinfo,sizeof(struct Empinfo),1,fp)==1)
    {
        count++;
        if (count-1==0||(count-1)%5==0)
```

```
            print1();
        print2(empinfo);
        if (count!=0&&count%5==0)
        {
            puts("\n 按任意键继续...\n");
            getch();
        }
    }
    fclose(fp);
    printf("\n 共有%d 个职工记录!",count);
    getch();
}
void search()
{
    FILE *fp;
    struct Empinfo empinfo;
    char c,flag,empnum[8],empname[11];
    int count;
    if ((fp=fopen("Empinfo.dat","rb"))==NULL)
    {
        puts("未能打开文件 Empinfo.dat!");
        getch();
        exit(1);
    }
    do
    {
        rewind(fp);
        system("CLS");
        puts("职工查询");
        puts("========\n");
        while (1)
        {
            printf("\n 查询方式(1.编号;2.姓名):[ ]\b\b");
            flag=getche();
            if (flag=='1'||flag=='2')
                break;
            else
                printf("\n");
        }
        if (flag=='1')
        {
            printf("\n\n 请输入欲查询职工的编号(yyyynnn):");
            gets(empnum);
            puts("\n");
            count=0;
            while(fread(&empinfo,sizeof(struct Empinfo),1,fp)==1)
            {
                if (strcmp(empnum,empinfo.number)==0)
                {
                    count++;
```

```
                        if (count-1==0||(count-1)%5==0)
                        print1();
                        print2(empinfo);
                        if (count!=0&&count%5==0)
                        {
                            puts("\n 按任意键继续...\n");
                            getch();
                        }
                    }
                }
            }
        else if (flag=='2')
        {
            printf("\n\n 请输入欲查询职工的姓名:");
            gets(empname);
            puts("\n");
            count=0;
            while(fread(&empinfo,sizeof(struct Empinfo),1,fp)==1)
            {
                if (strcmp(empname,empinfo.name)==0)
                {
                    count++;
                    if (count-1==0||(count-1)%5==0)
                    print1();
                    print2(empinfo);
                    if (count!=0&&count%5==0)
                    {
                        puts("\n 按任意键继续...\n");
                        getch();
                    }
                }
            }
        }
        if (count>0)
            printf("\n 共有%d 个符合条件的职工记录!\n",count);
        else
            puts("\n 无此职工!\n");
        printf("\n 继续吗?(Y/N):[ ]\b\b");
        c=getche();
    } while (c=='Y'||c=='y');
    fclose(fp);
}
void append()
{
    FILE *fp;
    struct Empinfo empinfo;
    char c,strtemp[10];
    if ((fp=fopen("Empinfo.dat","ab"))==NULL)
    {
        puts("未能打开文件 Empinfo.dat!");
```

```
        getch();
        exit(1);
    }
    do
    {
        system("CLS");
        puts("职工增加");
        puts("========\n");
        printf("编号(yyyynnn):");
        gets(empinfo.number);
        printf("姓名:");
        gets(empinfo.name);
        printf("性别:");
        gets(empinfo.sex);
        printf("出生日期(yyyy-mm-dd):");
        scanf("%d-%d-%d",&empinfo.birthday.year,\
            &empinfo.birthday.month,&empinfo.birthday.day);
        getchar();
        printf("学历:");
        gets(empinfo.education);
        printf("学位:");
        gets(empinfo.degree);
        printf("职称:");
        gets(empinfo.title);
        printf("工资:");
        gets(strtemp);
        empinfo.wage=atof(strtemp);
        fwrite(&empinfo,sizeof(struct Empinfo),1,fp);
        printf("\n 继续吗?(Y/N):[ ]\b\b");
        c=getche();
    } while (c=='Y'||c=='y');
    fclose(fp);
}
void modify()
{
    FILE *fp,*fp0;
    struct Empinfo empinfo;
    char c,empnum[8],strtemp[10];
    int flag;
    do
    {
        if ((fp=fopen("Empinfo.dat","rb"))==NULL)
        {
            puts("未能打开文件 Empinfo.dat!");
            getch();
            exit(1);
        }
        if ((fp0=fopen("Emptemp.dat","wb"))==NULL)
        {
            puts("未能打开文件 Emptemp.dat!");
```

```
        getch();
        exit(1);
    }
    system("CLS");
    puts("职工修改");
    puts("========\n");
    printf("请输入欲修改职工的编号(yyyynnn):");
    gets(empnum);
    puts("\n");
    flag=0;
    while(fread(&empinfo,sizeof(struct Empinfo),1,fp)==1)
    {
        if (strcmp(empnum,empinfo.number)==0)
        {
            print1();
            print2(empinfo);
            flag=1;
            printf("\n 请输入新数据:\n");
            printf("编号(yyyynnn):");
            gets(empinfo.number);
            printf("姓名:");
            gets(empinfo.name);
            printf("性别:");
            gets(empinfo.sex);
            printf("出生日期(yyyy-mm-dd):");
            scanf("%d-%d-%d",&empinfo.birthday.year,\
                &empinfo.birthday.month,&empinfo.birthday.day);
            getchar();
            printf("学历:");
            gets(empinfo.education);
            printf("学位:");
            gets(empinfo.degree);
            printf("职称:");
            gets(empinfo.title);
            printf("工资:");
            gets(strtemp);
            empinfo.wage=atof(strtemp);
            printf("\n");
        }
        fwrite(&empinfo,sizeof(struct Empinfo),1,fp0);
    }
    fclose(fp);
    fclose(fp0);
    if (flag==1)
    {
        puts("\n 修改成功!\n");
        remove("Empinfo.dat");
        rename("Emptemp.dat","Empinfo.dat");
    }
    else
```

```
            puts("\n 无此职工!\n");
        printf("\n 继续吗?(Y/N):[ ]\b\b");
        c=getche();
    } while (c=='Y'||c=='y');
}
void delete()
{
    FILE *fp,*fp0;
    struct Empinfo empinfo;
    char c,empnum[8];
    int flag;
    do
    {
        if ((fp=fopen("Empinfo.dat","rb"))==NULL)
        {
            puts("未能打开文件 Empinfo.dat!");
            getch();
            exit(1);
        }
        if ((fp0=fopen("Emptemp.dat","wb"))==NULL)
        {
            puts("未能打开文件 Emptemp.dat!");
            getch();
            exit(1);
        }
        system("CLS");
        puts("职工删除");
        puts("========\n");
        printf("请输入欲删除职工的编号(yyyynnn):");
        gets(empnum);
        puts("\n");
        flag=0;
        while(fread(&empinfo,sizeof(struct Empinfo),1,fp)==1)
        {
            if (strcmp(empnum,empinfo.number)==0)
            {
                print1();
                print2(empinfo);
                flag=1;
                continue;
            }
            else
                fwrite(&empinfo,sizeof(struct Empinfo),1,fp0);
        }
        fclose(fp);
        fclose(fp0);
        if (flag==1)
        {
            puts("\n 删除成功!\n");
            remove("Empinfo.dat");
```

```
            rename("Emptemp.dat","Empinfo.dat");
        }
        else
            puts("\n 无此职工!\n");
        printf("\n 继续吗?(Y/N):[ ]\b\b");
        c=getche();
    } while (c=='Y'||c=='y');
}
main()
{
    while (1)
    {
        switch (menu())
        {
            case '1':  //职工浏览
                display(); break;
            case '2':  //职工查询
                search(); break;
            case '3':  //职工增加
                append(); break;
            case '4':  //职工修改
                modify(); break;
            case '5':  //职工删除
                delete(); break;
            case '0':  //退出系统
                system("CLS"); exit(0); break;
        }
    }
}
```

2. 运行结果

本职工管理系统的运行结果如图 10.2~图 10.7 所示。

图 10.2　系统主菜单

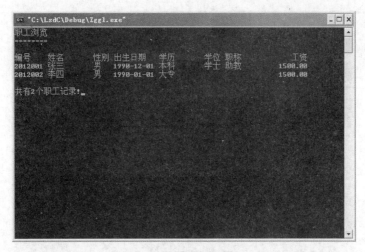

"C:\LsdC\Debug\Zggl.exe"
职工浏览
========
编号 姓名 性别 出生日期 学历 学位 职称 工资
2012001 张三 男 1990-12-01 本科 学士 助教 1500.00
2012002 李四 男 1990-01-01 大专 1500.00
共有2个职工记录!

图 10.3 职工浏览

"C:\LsdC\Debug\Zggl.exe"
职工查询
========
查询方式(1.编号;2.姓名):[1]
请输入欲查询职工的编号(yyyynnn):2012001
编号 姓名 性别 出生日期 学历 学位 职称 工资
2012001 张三 男 1990-12-01 本科 学士 助教 1500.00
共有1个符合条件的职工记录!
继续吗?(Y/N):[ ]

图 10.4 职工查询

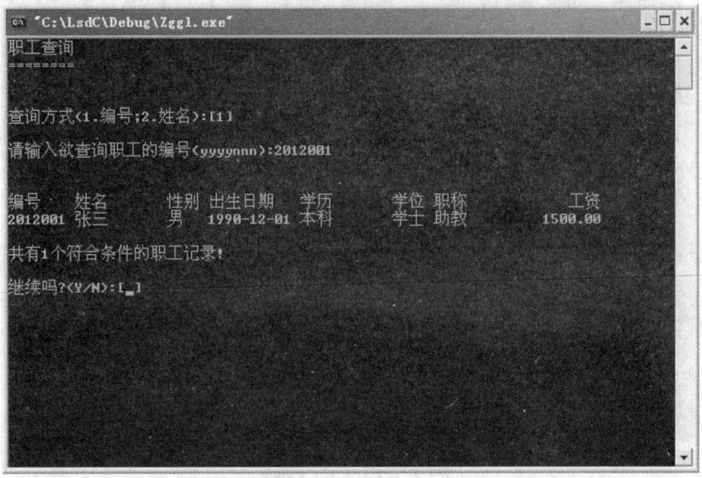

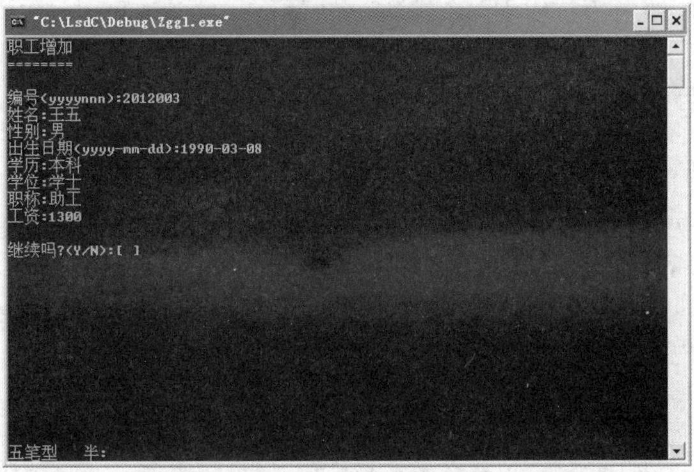

"C:\LsdC\Debug\Zggl.exe"
职工增加
========
编号(yyyynnn):2012003
姓名:王五
性别:男
出生日期(yyyy-mm-dd):1990-03-08
学历:本科
学位:学士
职称:助工
工资:1300
继续吗?(Y/N):[ ]
五笔型 半:

图 10.5 职工增加

图 10.6　职工修改

图 10.7　职工删除

10.2　游戏程序——"石头-剪刀-布"

10.2.1　分析与设计

1. 需求分析

"石头-剪刀-布"是小孩子经常玩的一种经典小游戏，其基本规则为"石头砸剪刀，剪刀剪布，布包石头"，并由此决定每一局的胜负。作为一款小游戏程序，其基本需求如下：

（1）用户与电脑为游戏的双方，游戏的开始与结束由用户决定。

（2）游戏过程中，用户可随意输入选项，电脑则随机生成选项，并能即时显示每一局的胜败。

（3）结束游戏时，可显示相关的数据与结果，包括总局数、胜局数、平局数、败局数、胜局率、平局率、败局率、综合得分、综合评价等。其中，综合评价根据综合得分确定，而综合得分则为胜局与平局的得分之和(平局的得分为胜局得分的一半)，全胜时为 100 分，全败时为 0 分。

(4)　结束游戏时，可根据需要记录相关的数据，包括玩家的姓名(或昵称)、总局数、胜局数、平局数、败局数、胜局率、平局率、败局率与综合得分。

(5)　可浏览游戏的结果记录。

(6)　可清空游戏的结果记录。

2．总体设计

(1)　功能模块。在分析基本需求的基础上，可将本游戏程序划分为 4 个功能模块，即参加游戏、浏览记录、清空记录与退出游戏(如图 10.8 所示)。其中，参加游戏模块用于实现一次游戏的整个过程，浏览记录模块用于以列表的方式显示所有的游戏结果记录，清空记录模块用于清除所有的游戏结果记录，退出游戏模块则用于退出游戏程序的运行。

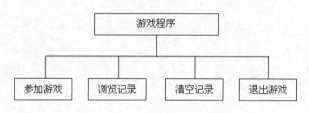

图 10.8　游戏程序的功能框图

(2)　数据结构。游戏程序的数据结构主要与游戏的结果记录密切相关。由于游戏结果记录包含玩家的姓名(或昵称)、总局数、胜局数、平局数、败局数、胜局率、平局率、败局率与综合得分等为数众多的数据项，因此应通过相应的结构体类型来表示。在本程序中，有关结构体类型的声明如下：

```
struct Playinfo
{
    char player[11];  //玩家
    int zjs;  //总局数
    int sjs;  //胜局数
    int pjs;  //平局数
    int bjs;  //败局数
    float sjl;  //胜局率
    float pjl;  //平局率
    float bjl;  //败局率
    float zhdf;  //综合得分
};
```

在此，Playinfo 即为表示游戏结果记录的结构体类型。

10.2.2　编码与实现

1．程序代码

本"石头−剪刀−布"小游戏程序的参考代码如下：

```c
#include <stdio.h>
#include <string.h>
#include <stdlib.h>
#include <conio.h>
#include <time.h>
struct Playinfo
{
    char player[11];  //玩家
    int zjs;  //总局数
    int sjs;  //胜局数
    int pjs;  //平局数
    int bjs;  //败局数
    float sjl;  //胜局率
    float pjl;  //平局率
    float bjl;  //败局率
    float zhdf;  //综合得分
};
char menu()
{
    char c;
    system("CLS");  //清屏
    puts("    "石头—剪刀—布"    ");
    puts("==========主菜单==========");
    puts("       1.参加游戏       ");
    puts("       2.浏览记录       ");
    puts("       3.清空记录       ");
    puts("       0.退出游戏       ");
    puts("==========================");
    while (1)
    {
        printf("    请选择(0-3):[ ]\b\b");
        c=getche();
        if (c>='0'&&c<='3')
            break;
        else
            printf("\n");
    }
    return c;
}
char computer()
{
    char c;
    int n;
    srand(time(NULL));  //用当前的时间值作为随机数种子
    n=rand()%3;
    switch(n)
    {
        case 0 : c='S';break;  //石头
        case 1 : c='J';break;  //剪刀
        case 2 : c='B';break;  //布
```

```
    }
    return c;
}
char people()
{
    char c;
    while (1)
    {
        printf("您的手势(S-石头,J-剪刀,B-布,O-结束):");
        c=toupper(getche());
        if (c=='S'||c=='J'||c=='B'||c=='O')
            break;
        else
            printf("\n");
    }
    return c;
}
int compare(char peo,char com)
{
    int n;
    if(peo==com)  //平局
        n=0;
    else
    {
        switch(peo)
        {
        case 'S':
            if (com=='J')  //胜
                n=1;
            else  //败
                n=-1;
            break;
        case 'J':
            if (com=='B')  //胜
                n=1;
            else  //败
                n=-1;
            break;
        case 'B':
            if (com=='S')  //胜
                n=1;
            else  //败
                n=-1;
            break;
        }
    }
    return n;
}
int save(struct Playinfo playinfo)
{
```

```
        FILE *fp;
        if ((fp=fopen("SJB.dat","a"))==NULL)
        {
            printf("未能打开记录文件!\n");
            printf("\n请按任意键继续...");
            getch();
            return 0;
        }
        fprintf(fp,"%10s%5d%5d%6.2f%5d%6.2f%5d%6.2f%6.2f",
            playinfo.player,playinfo.zjs,
            playinfo.sjs,playinfo.sjl,playinfo.pjs,playinfo.pjl,
            playinfo.bjs,playinfo.bjl,playinfo.zhdf);
        fclose(fp);
        return 1;
}
void play()
{
        char c,com,peo;
        int n;
        struct Playinfo playinfo;
        system("CLS");
        printf("开始游戏\n");
        printf("========\n");
        playinfo.sjs=0;
        playinfo.pjs=0;
        playinfo.bjs=0;
        while (1)
        {
            com=computer();
            peo=people();
            if (peo=='O')
                break;
            printf(" - %c(电脑选项) ",com);
            n=compare(peo,com);
            switch (n)
            {
            case 1:
                printf("[胜局]\n");
                playinfo.sjs++;
                break;
            case 0:
                printf("[平局]\n");
                playinfo.pjs++;
                break;
            case -1:
                printf("[败局]\n");
                playinfo.bjs++;
                break;
            }
        }
```

```
    playinfo.zjs=playinfo.sjs+playinfo.pjs+playinfo.bjs;
    playinfo.sjl=(float)playinfo.sjs/playinfo.zjs*100;
    playinfo.pjl=(float)playinfo.pjs/playinfo.zjs*100;
    playinfo.bjl=(float)playinfo.bjs/playinfo.zjs*100;
    //playinfo.zhdf=playinfo.sjl+playinfo.pjl/2;
    playinfo.zhdf=(float)100/playinfo.zjs*(playinfo.sjs+playinfo.pjs/(fl
oat)2);
    printf("\n\n共%d局.其中,胜%d局(%.2f%%),平%d局(%.2f%%),败%d局(%.2f%%).",
        playinfo.zjs,playinfo.sjs,playinfo.sjl,
        playinfo.pjs,playinfo.pjl,playinfo.bjs,playinfo.bjl);
    printf("综合得分为:%.2f.\n\n",playinfo.zhdf);
    if (playinfo.zhdf<20)
        printf("您的运气真是太差了,需要努力哦!\n");
    else if (playinfo.zhdf<40)
        printf("您的运气差了点哦,加油!\n");
    else if (playinfo.zhdf<60)
        printf("您的运气还可以啦!\n");
    else if (playinfo.zhdf<80)
        printf("您的运气不错啊!\n");
    else
        printf("您的运气真是太好了!\n");
    do
    {
        printf("\n需要记录结果吗?(Y/N):");
        c=toupper(getche());
    } while (c!='Y'&&c!='N');
    if (c=='Y')
    {
        printf("\n您的姓名或昵称:");
        scanf("%s",playinfo.player);
        if (save(playinfo)==1)
            printf("结果已被正确记录!\n");
        else
            printf("结果未能正确记录!\n");
    }
    printf("\n\n请按任意键继续...");
    getch();
}
void print_title()
{
    printf("%-11s%-7s%-7s%-7s%-7s%-7s%-7s%-7s%-9s\n",\
        "玩家","总局数","胜局数","胜局率","平局数","平局率","败局数","败局率",
"综合得分");
}
void print_content(struct Playinfo playinfo)
{
    printf("%-10s %6d %6d %6.2f %6d %6.2f %6d %6.2f %8.2f\n",\
        playinfo.player,playinfo.zjs,
        playinfo.sjs,playinfo.sjl,playinfo.pjs,playinfo.pjl,
        playinfo.bjs,playinfo.bjl,playinfo.zhdf);
```

```
}
void display()
{
    FILE *fp;
    struct Playinfo playinfo;
    int count=0;
    system("CLS");
    printf("游戏记录\n");
    printf("========\n");
    if ((fp=fopen("SJB.dat","r"))==NULL)
    {
        printf("未能打开记录文件!\n");
        printf("\n请按任意键继续...");
        getch();
        return;
    }
    while(!feof(fp))
    {
        fscanf(fp,"%s%d%d%f%d%f%d%f%f",
            playinfo.player,&playinfo.zjs,
            &playinfo.sjs,&playinfo.sjl,&playinfo.pjs,&playinfo.pjl,
            &playinfo.bjs,&playinfo.bjl,&playinfo.zhdf);
        count++;
        if (count-1==0||(count-1)%5==0)
            print_title();
        print_content(playinfo);
        if (count!=0&&count%5==0)
        {
            printf("\n按任意键继续...");
            getch();
            printf("\n\n");
        }
    }
    fclose(fp);
    printf("\n共有%d个游戏记录!\n",count);
    printf("\n按任意键继续...");
    getch();
}
void delete()
{
    FILE *fp;
    system("CLS");
    printf("清空记录\n");
    printf("========\n");
    if ((fp=fopen("SJB.dat","r"))==NULL)
    {
        printf("未能打开记录文件!\n");
        printf("\n请按任意键继续...");
        getch();
        return;
```

```
    }
    fclose(fp);
    remove("SJB.dat");
    printf("记录已被成功清除!\n");
    printf("\n请按任意键继续...");
    getch();
}
main()
{
    while (1)
    {
        switch (menu())
        {
            case '0':
                system("CLS");
                exit(0);
                break;
            case '1':
                play(); break;
            case '2':
                display(); break;
            case '3':
                delete();
                break;
        }
    }
}
```

2. 运行结果

本"石头－剪刀－布"小游戏程序的运行结果如图 10.9~图 10.12 所示。

图 10.9　主菜单

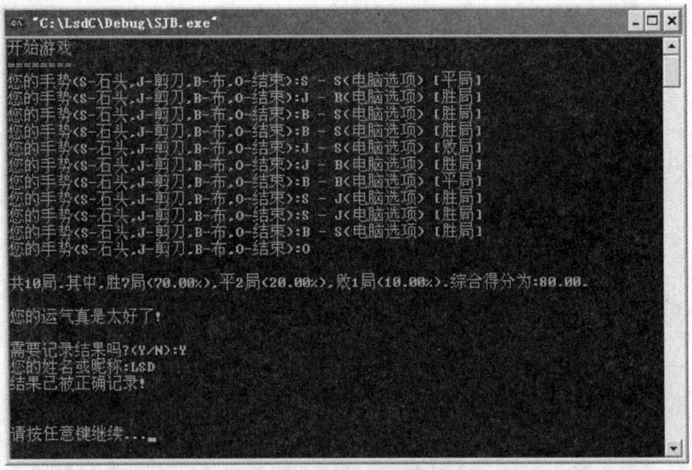

图 10.10　参加游戏

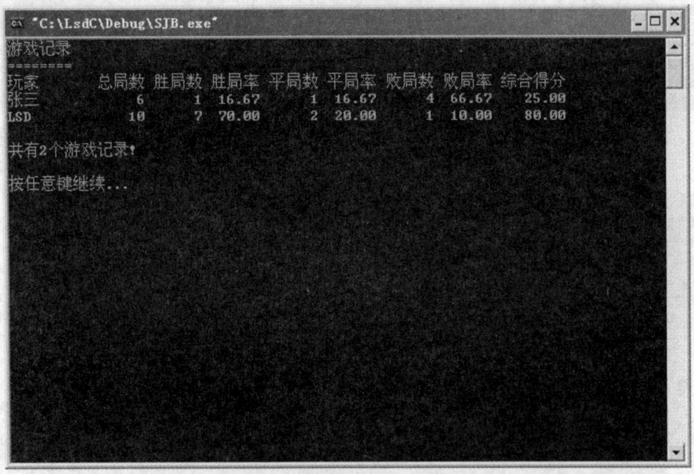

图 10.11　游戏记录

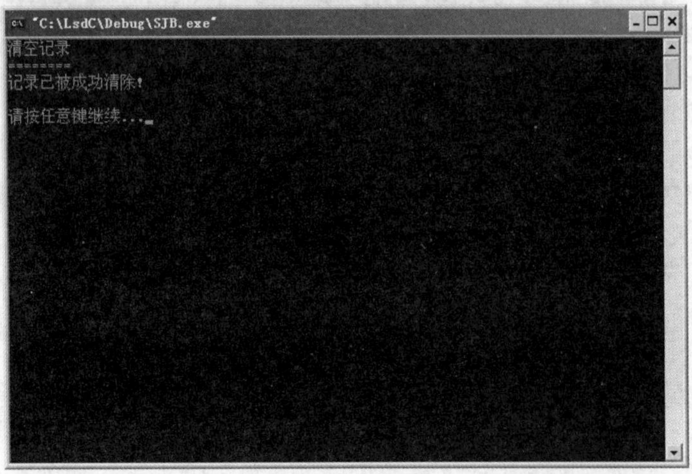

图 10.12　清空记录

本 章 小 结

本章以职工管理系统与"石头—剪刀—布"游戏程序的开发为案例,先进行简要的需求分析与总体设计,然后再进行具体的编码以实现之。通过本章的学习,应掌握应用系统(程序)的分析、设计、编码与调试的基本方法,能够针对具体的应用需求使用 C 语言开发相应的应用系统(程序)。

习 题

1. 完成职工管理系统的编码与调试工作,并根据自己的设想进一步完善。

2. 完成"石头—剪刀—布"游戏程序的编码与调试工作,并根据自己的设想进一步将其完善。

附 录

实验指导

实验 1　C 语言程序的编辑与运行

一、实验目的

熟悉 Visual C++ 6.0 的集成开发环境，学习编写简单的 C 语言程序，掌握 C 语言程序的编辑、编译、连接与运行方法。

二、实验内容

(1) 熟悉 Visual C++ 6.0 的集成开发环境，并掌握其基本的使用方法。

(2) 试编一程序，在屏幕上显示以下信息：

```
****************************
 This is my first C program!
****************************
```

(3) 试编一程序，计算任意两个数的和、差、积、商。

(4) (选做)试编一程序，在屏幕上输出自己的有关信息(包括学号、姓名、性别、籍贯、出生日期、政治面貌、手机号码、电子邮箱、通信地址、邮政编码等)，格式自定。

(5) (选做)试编一程序，输入一个数，并输出其相反数。

实验 2　表达式及其应用

一、实验目的

按要求编写并调试相应的程序，理解并掌握 C 语言数据类型、运算符与表达式的使用方法以及输入、输出函数的使用方法。

二、实验内容

(1) 试编一程序，以输入一个长方体的长、宽、高，并计算输出其体积与表面积。

(2) 试编一程序，以计算任意一个圆的周长与面积。要求将圆周率定义为一个符号常量 PI，并按以下格式实现输入输出。

```
Input:
r=2.5
Output:
r=2.500000
c=15.707950      a=19.634937
```

提示：　注意符号常量的定义，同时要区分清楚提示的信息、输入的数据与输出的数据。

(3) 试编一程序，以任意输入一个小写字母，并输出相应的大写字母。

(4) 试编一程序，输入一个 1 位的整数，并输出其对应的数字字符。

(5) (选做)试编一程序，输入一个 3 位的整数，并输出其反序数。

📖 **说明：** 所谓反序数，就是将整数的各位数字倒过来之后所形式的整数。例如，123 的反序数是 321。

(6) (选做)试编一程序，输入一个 EAN-13 条形码(一种通用的商品条形码)的前面 12 位数字，计算并输出其校验码。

📑 **提示：** 应先了解 EAN-13 条形码的编码规则及其校验码的计算方法。

(7) (选做)试编一程序，其功能为将 13 位的标准书号(ISBN-13)转换为 10 位的标准书号(ISBN-10)。

📑 **提示：** 应先了解 ISBN-13 与 ISBN-10 的编码规则及其校验码的计算方法。

实验 3 控制结构及其应用

一、实验目的

按要求编写并调试相应的程序，理解并掌握 C 语言顺序结构、分支结构与循环结构程序的设计方法。

二、实验内容

(1) 输入一个整数，判断其奇偶性。

(2) 任意指定一个百分制成绩，并将其转换为相应等级。其中，90 分以上为"优"，80~90 分(不包括 90)为"良"，70~80 分(不包括 80)为"中"，60~70 分(不包括 70)为"及格"，60 分以下为"不及格"。

(3) 计算 s=1*2+2*3+3*4+…+99*100+100*101。要求分别用 while 语句、do…while 语句、for 语句实现。

(4) 按以下格式输出一个九九乘法表。

```
1*1= 1
2*1= 2 2*2= 4
3*1= 3 3*2= 6 3*3= 9
4*1= 4 4*2= 8 4*3=12 4*4=16
5*1= 5 5*2=10 5*3=15 5*4=20 5*5=25
6*1= 6 6*2=12 6*3=18 6*4=24 6*5=30 6*6=36
7*1= 7 7*2=14 7*3=21 7*4=28 7*5=35 7*6=42 7*7=49
8*1= 8 8*2=16 8*3=24 8*4=32 8*5=40 8*6=48 8*7=56 8*8=64
9*1= 9 9*2=18 9*3=27 9*4=36 9*5=45 9*6=54 9*7=63 9*8=72 9*9=81
```

(5) 计算 S=1+2+3+4+…，直到 S>10000 为止，并输出此时 S 的值。

提示： 注意循环条件。

(6) (选做)输入一个年份与月份，输出该月的天数。

提示： 注意判断某一年是平年还是闰年。平年的 2 月有 28 天，闰年的 2 月有 29 天。

(7) (选做)输入一个三角形的三边长，判断其能否构成一个三角形。若能构成三角形，则计算并输出其面积。

提示： 构成三角形的条件是任意两边之和大于第三边。已知三角形的三边长，根据公式即可计算其面积。

(8) (选做)按顺序输出 ASCII 码表中的各个普通字符。

(9) (选做)计算 $\sin x$（x 为弧度值）的近似值，其计算公式为(要求计算到最后一项的绝对值小于 10^{-6} 为止):

$$\sin x \approx x - \frac{x^3}{3!} + \frac{x^5}{5!} - \frac{x^7}{7!} + \frac{x^9}{9!} - \cdots$$

提示： 注意循环条件。

(10) (选做)输出所有的"水仙花数"。

说明： 所谓"水仙花数"，是指其各位数字的立方和等于该数本身的三位数。例如，$153 = 1^3 + 5^3 + 3^3$，因此 153 是一个"水仙花数"。

实验 4　数组及其应用

一、实验目的

按要求编写并调试相应的程序，理解并掌握 C 语言数组的使用方法。

二、实验内容

(1) 任意输入 10 个整数，并按升序分别输出其中的偶数序列与奇数序列。

(2) 输入一个 $n \times n$（n 由用户定)矩阵，求其对角线元素之和。

提示： 注意 n 的奇偶性。

(3) 输入一个字符串，并将其中的小写字母变为大写字母、大写字母变为小写字母。

(4) 输入一个字符串，并判断其是否为"回文"。

说明： 所谓"回文"，是指顺读与倒读都一样的字符串。例如，字符串"level"与"123321"均为"回文"。

(5) (选做)输入一个无符号十进制数，输出与其相对应的二进制数。

(6) (选做)按以下形式输出杨辉三角形。

```
      1
      1    1
      1    2    1
      1    3    3    1
      1    4    6    4    1
      1    5   10   10    5    1
```

提示：　用二维数组存放杨辉三角形中的数据，注意分析其特点。

(7) (选做)在按元素值升序排列的一个数组中插入一个其值等于指定值的元素。

提示：　先确定指定值在数组中的插入位置，然后再将其插入到数组中。

(8) (选做)输入一行字符，统计其中所包含的单词的个数(假定单词之间以空格分隔)。

实验 5　函数及其应用

一、实验目的

按要求编写并调试相应的程序，理解并掌握 C 语言函数的使用方法。

二、实验内容

(1) 输入两个正整数，分别调用函数求其最大公约数与最小公倍数。要求采用辗转相除法求最大公约数，而计算最小公倍数的方法则为两数相乘再除以其最大公约数。

(2) 编程计算 $S=1!+2!+3!+\cdots+n!$。要求分别用递归函数计算 $n!$ 与 S。

(3) 输入一个字符串，并按相反的顺序将其输出(如：输入"abc"，输出"cba")。要求编一函数以实现字符串的逆序转换。

(4) 求数组中的最大值。要求用递归函数实现之。

(5) (选做)对数组元素进行首尾倒置。要求用递归函数实现之。

(6) (选做)试编一程序，模拟登录系统时验证码的输入与检验过程。要求用函数生成指定位数的数字字母混合验证码。

(7) (选做)试编一程序，以实现无符号十进制数到非十进制数(如二进制数、八进制数、十六进制数等)的转换功能。

提示：　先定义一个函数，其功能为将某个无符号十进制数转换为某种非十进制数。

(8) (选做)试编一程序，先任意输入一个英文句子，然后删除其中所包含的空格与任意指定的某个字符，最后输出相应的字符串与长度。

提示：　先定义一个函数，其功能为删除某个字符串中所包含的某个字符。

实验 6 指针及其应用

一、实验目的

按要求编写并调试相应的程序，理解并掌握 C 语言指针的使用方法。

二、实验内容

(1) 试编一程序，利用指针实现一个整数的输入与输出。

(2) 试编一程序，利用指针实现任意 10 个浮点数的排序(要求采用选择排序法，并按降序排列)。

(3) 试编一程序，利用指针实现任意两个字符串的连接(要求将第二个字符串连接到第一个字符串的末尾)。

(4) (选做)试编一程序，利用指针将一个数字字符串转换为相应的整数。

(5) (选做)试编一程序，利用指针求出任意矩阵的转置矩阵。

(6) (选做)试编一程序，利用指针判断一个字符串是否为"回文"。

实验 7 构造类型及其应用

一、实验目的

按要求编写并调试相应的程序，理解并掌握 C 语言结构体、联合体、枚举、位段等构造类型的使用方法。

二、实验内容

(1) 试编一程序，建立一个包括学生与教师的登记表，内容包括姓名、性别(男、女)、类别(学生、教师)、年级(1、2、3、4)或职称(助教、讲师、副教授、教授等)。要求先输入各记录的有关数据，然后再一起将其输出。

(2) 试编一程序，列出从红、黄、蓝三种颜色中任取两种的所有方案。要求用枚举类型表示颜色。

(3) 试编一程序，分别输入各个学生的学号及其足球、篮球、排球、乒乓球、羽毛球 5 种球类的选择情况(以 1 表示选择，以 0 表示未选)，然后用列表方式加以输出，并统计出各种球类的选择总人数。要求用位段类型表示球类的选择情况。

(4) (选做)输入一个身份证号码，然后解析其中所包含的出生日期，并将其保存到一个结构体变量中，然后再输出之。

⌐彐 提示： 应先了解身份证号码的编码规则。

(5) (选做)试编一程序，模拟一副扑克(只包括 52 张正牌，不包括大王与小王这两张副牌)的洗牌与发牌过程。

提示：一副扑克的 52 张正牌共分为 4 种花色(黑桃、红桃、梅花、方块)，每种花色则分别包含有 13 种不同的牌面。因此，一张扑克牌具有花色与牌面两个属性，可考虑用一个结构体来表示。至于一副扑克，则可用一个包含有 52 个元素的结构体数组来表示。

(6)　(选做)试编一程序，创建一个节点数据按升序排序的单向链表。

提示：先确定新节点的插入位置，然后再将其插入到已有的单向链表中。

实验 8　文件操作

一、实验目的

按要求编写并调试相应的程序，理解并掌握 C 语言中文件的有关操作及其编程技术。

二、实验内容

(1)　试编一程序，先输入一个文件名，然后打开该文件，接着再关闭该文件。

(2)　从键盘输入 10 个字符，添加到指定的文件中，然后再重新读出该文件的内容，并显示到屏幕上。

(3)　从键盘输入职工的编号、姓名、性别与出生日期，写入指定的文件中，然后再从该文件读取这些资料，并在屏幕上加以输出。

(4)　(选做)试编一程序，以实现对文本文件的加密与解密。

提示：须自行设计相应的加密与解密算法。

(5)　(选做)试编一程序，先设置好用户的用户名与密码(要求将用户名与密码加密后保存到相应的文件中)，然后再模拟用户登录系统时的验证过程。

实验 9　条件编译及其应用

一、实验目的

按要求编写并调试相应的程序，理解并掌握 C 语言中条件编译的使用方法。

二、实验内容

(1)　输入两个实数，然后通过宏定义的方式求出其中的大者并输出之。

(2)　输入一个 0 到 6 之间的整数，然后根据宏 ENGLISH 是否已定义，输出对应星期几的英文名称或中文名称。

提示：可先定义一个函数实现将根据一个整数返回星期几的名称的功能，然后再调用之。

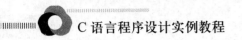

实验 10　应用系统(程序)的设计与实现

一、实验目的

通过成绩管理系统或猜数(0~9)小游戏的开发，掌握应用系统或小游戏程序的分析、设计、编码与调试的基本方法，提高运用所学知识解决实际问题、开发实际应用的能力。

二、实验内容

(1)　成绩管理系统或猜数(0~9)小游戏的分析与设计。

(2)　成绩管理系统猜数(0~9)小游戏的编码与实现。

参考文献

[1] 谭浩强. C 程序设计[M]. 4 版. 北京：清华大学出版社，2010.

[2] 王浩鸣，郭晔. C 语言大学教程[M]. 北京：人民邮电出版社，2009.

[3] 谭浩强. C 语言程序设计[M]. 2 版. 北京：清华大学出版社，2008.

[4] 杨起帆. C 语言程序设计教程[M]. 杭州：浙江大学出版社，2006.

[5] 王煜，等. C 语言程序设计[M]. 北京：中国铁道出版社，2005.

[6] 杨旭. C 语言程序设计案例教程[M]. 北京：人民邮电出版社，2005.

[7] 黄维通. C 语言程序设计[M]. 北京：清华大学出版社，2003.

[8] 高福成. C 语言程序设计[M]. 天津：南开大学出版社，2001.